刘 均 编著

Web前端开发技术

（HTML 5+CSS 3+JavaScript+jQuery）

（微课版）

U0386728

清华大学出版社

北京

内 容 简 介

本书系统地介绍了 Web 前端开发技术中的 HTML 5、CSS 3、JavaScript 和 jQuery 技术。

本书分四部分,共 21 章:第一部分是 HTML 技术篇,包括第 1～7 章的内容,介绍了 Web 开发的基本概念、设计工具、运行环境、布局技术基础、常用 HTML 标记和应用实例;第二部分是 CSS 技术篇,包括第8～14 章的内容,介绍了 CSS 3 的样式规则、盒模型、选择符、常用 CSS 样式及应用实例;第三部分是 JavaScript 技术篇,包括第 15～18 章的内容,介绍了 JavaScript 技术的编程基础,包括数据类型、变量、语句、函数、内置对象、DOM 对象、BOM 对象和应用实例;第四部分是 jQuery 技术篇,包括第 19～21 章的内容,介绍了 jQuery 技术的语法规则、选择元素对象、操作元素对象的方法和实例,以及 AJAX 的概念及应用。

本书可作为高等院校计算机、软件工程及相关专业的网页设计、前端设计技术或者 JavaScript、jQuery课程教材,同时也可作为 Web 开发相关工程技术人员和研究人员的参考用书。

图书在版编目(CIP)数据

Web 前端开发技术:HTML5＋CSS3＋JavaScript＋jQuery:微课版/刘均编著. —北京:清华大学出版社,2022.2(2025.1重印)

ISBN 978-7-302-60107-4

Ⅰ. ①W… Ⅱ. ①刘… Ⅲ. ①超文本标记语言－程序设计 ②网页制作工具 ③JAVA 语言－程序设计 Ⅳ. ①TP312.8 ②TP393.092.2

中国版本图书馆 CIP 数据核字(2022)第 020936 号

责任编辑:张 玥 常建丽
封面设计:常雪影
责任校对:徐俊伟
责任印制:宋 林

出版发行:清华大学出版社
    网 址:https://www.tup.com.cn,https://www.wqxuetang.com
    地 址:北京清华大学学研大厦 A 座   邮 编:100084
    社 总 机:010-83470000   邮 购:010-62786544
    投稿与读者服务:010-62776969,c-service@tup.tsinghua.edu.cn
    质量反馈:010-62772015,zhiliang@tup.tsinghua.edu.cn
    课件下载:https://www.tup.com.cn,010-83470236
印 装 者:三河市铭诚印务有限公司
经 销:全国新华书店
开 本:185mm×260mm   印 张:24   字 数:599 千字
版 次:2022 年 3 月第 1 版   印 次:2025 年 1 月第 4 次印刷
定 价:75.00 元

产品编号:093578-01

前　言

随着网络技术的发展,互联网已成为现代生活的主要信息载体。WWW(World Wide Web,环球信息网)称为万维网,简称 Web。Web 系统以超文本方式实现全球范围内的文本、图形、图像、音频、视频、动画等多种信息的有机组织,允许进行浏览、检索、添加、删除、修改等操作。Web 前端开发技术可实现将网页内容、效果呈现在用户的浏览器中,并和用户简单交互。

本书系统地介绍了 Web 前端开发技术中的 HTML、CSS、JavaScript 和 jQuery 技术。其中 HTML 实现网页的基本内容展示,目前最新版本是 HTML 5;CSS 实现网页的布局和修饰,目前最新版本为 CSS 3;JavaScript 实现网页的动态交互;jQuery 是 JavaScript 框架中的优秀代表,是一个简洁、轻量级的可实现快速开发的 JavaScript 开源函数库。如果把浏览器窗口比喻成一个舞台,HTML 实现的是挑选演员上舞台,CSS 则是选择演员进行外观打扮和定位,JavaScript 和 jQuery 则是给演员设计的动作剧本,让演员活动起来,实现动态效果和交互。

本书以前端开发过程为主线,循序渐进地介绍了 Web 前端开发技术的语法基础和应用。

本书分四部分,共 21 章。第一部分是 HTML 技术篇,包括第 1~7 章的内容,介绍了 Web 开发的基本概念、设计工具、运行环境、布局技术基础、常用 HTML 标记和应用实例;第二部分是 CSS 技术篇,包括第 8~14 章的内容,介绍了 CSS 3 的样式规则、盒模型、选择符、常用 CSS 样式及应用实例;第三部分是 JavaScript 技术篇,包括第 15~18 章的内容,介绍了 JavaScript 技术的编程基础,包括数据类型、变量、语句、函数、内置对象、DOM 对象、BOM 对象和应用实例;第四部分是 jQuery 技术篇,包括第 19~21 章的内容,介绍了 jQuery 技术的语法规则、选择元素对象、操作元素对象的方法和实例,以及 AJAX 的概念及应用。

本书是作者教学实践和经验的总结。在编写本书的过程中,作者也参考和引用了部分文献和网络资料,在此对有关文献和网络资料的作者表示感谢。

由于作者水平有限,书中难免有不妥和疏漏之处,恳请各位专家、同仁和读者批评指正,并与笔者讨论。

作　者

2021 年 9 月

目　　录

第一部分　HTML 技术篇

第 1 章　Web 概述 ··· 3
　　本章学习目标 ··· 3
　　1.1　Web 的概念 ·· 3
　　1.2　Web 前端设计基础 ·· 5
　　　　1.2.1　Web 前端设计工具 ··· 5
　　　　1.2.2　Web 网页运行环境 ··· 6
　　1.3　Web 系统开发流程 ·· 7
　　　　1.3.1　确定系统的主题 ··· 8
　　　　1.3.2　系统结构设计 ··· 8
　　　　1.3.3　页面布局设计 ··· 8
　　　　1.3.4　素材收集和设计 ··· 9
　　　　1.3.5　页面内容设计 ··· 9
　　　　1.3.6　测试和发布 ·· 10
　　　　1.3.7　维护和推广 ·· 10
　　思考和实践 ··· 10

第 2 章　HTML 技术基础 ·· 11
　　本章学习目标 ·· 11
　　2.1　HTML 概念 ··· 11
　　2.2　HTML 标记的语法 ··· 11
　　2.3　HTML 文件 ··· 12
　　　　2.3.1　文档类型说明标记＜！DOCTYPE HTML＞ ····················· 13
　　　　2.3.2　HTML 主标记＜html＞ ··· 13
　　　　2.3.3　头部标记＜head＞ ··· 13
　　　　2.3.4　主体标记＜body＞ ··· 16
　　　　2.3.5　注释标记＜!--……-- ＞ ······································· 17
　　2.4　HTML 标记的全局属性 ··· 18
　　思考和实践 ··· 19

第 3 章　HTML 文本类标记 ·· 21
　　本章学习目标 ·· 21
　　3.1　文本排版标记 ··· 21

3.1.1　换行标记＜br＞ 21

3.1.2　预定义格式标记＜pre＞ 21

3.1.3　段落标记＜p＞ 22

3.1.4　标题标记＜hn＞ 23

3.1.5　上标标记＜sup＞和下标标记＜sub＞ 24

3.1.6　注音标记＜ruby＞、＜rt＞和＜rp＞ 25

3.1.7　高亮文本标记＜mark＞ 26

3.2　列表标记 27

3.2.1　有序列表标记＜ol＞和＜li＞ 27

3.2.2　无序列表标记＜ul＞和＜li＞ 28

3.2.3　自定义列表标记＜dl＞、＜dt＞和＜dd＞ 28

3.2.4　列表嵌套 29

思考和实践 31

第4章　HTML多媒体类标记 32

本章学习目标 32

4.1　多媒体文件 32

4.1.1　多媒体文件类型 32

4.1.2　文件路径表示方法 32

4.2　多媒体类标记 33

4.2.1　水平线标记＜hr＞ 33

4.2.2　图像标记＜img＞ 34

4.2.3　音频标记＜audio＞ 35

4.2.4　视频标记＜video＞ 37

4.2.5　嵌入媒体文件标记＜embed＞ 37

4.2.6　链接对象文件标记＜object＞ 39

思考和实践 40

第5章　HTML超链接类标记 41

本章学习目标 41

5.1　超链接概念 41

5.2　超链接类标记 41

5.2.1　超链接标记＜a＞ 41

5.2.2　锚点链接 43

5.2.3　热区链接标记＜map＞和＜area＞ 44

思考和实践 46

第6章　HTML表单类标记 48

本章学习目标 48

6.1　表单概述 ·· 48

6.2　表单基本元素标记 ··· 48

　　6.2.1　表单标记＜form＞ ·· 48

　　6.2.2　单行文本框标记＜input type="text"······＞ ··········· 49

　　6.2.3　密码框标记＜input type="password"······＞ ········· 50

　　6.2.4　单选框标记＜input type="radio"······＞ ··············· 51

　　6.2.5　复选框标记＜input type="checkbox"······＞ ········· 52

　　6.2.6　下拉列表框标记＜select＞和＜option＞ ·············· 53

　　6.2.7　多行文本域标记＜textarea＞ ································· 54

　　6.2.8　提交按钮标记＜input type="submit"······＞ ········· 55

　　6.2.9　重置按钮标记＜input type="reset"······＞ ············ 56

　　6.2.10　标准按钮标记＜input type="button"······＞ ········ 56

　　6.2.11　图像按钮标记＜input type="image"······＞ ········· 57

　　6.2.12　按钮标记＜button＞ ·· 57

　　6.2.13　文件域输入框标记＜input type="file"······＞ ······ 59

　　6.2.14　隐藏域标记＜input type="hidden"······＞ ··········· 59

6.3　表单高级元素标记 ··· 62

　　6.3.1　邮件输入框标记＜input type="email"······＞ ········ 62

　　6.3.2　网址输入框标记＜input type="url"······＞ ············· 62

　　6.3.3　数字输入框标记＜input type="number"······＞ ······ 63

　　6.3.4　滑条选择标记＜input type="range"······＞ ············ 64

　　6.3.5　颜色选择标记＜input type="color"······＞ ············ 65

　　6.3.6　日期输入框标记＜input type="date"······＞ ·········· 66

　　6.3.7　年月输入框标记＜input type="month"······＞ ········ 67

　　6.3.8　年周输入框标记＜input type="week"······＞ ········· 67

　　6.3.9　时间输入框标记＜input type="time"······＞ ·········· 67

　　6.3.10　日期时间输入框标记＜input type="datetime-local"······＞ ···· 67

思考和实践 ·· 69

第 7 章　HTML 表格和结构类标记 ··· 70

本章学习目标 ·· 70

7.1　表格类标记 ·· 70

　　7.1.1　表格标记＜table＞、＜tr＞和＜td＞ ·················· 70

　　7.1.2　表格标题标记＜caption＞ ····································· 72

　　7.1.3　表头单元格标记＜th＞ ··· 73

　　7.1.4　表格列分组标记＜colgroup＞和＜col＞ ············· 74

　　7.1.5　表格行分组标记＜thead＞、＜tbody＞和＜tfoot＞ ······· 75

7.2　表格嵌套 ··· 76

7.3　HTML 的结构类标记 ·· 78

　　　7.3.1　元素分组标记<fieldset>和<legend> ································· 78

　　　7.3.2　分区标记<div> ·· 79

　　　7.3.3　组合标记<span> ·· 79

　　思考和实践 ··· 80

第二部分　CSS 技术篇

第 8 章　CSS 技术基础 ··· 85

本章学习目标 ··· 85

8.1　CSS 的定义 ··· 85

8.2　CSS 的语法基础 ·· 85

　　　8.2.1　CSS 的语法规则 ·· 85

　　　8.2.2　CSS 的使用方式 ·· 88

8.3　CSS 选择符 ··· 91

　　　8.3.1　基本选择符 ··· 91

　　　8.3.2　关系选择符 ··· 92

　　　8.3.3　属性选择符 ··· 96

　　　8.3.4　动态伪类选择符 ·· 98

　　　8.3.5　UI 元素状态伪类选择符 ·· 99

　　　8.3.6　结构伪类选择 ·· 100

　　　8.3.7　否定伪类选择 ·· 102

　　　8.3.8　伪元素选择 ··· 103

　　思考和实践 ·· 104

第 9 章　CSS 盒子及边框样式 ··· 106

本章学习目标 ·· 106

9.1　CSS 盒模型 ··· 106

9.2　盒子的大小 ··· 108

　　　9.2.1　宽度样式 width ·· 108

　　　9.2.2　高度样式 height ·· 108

　　　9.2.3　盒子大小计算方式 box-sizing ·· 108

　　　9.2.4　盒子溢出样式 overflow ··· 109

9.3　盒子的边框样式 ·· 111

　　　9.3.1　边框线型 border-style ·· 111

　　　9.3.2　边框粗细 border-width ··· 112

　　　9.3.3　边框颜色 border-color ·· 113

　　　9.3.4　边框复合样式 border ·· 114

　　　9.3.5　圆角边框 border-radius ··· 115

　　　9.3.6　图像边框样式 border-image ··· 116

9.4　盒子阴影样式 box-shadow ·· 119

思考和实践 ··· 120

第 10 章　CSS 盒子的定位布局样式 ·· 121
　本章学习目标 ·· 121
　10.1　CSS 定位样式 ··· 121
　　10.1.1　盒子内边距样式 padding ·· 121
　　10.1.2　盒子外边距样式 margin ··· 122
　　10.1.3　盒子位置定位样式 position ··· 123
　　10.1.4　盒子层叠顺序样式 z-index ·· 125
　　10.1.5　盒子浮动样式 float ··· 126
　　10.1.6　清除盒子浮动样式 clear ·· 128
　　10.1.7　盒子显示样式 display ··· 128
　10.2　CSS 多列布局样式 ·· 130
　　10.2.1　列宽样式 column-width ·· 130
　　10.2.2　列数样式 column-count ·· 131
　　10.2.3　列间距样式 column-gap ·· 132
　　10.2.4　列边框样式 column-rule ··· 132
　　10.2.5　跨列显示样式 column-span ··· 134
　思考和实践 ·· 135

第 11 章　CSS 盒子背景样式 ··· 136
　本章学习目标 ·· 136
　11.1　不透明度样式 opacity ·· 136
　11.2　背景颜色样式 background-color ··· 137
　11.3　背景图片样式 ··· 138
　　11.3.1　背景图片设置样式 background-image ···································· 138
　　11.3.2　背景图片重复样式 background-repeat ··································· 139
　　11.3.3　背景图片滚动样式 background-attachment ······························ 141
　　11.3.4　背景图片位置样式 background-position ·································· 142
　　11.3.5　背景图片大小样式 background-size ······································ 143
　　11.3.6　背景图片定位原点样式 background-origin ······························ 145
　　11.3.7　背景图片裁剪样式 background-clip ······································ 146
　11.4　背景复合样式 background ·· 147
　11.5　背景渐变样式值 ··· 148
　　11.5.1　线性渐变函数 linear-gradient ·· 149
　　11.5.2　重复线性渐变函数 repeating-linear-gradient ························· 150
　　11.5.3　径向渐变函数 radial-gradient ·· 150
　　11.5.4　重复径向渐变函数 repeating-radial-gradient ························· 152
　思考和实践 ·· 153

第 12 章　CSS 文本段落样式 ··· 154

　　本章学习目标 ·· 154

　　12.1　文本字形 ··· 154

　　　　12.1.1　文本的字体样式 font-family ··· 154

　　　　12.1.2　文本的字号样式 font-size ··· 155

　　　　12.1.3　文本的字型样式 font-style ··· 156

　　　　12.1.4　文本的加粗字体样式 font-weight ·· 157

　　　　12.1.5　文本的变体样式 font-variant ·· 158

　　　　12.1.6　文本的复合样式 font ··· 159

　　12.2　文本修饰 ··· 160

　　　　12.2.1　文本颜色样式 color ·· 160

　　　　12.2.2　文本修饰线样式 text-decoration ·· 160

　　　　12.2.3　文本阴影样式 text-shadow ··· 162

　　　　12.2.4　文本大小写转换样式 text-transform ····································· 163

　　12.3　文本排版 ··· 164

　　　　12.3.1　文本单词间隔样式 word-spacing ·· 164

　　　　12.3.2　文本字符间隔样式 letter-spacing ··· 165

　　　　12.3.3　文本水平对齐方式样式 text-align ··· 165

　　　　12.3.4　文本垂直对齐方式样式 vertical-align ···································· 167

　　　　12.3.5　文本的首行缩进样式 text-indent ··· 168

　　　　12.3.6　文本行高样式 line-height ··· 170

　　　　12.3.7　文本控制换行样式 word-wrap ·· 170

　　　　12.3.8　文本空白换行处理样式 white-space ····································· 171

　　　　12.3.9　文本溢出样式 text-overflow ·· 173

　　　　12.3.10　文本流方向样式 direction ··· 174

　　　　12.3.11　文本排列样式 unicode-bidi ·· 174

　　　　12.3.12　文本书写模式样式 writing-mode ·· 175

　　思考和实践 ··· 177

第 13 章　CSS 其他元素样式 ··· 178

　　本章学习目标 ·· 178

　　13.1　图片样式 ··· 178

　　　　13.1.1　图片最大宽度样式 max-width ··· 178

　　　　13.1.2　图片最大高度样式 max-height ·· 178

　　　　13.1.3　图文混排 ·· 179

　　13.2　表格样式 ··· 181

　　13.3　超链接和鼠标样式 ··· 182

　　13.4　列表样式 ··· 184

　　　　13.4.1　列表符号样式 list-style-type ··· 185

      13.4.2　图片列表符号样式 list-style-image ·· 186

      13.4.3　列表位置样式 list-style-position ·· 187

      13.4.4　列表复合样式 list-style ··· 189

  思考和实践 ·· 192

第 14 章　CSS 动画设计 ··· 193

  本章学习目标 ··· 193

  14.1　CSS 变形 ·· 193

      14.1.1　CSS 变形样式 transform ··· 193

      14.1.2　2D 旋转变形函数 rotate() ··· 193

      14.1.3　2D 缩放变形函数 scale() ··· 194

      14.1.4　2D 移位变形函数 translate() ·· 195

      14.1.5　2D 倾斜变形函数 skew() ··· 196

      14.1.6　2D 矩阵变形函数 matrix() ··· 197

      14.1.7　2D 变形原点样式 transform-origin ··· 198

      14.1.8　3D 旋转变形函数 rotate3d() ·· 199

      14.1.9　3D 缩放变形函数 scale3d() ··· 199

      14.1.10　3D 移位变形函数 translate3d() ·· 201

      14.1.11　3D 透视视图样式 perspective ·· 201

  14.2　CSS 过渡 ·· 203

      14.2.1　CSS 过渡样式 transition-property ··· 203

      14.2.2　CSS 过渡时间样式 transition-duration ··· 204

      14.2.3　CSS 过渡延迟时间样式 transition-delay ··· 204

      14.2.4　CSS 过渡效果速度样式 transition-timing-function ······························ 205

      14.2.5　CSS 过渡复合样式 transition ·· 207

  14.3　CSS 关键帧动画 ··· 208

      14.3.1　CSS 定义关键帧动画命令@keyframes ··· 208

      14.3.2　CSS 关键帧动画样式 animation ·· 208

  思考和实践 ·· 210

第三部分　JavaScript 技术篇

第 15 章　JavaScript 技术基础 ·· 213

  本章学习目标 ··· 213

  15.1　JavaScript 简介 ·· 213

  15.2　JavaScript 的使用方式 ·· 213

  15.3　JavaScript 编程基础 ··· 217

      15.3.1　JavaScript 语法规则 ··· 217

      15.3.2　JavaScript 常用输出方法 ··· 217

      15.3.3　JavaScript 常用输入方法 ··· 219

15.4 JavaScript 数据与运算符 ⋯⋯⋯⋯⋯⋯⋯⋯⋯⋯⋯⋯⋯⋯⋯⋯ 221

    15.4.1 数据类型 ⋯⋯⋯⋯⋯⋯⋯⋯⋯⋯⋯⋯⋯⋯⋯⋯⋯⋯⋯ 221

    15.4.2 常量 ⋯⋯⋯⋯⋯⋯⋯⋯⋯⋯⋯⋯⋯⋯⋯⋯⋯⋯⋯⋯⋯ 226

    15.4.3 变量 ⋯⋯⋯⋯⋯⋯⋯⋯⋯⋯⋯⋯⋯⋯⋯⋯⋯⋯⋯⋯⋯ 226

    15.4.4 运算符和表达式 ⋯⋯⋯⋯⋯⋯⋯⋯⋯⋯⋯⋯⋯⋯⋯⋯ 228

思考和实践 ⋯⋯⋯⋯⋯⋯⋯⋯⋯⋯⋯⋯⋯⋯⋯⋯⋯⋯⋯⋯⋯⋯⋯⋯⋯ 239

第 16 章 JavaScript 语句和函数 ⋯⋯⋯⋯⋯⋯⋯⋯⋯⋯⋯⋯⋯⋯ 240

本章学习目标 ⋯⋯⋯⋯⋯⋯⋯⋯⋯⋯⋯⋯⋯⋯⋯⋯⋯⋯⋯⋯⋯⋯⋯ 240

16.1 条件语句 ⋯⋯⋯⋯⋯⋯⋯⋯⋯⋯⋯⋯⋯⋯⋯⋯⋯⋯⋯⋯⋯⋯⋯ 240

    16.1.1 if 语句 ⋯⋯⋯⋯⋯⋯⋯⋯⋯⋯⋯⋯⋯⋯⋯⋯⋯⋯⋯ 240

    16.1.2 if-else 语句 ⋯⋯⋯⋯⋯⋯⋯⋯⋯⋯⋯⋯⋯⋯⋯⋯⋯ 241

    16.1.3 if-else if-else 语句 ⋯⋯⋯⋯⋯⋯⋯⋯⋯⋯⋯⋯⋯ 242

    16.1.4 switch 语句 ⋯⋯⋯⋯⋯⋯⋯⋯⋯⋯⋯⋯⋯⋯⋯⋯ 243

16.2 循环语句 ⋯⋯⋯⋯⋯⋯⋯⋯⋯⋯⋯⋯⋯⋯⋯⋯⋯⋯⋯⋯⋯⋯⋯ 245

    16.2.1 for 语句 ⋯⋯⋯⋯⋯⋯⋯⋯⋯⋯⋯⋯⋯⋯⋯⋯⋯⋯ 245

    16.2.2 for-in 语句 ⋯⋯⋯⋯⋯⋯⋯⋯⋯⋯⋯⋯⋯⋯⋯⋯⋯ 246

    16.2.3 while 语句 ⋯⋯⋯⋯⋯⋯⋯⋯⋯⋯⋯⋯⋯⋯⋯⋯⋯ 248

    16.2.4 do-while 语句 ⋯⋯⋯⋯⋯⋯⋯⋯⋯⋯⋯⋯⋯⋯⋯ 249

    16.2.5 break 和 continue 语句 ⋯⋯⋯⋯⋯⋯⋯⋯⋯⋯ 250

16.3 函数 ⋯⋯⋯⋯⋯⋯⋯⋯⋯⋯⋯⋯⋯⋯⋯⋯⋯⋯⋯⋯⋯⋯⋯⋯ 251

    16.3.1 函数定义 ⋯⋯⋯⋯⋯⋯⋯⋯⋯⋯⋯⋯⋯⋯⋯⋯⋯⋯ 251

    16.3.2 函数调用 ⋯⋯⋯⋯⋯⋯⋯⋯⋯⋯⋯⋯⋯⋯⋯⋯⋯⋯ 251

思考和实践 ⋯⋯⋯⋯⋯⋯⋯⋯⋯⋯⋯⋯⋯⋯⋯⋯⋯⋯⋯⋯⋯⋯⋯⋯⋯ 253

第 17 章 JavaScript 内置对象 ⋯⋯⋯⋯⋯⋯⋯⋯⋯⋯⋯⋯⋯⋯⋯ 254

本章学习目标 ⋯⋯⋯⋯⋯⋯⋯⋯⋯⋯⋯⋯⋯⋯⋯⋯⋯⋯⋯⋯⋯⋯⋯ 254

17.1 对象的概念 ⋯⋯⋯⋯⋯⋯⋯⋯⋯⋯⋯⋯⋯⋯⋯⋯⋯⋯⋯⋯⋯⋯ 254

    17.1.1 创建对象实例 ⋯⋯⋯⋯⋯⋯⋯⋯⋯⋯⋯⋯⋯⋯⋯⋯ 254

    17.1.2 对象实例的属性 ⋯⋯⋯⋯⋯⋯⋯⋯⋯⋯⋯⋯⋯⋯⋯ 255

    17.1.3 对象实例的方法 ⋯⋯⋯⋯⋯⋯⋯⋯⋯⋯⋯⋯⋯⋯⋯ 255

    17.1.4 with 语句 ⋯⋯⋯⋯⋯⋯⋯⋯⋯⋯⋯⋯⋯⋯⋯⋯⋯ 256

    17.1.5 this 关键字 ⋯⋯⋯⋯⋯⋯⋯⋯⋯⋯⋯⋯⋯⋯⋯⋯ 257

17.2 Global 对象 ⋯⋯⋯⋯⋯⋯⋯⋯⋯⋯⋯⋯⋯⋯⋯⋯⋯⋯⋯⋯⋯ 257

17.3 Number 对象 ⋯⋯⋯⋯⋯⋯⋯⋯⋯⋯⋯⋯⋯⋯⋯⋯⋯⋯⋯⋯ 260

17.4 Math 对象 ⋯⋯⋯⋯⋯⋯⋯⋯⋯⋯⋯⋯⋯⋯⋯⋯⋯⋯⋯⋯⋯ 262

17.5 String 对象 ⋯⋯⋯⋯⋯⋯⋯⋯⋯⋯⋯⋯⋯⋯⋯⋯⋯⋯⋯⋯ 264

17.6 RegExp 对象 ⋯⋯⋯⋯⋯⋯⋯⋯⋯⋯⋯⋯⋯⋯⋯⋯⋯⋯⋯⋯ 267

17.7 Array 对象 ⋯⋯⋯⋯⋯⋯⋯⋯⋯⋯⋯⋯⋯⋯⋯⋯⋯⋯⋯⋯⋯ 271

17.8　Date 对象 ··· 276

思考和实践 ··· 279

第18章　JavaScript DOM 和 BOM ······························· 281

本章学习目标 ·· 281

18.1　文档对象模型 ··· 281

　　18.1.1　引用元素对象 ··· 281

　　18.1.2　元素对象的事件 ·· 286

　　18.1.3　元素对象节点操作 ··· 291

18.2　浏览器对象模型 ·· 292

　　18.2.1　Window 对象 ··· 292

　　18.2.2　Screen 对象 ·· 295

　　18.2.3　Event 对象 ·· 296

　　18.2.4　Location 对象 ·· 297

　　18.2.5　History 对象 ··· 298

　　18.2.6　Navigator 对象 ··· 300

思考和实践 ··· 301

第四部分　jQuery 技术篇

第19章　jQuery 技术基础 ·· 305

本章学习目标 ·· 305

19.1　jQuery 语法基础 ··· 305

　　19.1.1　jQuery 函数库文件 ·· 305

　　19.1.2　jQuery 的使用方式 ·· 305

　　19.1.3　jQuery 的语法规则 ·· 306

19.2　jQuery 选择元素对象 ··· 308

　　19.2.1　jQuery 基本选择器 ·· 308

　　19.2.2　jQuery 复合选择器 ·· 310

　　19.2.3　jQuery 过滤器 ··· 315

　　19.2.4　jQuery 遍历方法 ·· 321

思考和实践 ··· 332

第20章　jQuery 操作方法及应用 ······································ 333

本章学习目标 ·· 333

20.1　获取元素对象信息 ·· 333

20.2　设置元素对象信息 ·· 335

20.3　设置元素对象事件 ·· 338

　　20.3.1　文档加载就绪事件 ··· 338

　　20.3.2　键盘事件 ··· 339

20.3.3　鼠标事件 ⋯⋯⋯⋯⋯⋯⋯⋯⋯⋯⋯⋯⋯⋯⋯⋯⋯⋯⋯ 340

20.3.4　表单事件 ⋯⋯⋯⋯⋯⋯⋯⋯⋯⋯⋯⋯⋯⋯⋯⋯⋯⋯⋯ 342

20.3.5　事件绑定和解除 ⋯⋯⋯⋯⋯⋯⋯⋯⋯⋯⋯⋯⋯⋯⋯⋯ 344

20.3.6　临时事件 ⋯⋯⋯⋯⋯⋯⋯⋯⋯⋯⋯⋯⋯⋯⋯⋯⋯⋯⋯ 345

20.4　操作文档结构 ⋯⋯⋯⋯⋯⋯⋯⋯⋯⋯⋯⋯⋯⋯⋯⋯⋯⋯⋯⋯ 346

20.5　jQuery 特效 ⋯⋯⋯⋯⋯⋯⋯⋯⋯⋯⋯⋯⋯⋯⋯⋯⋯⋯⋯⋯⋯ 347

20.5.1　隐藏和显示 ⋯⋯⋯⋯⋯⋯⋯⋯⋯⋯⋯⋯⋯⋯⋯⋯⋯⋯ 347

20.5.2　淡入和淡出 ⋯⋯⋯⋯⋯⋯⋯⋯⋯⋯⋯⋯⋯⋯⋯⋯⋯⋯ 349

20.5.3　滑动 ⋯⋯⋯⋯⋯⋯⋯⋯⋯⋯⋯⋯⋯⋯⋯⋯⋯⋯⋯⋯⋯ 351

20.5.4　动画 ⋯⋯⋯⋯⋯⋯⋯⋯⋯⋯⋯⋯⋯⋯⋯⋯⋯⋯⋯⋯⋯ 353

20.6　方法链接 ⋯⋯⋯⋯⋯⋯⋯⋯⋯⋯⋯⋯⋯⋯⋯⋯⋯⋯⋯⋯⋯⋯ 355

思考和实践 ⋯⋯⋯⋯⋯⋯⋯⋯⋯⋯⋯⋯⋯⋯⋯⋯⋯⋯⋯⋯⋯⋯⋯⋯ 356

第 21 章　AJAX 技术 ⋯⋯⋯⋯⋯⋯⋯⋯⋯⋯⋯⋯⋯⋯⋯⋯⋯⋯⋯⋯⋯ 358

本章学习目标 ⋯⋯⋯⋯⋯⋯⋯⋯⋯⋯⋯⋯⋯⋯⋯⋯⋯⋯⋯⋯⋯⋯⋯ 358

21.1　AJAX 基础 ⋯⋯⋯⋯⋯⋯⋯⋯⋯⋯⋯⋯⋯⋯⋯⋯⋯⋯⋯⋯⋯ 358

21.2　AJAX 的应用 ⋯⋯⋯⋯⋯⋯⋯⋯⋯⋯⋯⋯⋯⋯⋯⋯⋯⋯⋯⋯ 358

21.2.1　AJAX 使用环境 ⋯⋯⋯⋯⋯⋯⋯⋯⋯⋯⋯⋯⋯⋯⋯⋯ 358

21.2.2　JavaScript 的 AJAX 应用 ⋯⋯⋯⋯⋯⋯⋯⋯⋯⋯⋯ 359

21.2.3　jQuery 的 AJAX 应用 ⋯⋯⋯⋯⋯⋯⋯⋯⋯⋯⋯⋯⋯ 363

思考和实践 ⋯⋯⋯⋯⋯⋯⋯⋯⋯⋯⋯⋯⋯⋯⋯⋯⋯⋯⋯⋯⋯⋯⋯⋯ 365

参考文献 ⋯⋯⋯⋯⋯⋯⋯⋯⋯⋯⋯⋯⋯⋯⋯⋯⋯⋯⋯⋯⋯⋯⋯⋯⋯⋯ 367

第一部分　HTML 技术篇

第1章　Web 概述

本章学习目标

- 了解 Web 的概念；
- 了解 Web 前端设计工具、运行环境；
- 了解 Web 设计流程。

本章首先介绍 Web 的概念，然后介绍 Web 前端设计工具和 Web 网页运行环境，最后介绍 Web 系统开发流程。

1.1　Web 的概念

随着网络技术的发展，互联网已成为现代生活的主要信息载体。WWW(World Wide Web,环球信息网)称为万维网,简称 Web。Web 系统以超文本方式实现全球范围内的文本、图形、图像、音频、视频、动画等多种信息的有机组织,允许进行浏览、检索、添加、删除、修改等操作。超文本方式是一种由指针链接的超网状结构。

1. Web 服务器

Web 服务器是安装了 Web Server 服务器软件的计算机,可以在网络环境下管理 Web 系统的各种资源,并能够被全球范围的用户访问到。目前主流的 Web Server 服务器软件是 Apache 和 IIS。

2. 客户机

通过网络访问 Web 服务器获得服务的计算机称为客户机。

3. Web 系统架构

客户机访问 Web 服务器的模式称为 Web 系统架构。Web 系统架构有 B/S(Browser/Server)类型和 C/S (Client/Server)类型。

Browser/Server 是指浏览器和服务器。在 B/S 结构的 Web 系统中,通过浏览器软件访问 Web 服务器上的资源。一般的计算机系统中都具有浏览器软件,不需要特别安装。这种模式中,访问系统方便,简化了客户机的维护工作,降低了系统升级的成本。但是,由于浏览器的内核有差别,因此需要考虑不同 Web 系统在浏览器中的兼容性问题。常见的 Web 浏览器软件有 Internet Explorer、Opera、Google Chrome 等。本书讲解的是 B/S 结构的 Web 系统设计。

Client/Server 是指客户端和服务器。在 C/S 结构的 Web 系统中,客户机需要安装特定的客户端软件,才能访问服务器资源,例如 QQ、支付宝等。这种模式中,服务器和客户机都要安装特定的软件,维护和升级都相对复杂。

4. 网站

网站(Web Site)是 Web 系统的主要表现形式,是存放在 Web 服务器上的信息集合体。

网站由一个或多个网页组成。在网页上通常以特定的规则组织各种信息。

5. 静态网页和动态网页

用户访问网站上的某个网页时,如果这个网页上的规则不需要经过服务器运行而直接将结果展示给用户浏览器,这个网页就是静态网页;如果这个网页上的规则需要经过服务器运行生成结果再展示给用户浏览器,这个网页就是动态网页。

静态网页上采用的规则有 HTML(Hyper Text Markup Language,超文本标记语言)、CSS(Cascading Style Sheet,层叠样式表)、JavaScript 脚本语言、jQuery 脚本语言、ActiveX 控件、Java 小程序等,这些规则可以由 Web 浏览器直接运行。静态网页的扩展名是.HTML或.HTM。静态网页的内容相对稳定,不会根据用户的操作发生变化。静态网页实现将网页内容、效果呈现在用户的浏览器中,并和用户简单交互,所以称为前端。

静态网页设计是网站设计的基础。HTML、CSS、JavaScript 是静态网页设计的三大技术。这些技术目前主流的版本是 HTML 5、CSS 3、JavaScript 和 jQuery。其中 HTML 实现网页的基本内容,CSS 实现网页的布局和修饰,JavaScript 实现网页的动态交互。jQuery 是 JavaScript 框架中的优秀代表,是一个简洁、轻量级的可实现快速开发的 JavaScript 开源函数库。

动态网页上采用的规则有 ASP、JSP、PHP、.net、CGI 等开发技术相应的程序规则,这些规则必须由这些技术对应的 Web 服务器运行。动态网页的扩展名根据开发技术的不同,分别对应.ASP、.JSP、.PHP、.aspx、.CGI 等。动态网页可以根据用户的操作做出相应处理,一般会涉及数据库技术。动态网页实现服务器上数据处理、数据库操作及系统管理功能,所以称为后端。

6. 统一资源定位器

统一资源定位器(Uniform Resource Locator,URL)用于描述 Internet 上网页和资源的位置和访问方式。URL 也称为网址,格式如下:

网络协议://主机地址/路径/文件名

网络协议是 Web 浏览器和 Web 服务器之间的通信协议,常用的有 HTTP、FTP 等。主机地址是 Web 服务器在互联网上的主机域名或者 IP 地址,有时还包括服务端口号。路径是网页文件在 Web 服务器上的目录路径,如果文件在根目录就不需要写路径。文件名是网页文件的名称。首页是网站中一个特殊的网页,是用户访问网站的起始点。一般首页的命名为 index 或者 default。访问网站时若不指定文件名,则默认运行首页。

例如,清华大学出版社网站的网址是 http://www.tup.tsinghua.edu.cn/index.html。

其中,网络协议是 http,www.tup.tsinghua.edu.cn 是出版社网站所在服务器的域名,index.html 是网站首页的文件名。

7. Web 系统工作过程

首先,在 Web 系统中的 Web 服务器上部署多种网络资源,包括静态网页、动态网页、数据库文件以及其他程序文件等。

其次,Web 服务器开放网络访问权限,使互联网上的客户机可以通过服务器的 URL 访问到服务器。

然后,客户机浏览器发送网页地址请求,在互联网上访问到服务器。服务器根据请求的网页路径和文件名定位到该网页,然后处理网页。服务器执行网页中的动态代码得到结果,而静态代码不执行,保留原代码格式。最后,服务器将结果返回客户机,由客户机的浏览器解释执行静态代码。

客户机的浏览器先根据 HTML 标记进行网页内容加载,再根据 CSS 样式规则进行网页元素的样式修饰,之后执行 JavaScript 和 jQuery 代码控制网页元素的动态交互,最后在浏览器窗口中显示结果。

Web 系统工作过程如图 1.1 所示。

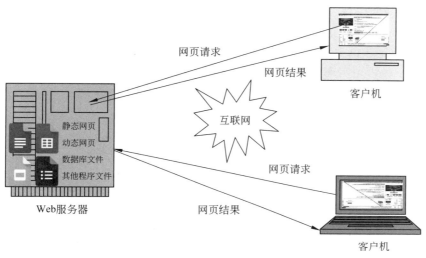

图 1.1　Web 系统工作过程

1.2　Web 前端设计基础

1.2.1　Web 前端设计工具

1. 纯文本编辑软件

使用任何一款纯文本编辑软件均可进行 Web 静态网页设计,因此本书不对设计工具做限定。Windows 自带的记事本软件不需要安装,可以查看和编辑网页源代码,用于创建简单的网页。

【例 1-1】　第一个静态网页,示例代码(1-1.html)如下。

```html
<html>
<head>
<title>第一个静态网页</title>
<style>
p{font-style:italic;color:red;}
</style>
</head>
<body>
```

```
<p>欢迎学习网页设计</p>
<script language="JavaScript">
    document.write ("学习 Web 前端开发很容易");
</script>
</body>
</html>
```

示例中，<>和</>包含的内容，是 HTML 的标记，例如<p>……</p>描述了一个段落，标记之间的内容为段落的内容。<style>……</style>之间是 CSS 的样式规则，其中 p{……}选择网页上的段落元素，font-style：italic 修饰了段落的字体为斜体，color：red 修饰了段落的文字颜色为红色。<script>……</script>之间为 JavaScript 的脚本代码，document.write()语句实现在网页上输出字符串。

例 1-1 的网页采用 Windows 记事本设计的界面如图 1.2 所示。

图 1.2　用记事本设计网页

2．可视化网页编辑软件

一些专门的网页设计工具，提供友好的操作界面、高效的编辑提示等，可以提高设计效率。Adobe Dreamweaver 是一款所见即所得的网页编辑器，可以实现网页开发与网站管理的功能，提供可视化设计和代码编辑操作，使用广泛。例 1-1 的网页采用 Adobe Dreamweaver 设计的界面如图 1.3 所示。

1.2.2　Web 网页运行环境

网页设计完成后，需要运行以查看效果。Web 系统中的网页都放在服务器上。远程客户端浏览器向服务器发出请求，服务器将网页结果传送到客户端浏览器上展示。

静态网页是不需要服务器运行而直接传送到客户端浏览器上展示的，所以 Web 前端网页设计时可以不配置服务器环境，直接在本地计算机浏览器中运行网页文档即可看到网页效果。例 1-1 的网页运行效果如图 1.4 所示。

图 1.3　用 Adobe Dreamweaver 设计网页

图 1.4　例 1-1 的网页运行效果

当然,如果网页中使用了 AJAX 技术和服务器进行数据交互,则还需要配置服务器环境,才能实现客户机与服务器的数据接收和发送。

HTML 5 和 CSS 3 中新增了一些标记和样式。在网页设计的时候,需要考虑浏览器内核及浏览器版本差异的影响因素。有的样式设置在不同的浏览器和同一浏览器不同版本中显示效果不一样,甚至有的浏览器不支持该样式设置。有的样式,在不同内核的浏览器中,样式的名称不同。例如,background-clip 样式,在部分内核为 webkit 的浏览器中支持,样式名称为-webkit-background-clip。本书介绍的是主流浏览器支持的样式及样式值。若在浏览器中运行示例看不到效果,建议换一个浏览器运行。若需要提高网页运行浏览器的兼容性,可以查阅相关的规范手册。

1.3　Web 系统开发流程

Web 系统设计需要根据系统主题进行网页布局、字体、颜色、交互效果等方面的设计,使网页内容明确、主次区分、风格一致、用户体验良好。可以借助 Photoshop 等图像处理软件设计网页效果图,再参照效果图借助前端设计技术实现网页。

1.3.1　确定系统的主题

首先要确定 Web 系统的主题,找准系统的准确定位。Web 系统类型包括新闻资讯类、企业服务类、个人信息类、社交服务类、搜索引擎类等。要考虑 Web 系统的功能、目标、访问用户的需求等,确定 Web 系统提供的内容和风格。

例如,对于新闻资讯类网站,主要向访问者提供大量的政治、经济、人文、生活各方面的信息,需要考虑系统提供信息的全面性、受众的广泛性和信息更新的及时性。企业服务类网站则主要用于企业发布特定的服务内容,是企业的宣传窗口,除需要提供全面准确的内容外,还需要在设计风格上突出企业文化特色。

1.3.2　系统结构设计

系统结构设计,是将系统内容划分为清晰合理的层次结构,确定系统中各页面的内容,建立页面间的关联。系统结构设计包括栏目设置和目录结构规划。

栏目设置的任务是对信息进行合理划分,使访问者可以方便快速地定位要访问的信息位置。栏目设计要结构清晰、重点突出、栏目层次级数合理。一般情况下,访问者单击 3~5 次后便可定位到要访问的信息。栏目层最多三级。各页面的链接也要清晰、准确。栏目设计要以用户为中心,具有访问容易、直观、可预期的特点。

目录结构规划是指 Web 服务器上信息资源的存储结构的规划。目录结构对系统维护、更新、移植、搜索引擎访问等有重要影响。目录结构中,信息要按类型分子目录存储;目录层次不要太深,主要栏目应能从首页直接到达;目录和子目录不要使用中文命名,命名尽量意义明确,便于理解。

1.3.3　页面布局设计

Web 系统内的每个网页布局都是整个界面的核心,体现了网页中各模块不同的重要程度。

网页模块一般包括标题区、导航区、信息区、版权区。标题区一般为网站 LOGO 图片或动画,代表了网站的形象。导航区实现网页栏目的列举引导,形式可以是横条导航或者竖条导航,位置一般在 LOGO 下方,也可以在网页底部。信息区的内容较多,采用多行多列布局,主要信息区一般在中间突出显示,次要信息区一般在左右两侧显示。版权区一般在网页底部,放置版权信息、联系方式等。

网页布局的类型大致有"国"字型、"匡"字型、标题正文型、封面型和变化型等。

1. "国"字型网页布局

"国"字型网页最上面是网站标题及横向导航区,中间部分是信息区,最下面是版权区。主要信息区在网页中间突出显示,左右分别为次要信息区。"国"字型网页布局如图 1.5 所示。

2. "匡"字型网页布局

"匡"字型网页和"国"字型网页类似。信息区一般包括主要信息区和一个次要信息区(在左侧或在右侧),主要信息区的空间更多、更突出。"匡"字型网页布局如图 1.6 所示。

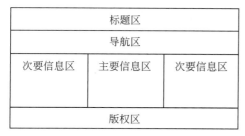

图 1.5 "国"字型网页布局

图 1.6 "匡"字型网页布局

3. 标题正文型网页布局

标题正文型网页的信息区只有主要信息区,其中包括信息的标题和正文。标题正文型网页布局如图 1.7 所示。

4. 封面型网页布局

封面型网页布局一般出现在有些网站的首页上,大多采用精美的图片或动画,提供进入网站的简单链接或按钮。

5. 变化型网页布局

变化型网页布局灵活多变,没有明确的格式区分。例如,响应式网页会根据浏览设备的尺寸动态调整。

不论采用哪种布局方式,一定要注意布局与内容的结合,使得网站信息能够被用户准确定位,提高信息共享的作用。

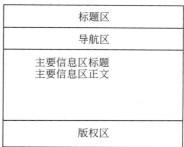

图 1.7 标题正文型网页布局

网页布局的技术主要有表格布局、图层布局和响应式布局。

表格布局技术是将网页划分为表格式的行和列,在表格中放置网页元素。表格布局技术主要采用 HTML 中的表格标记<table>实现。表格布局简单易用、所见即所得,但是代码繁复、维护性差、打开速度较慢。

图层布局技术采用图层搭建网页元素,采用 CSS 样式对图层进行定位和表现。图层布局技术主要采用 HTML 中的<div>标记和 CSS 的样式设置实现。图层布局网页内容和表现分离,便于开发和维护,浏览速度快。

响应式布局技术是根据浏览设备动态调整网页,为用户提供更好的体验,主要用于移动设备网页浏览。响应式布局技术主要采用 CSS 3 的 Mobile Query 样式设置实现。

1.3.4 素材收集和设计

围绕网页主题全面收集相关素材,如相关的文本、图片、音频、视频、动画等。有些材料需要自己制作,例如 LOGO 图标等。收集的材料要放在同一个目录中,并按照目录结构进行分类整理。材料命名要有明确意义,便于查找访问。素材要注意质量和大小,在保证质量的前提下尽量缩小大小,以免影响网络访问的速度。

1.3.5 页面内容设计

网页页面设计要注重页面元素的布局和呈现效果。页面的整体效果要有艺术美感,对访问者要有吸引力。文本的字体、字号、字间距、行距等,要适合文本内容表现的信息。多媒体元素在页面中的宽度、高度要适当,既要保证页面访问的速度,又要保证质量的精美。各种元素的色彩,对网页的呈现效果非常重要,要根据网站主题、访问者的文化审美、素材的风格统一考虑。Web 系统中各页面的设计风格要统一,最好采用统一的色彩配色方案、页面布局方式。可以先设计模板,再基于模板设计各页面。

1.3.6 测试和发布

制作完毕的 Web 系统要先进行测试。测试包括本地测试、实地测试。本地测试是在开发环境下测试。实地测试是将 Web 系统上传到服务器后,通过网络远程访问测试。做实地测试前,需要申请购买服务器空间和 Web 系统的域名,这样才能把 Web 系统上传到服务器。测试内容一般包括服务器稳定和安全测试、系统程序和数据库测试、网页兼容性测试。要选择不同的浏览器进行测试,还要在不同分辨率的显示设备上进行测试。测试后要根据发现的问题及时修改 Web 系统,再重新上传测试,直到解决问题为止。通过测试的系统便可以发布,开放给访问者访问。

1.3.7 维护和推广

Web 系统必须定期维护,保证系统正确运行及内容的更新。随着软硬件技术的发展,系统也应根据需要进行升级,用新的技术实现更多的功能和效果,以满足访问者的需要。可以采用搜索引擎、友情链接、广告等方式进行系统推广,吸引更多的访问者。

思考和实践

1. 问答题

(1) 静态网页和动态网页的区别是什么?

(2) 前端开发包括的技术有哪些?

(3) Web 网页开发的设计工具有哪些?

(4) 常见的网页布局类型有哪几种?

(5) Web 系统开发的流程是怎样的?

2. 操作题

(1) 研究现有各种类型的网站,选择你欣赏的一个网站,分析和学习其网页的布局、色调、风格等特点。

(2) 设计一个电子商城网站的首页效果图,充分考虑网页的布局、色调、风格等。

第 2 章　HTML 技术基础

本章学习目标

- 了解 HTML 的概念；
- 掌握 HTML 标记的语法格式；
- 掌握 HTML 文件的基本结构。

本章首先介绍了 HTML 概念，然后介绍了 HTML 标记的语法和 HTML 文件的基本结构，最后详细讲解常用的 HTML 标记及其属性的语法和应用。

2.1　HTML 概念

HTML(Hyper Text Markup Language，超文本标记语言)是一种描述语言，主要用于描述网页中的内容及显示方式。无论是静态网页还是动态网页，设计时都离不开 HTML。HTML 是所有网页设计技术的基础。

1993 年 6 月，超文本标记语言(第 1 版)发布。经过多年的发展，目前的最新版本是 2008 年 1 月发布的 HTML 5。从最初的版本发展到 HTML 5，是描述性标记语言逐步规范的过程。HTML 5 进一步解决了跨浏览器问题、新增了很多实用的功能、化繁为简、内容和表现分离，具有极大的优势。

HTML 文件是纯文本文件，设计时可以采用如 NotePad＋、记事本等文本编辑工具，也可以选用专业的 HTML 编辑工具(如 Dreamweaver、NetBean 等)。本书不指定编辑工具，只提供示例代码，可以使读者关注代码本身，有利于设计能力的提升。

HTML 文件由浏览器软件运行。不同的浏览器对 HTML 标准的支持程度不同，尤其是对 HTML 5 新增功能的支持。同一个网页在不同浏览器下呈现的效果可能不同。使用 HTML 设计网页的时候，需要考虑浏览器的兼容性问题。

2.2　HTML 标记的语法

HTML 标记用于描述页面上的 HTML 元素，其基本语法格式如下。

> <标记 属性 1="属性值 1" 属性 2="属性值 2"……>网页 HTML 元素</标记>

1. 标记

标记是用于描述功能的符号，又称为标签。标记用"＜"和"＞"括起来，不允许交叉嵌套。标记书写时不区分大小写。

有些标记必须成对使用，称为双标记，以＜标记＞开始，以＜/标记＞结束。＜标记＞和＜/标记＞之间是标记定义的元素内容。有些标记是单独使用的，称为单标记。单标记采用

<标记>或者<标记/>的形式。

例如,<p>是段落标记,是双标记。<p>和</p>之间的部分是段落的内容。下面的语句定义了一个段落。

```
<p>这是一个段落!</p>
```

2. 属性

部分标记中可以设置属性,用于设置标记所描述的元素的附加信息。属性值可以用双引号(" ")括起来,也可以直接写。标记的属性分为必需属性和可选属性。使用标记时,必需属性一定要设置;可选属性则根据需要进行设置。在之后的语法格式讲解中,用[]括起来的属性表示是可选属性。一个标记设置多个属性时,属性之间用空格分隔。

例如,段落标记<p>具有可选属性 name,用于定义段落元素的名称。下面语句定义了一个段落,设置了 name 属性为 p1。

```
<p name="p1">这是一个段落!</p>
```

在标记的可选属性中,一部分用于格式设置的属性在 HTML 5 中已不再支持,转而由 CSS 实现,建议在设计中不要使用此类属性。有些属性只有部分浏览器支持,设计时要谨慎使用。

2.3　HTML 文件

一个完整的 HTML 文件由多种标记和元素内容组成。元素内容包括标题、段落、文本、表格、列表、图形、图像、音频、视频及嵌入对象等。HTML 文件的扩展名为.html 或.htm。

一个 HTML 文件的基本结构如下。

```
<!DOCTYPE HTML>
<html>
<head>
……
</head>
<body>
……
</body>
</html>
```

（1）<! DOCTYPE HTML>是文档类型说明标记,告诉浏览器文档所使用的 HTML 规范。

（2）<html>是 HTML 的主标记,用于说明文档使用 HTML 编写。在<html>……</html>之间的是网页文档的所有内容。

（3）<head>是头部标记。在<head>……</head>之间的是网页的头部信息区域,用于说明文件的标题和一些公共属性等信息。

（4）＜body＞是主体标记。在＜body＞……＜/body＞之间的是网页主体，是显示在浏览器窗口中的部分，即各种 HTML 元素。

2.3.1　文档类型说明标记＜！DOCTYPE HTML＞

文档类型说明标记告知浏览器文档使用的 HTML 规范。在 HTM 5 规范出现之前，文档类型说明标记比较烦琐。例如，下面的语句说明了网页文档类型支持 XHTML 1.0 规范。

```
<!DOCTYPE html PUBLIC "-//W3C//DTD XHTML 1.0 Transitional//EN" "http://www.w3.
org/TR/xhtml1/DTD/xhtml1-transitional.dtd">
```

在 HTML 5 中，文档类型说明标记可以简化为如下形式，也可以省略不写。

```
<!DOCTYPE HTML>
```

文档类型说明标记必须位于 HTML 文档的第一行。

2.3.2　HTML 主标记＜html＞

HTML 主标记＜html＞说明网页使用的是 HTML，使浏览器可以正确解释、显示页面。HTML 主标记是双标记，以＜html＞标记开始，以＜/html＞标记结束，＜html＞和＜/html＞之间的是网页文档的所有内容，其语法格式如下。

```
<html>
……
</html>
```

在 HTML 5 中，HTML 主标记可以省略不写。为了文档的完整性和符合 Web 规范，建议不省略该标记。

2.3.3　头部标记＜head＞

HTML 文件的头部信息用于说明网页文档的相关信息，包括标题、元信息、CSS 样式和 JavaScript 脚本代码等。HTML 文件的头部信息不会在浏览器窗口内显示。头部标记是双标记，以＜head＞标记开始，以＜/head＞标记结束，其语法格式如下。

```
<head>
……
</head>
```

在头部标记之间，可以插入其他的标记和相关信息。

1. 标题标记＜title＞

标题标记＜title＞定义文档标题，一般用于说明页面用途。标题标记以＜title＞开始，以＜/title＞结束，＜title＞和＜/title＞之间的是标题的内容。在浏览器中显示网页时，标题内容出现在浏览器左上方的标题栏中。

【例 2-1】 标题标记示例,代码(2-1.html)如下。

```
<html>
<head>
<title>旅游网排行榜</title>
</head>
<body>
</body>
</html>
```

浏览器中网页显示效果如图 2.1 所示。

图 2.1　标题标记示例

2. 元信息标记<meta>

元信息标记<meta>提供有关页面的信息,如字符集、搜索引擎关键词、页面描述、定时跳转等。<meta>标记是单标记,位于 HTML 文档的头部,其语法格式如下。

```
<meta 属性="属性值"……>
```

<meta>标记的属性及属性值见表 2.1。

表 2.1　<meta>标记的属性及属性值

属　　性	属性值(含义)	说　　明
charset		定义文档的字符编码集名称
content		定义与 http-equiv 或 name 属性相关的元信息
http-equiv	content-type(媒体类型) expires(过期时间) refresh(刷新) set-cookie(cookie 设置)	把 content 属性关联到 HTTP 头部
name	author(作者) description(描述) keywords(关键词) generator(生成器) revised(最后修改时间) others(其他)	把 content 属性关联到一个名称

下面介绍常用的元信息属性及应用。

(1) charset 字符集属性。

charset 属性定义网页所使用的字符集。浏览器显示网页时,会使用<meta>标记的 charset 属性指定的字符集,如果没有指定,则采用浏览器默认的字符集。在网页上右击,从弹出的快捷菜单中选择【编码】命令,可以查看和修改浏览器所使用的字符集。

在 HTML 文档中最好设置字符集属性,这样可以避免网页出现乱码。常用的字符集编码有国家通用编码 utf-8 和简体中文字符集 GB 2312。

例如,下面的语句定义了网页所用的字符集编码为 GB 2312 简体中文字符集。

```
<meta charset="GB 2312">
```

(2) 搜索引擎关键词 keywords。

在<meta>标记中,设置 name 属性为 keywords,然后在 content 属性中列举出和网页内容相关的关键词,可以在搜索引擎的排名算法中起到一定的作用。多个关键词之间用半角逗号(,)分隔。

例如,下面的语句定义了某网页的关键词为"HTML,CSS,JavaScript"。

```
<meta name="keywords" content="HTML,CSS,JavaScript">
```

(3) 页面描述 description。

在<meta>标记中,设置 name 属性为 description,然后在 content 属性中设置网页的页面内容的描述信息,在搜索引擎的搜索结果页上将显示该描述信息。

例如,下面的语句定义了网页的简介。

```
<meta name="description" content="本网页介绍 HTML 5 的基本语法">
```

(4) 页面定时刷新 refresh。

在<meta>标记中,设置 http-equiv 为 refresh,然后在 content 属性中设置刷新时间和刷新后的页面网址,可以实现网页在经过一定时间后自动刷新跳转到指定的页面。页面定时刷新的语法格式如下。

```
<meta http-equiv="refresh" content="秒数;[url=跳转页面网址]">
```

其中,刷新时间的单位默认是秒。跳转网址 url 是可选项,如果省略,则页面只定时刷新,不跳转。

例如,下面的语句实现每 5s 自动刷新当前网页页面。

```
<meta http-equiv="refresh" content="5">
```

例如,下面的语句实现 5s 后自动刷新跳转到 b.html 页面。

```
<meta http-equiv="refresh" content="5;b.html">
```

【例 2-2】 元信息标记示例。示例代码(2-2.html)如下。

```
<html>
<head>
```

```
<title>欢迎网页</title>
<meta charset="GB 2312"name="keywords"content="旅游,排行">
<meta http-equiv="refresh"content="5;2-1.html">
</head>
<body>
</body>
</html>
```

浏览器中网页显示效果如图 2.2 所示。

图 2.2　元信息标记示例

5s 后,自动跳转到 2-1.html 页面,如图 2.1 所示。

2.3.4　主体标记<body>

HTML 文件的主体部分包括各种 HTML 元素。主体标记是双标记,以<body>标记开始,以</body>标记结束。主体部分的内容显示在浏览器窗口中,其语法格式如下。

```
<body>
……
</body>
```

普通文本和一些特殊字符文本可以直接写在主体标记<body>和</body>之间,在浏览器中直接显示。而其他网页元素,如段落、图像、视频、音频、列表、表格等,都需要用对应的标记进行说明,才能在网页中展示。

HTML 中有些字符需要作为特殊字符,采用 html 特殊字符的编码形式输入。例如,"<"和 ">"与 HTML 标记的声明符号冲突,需要用特殊字符编码"<"和">"输入文档中。例如,大多数浏览器会将 HTML 代码中的多个空格处理为单个空格显示。要输出多个空格,需要用特殊字符编码" "输入到文档中。

特殊字符编码以"&"开头,后面是对应的编码,以";"结尾。HTML 中特殊字符编码见表 2.2。

表 2.2　HTML 中特殊字符编码

特 殊 字 符	说　　明	HTML 编码
	半角空格	
	全角空格	
	不断行空格	

特 殊 字 符	说　　　　明	HTML 编 码
<	小于	&lt;
>	大于	&gt;
&	& 符号	&amp;
"	双引号	&quot;
©	版权	&copy;
®	已注册商标	&reg;
TM	商标(美国)	&trade;
×	乘号	&times;
÷	除号	&divide;

【例 2-3】 主体标记示例。示例代码(2-3.html)如下。

```
<html>
<head>
<title>例 2-3 主体标记示例</title>
</head>
<body>
A   +B&times;C
<p name="p1">这是一个        段落!</p>
</body>
</html>
```

浏览器中网页显示效果如图 2.3 所示。

图 2.3　主体标记示例

2.3.5　注释标记＜!----------＞

注释标记＜!--------＞中包含的内容,浏览器不解释运行,也不显示。注释标记中可以包含多行注释内容。虽然注释内容不会在页面中显示,但是注释信息便于开发者和维护人员理解代码的含义,建议设计时添加注释。

【例 2-4】 注释标记示例。示例代码(2-4.html)如下。

```
<html>
<head>
<title>例 2-4 注释标记示例</title>
</head>
<body>
<!--下面是一个段落-->
    <p name="p1">这是一个段落!</p>
<!--
注释部分不会显示在网页上。
-->
</body>
</html>
```

浏览器中网页显示效果如图 2.4 所示。

图 2.4 注释标记示例

2.4 HTML 标记的全局属性

全局属性可用于任何 HTML 标记,都是可选属性,可以根据设计需要进行设置。HTML 中常用的全局属性见表 2.3。

表 2.3 HTML 5 常用的全局属性

属 性	属性值(含义)	说 明
name		HTML 标记的 name 名称
id		HTML 标记的 id 名称
class		HTML 标记的 class 类名称
style		元素的行内 CSS 样式
contenteditable	true(可编辑) false(不可编辑)	元素文本内容是否可编辑
dir	ltr(从左向右) rtl(从右向左)	元素文本内容的排列方向
draggable	true(可拖动) false(不可拖动)	元素是否可拖动

属　　性	属性值（含义）	说　　明
hidden	hidden（隐藏）	元素不显示。可以只写属性，不写属性值
title		元素的额外提示信息
on…	onclick、onchange 等	元素的事件属性

例如，下面的语句描述了一个段落及其部分属性。

```
<p name="a" id="b" class="c" style="color:red;" contenteditable="true" title=
"example" dir="rtl">这是一个段落!</p>
```

段落标记<p>描述了一个段落。用 name 属性设置了段落名称为 a。用 id 属性设置 id 名为 b。用 class 属性设置类名为 c。用样式属性 style 设置了段落的样式效果，其中用文字颜色样式 color 设置文字显示为红色。用 contenteditable 属性设置段落可在网页上编辑。用 title 设置段落提示信息为 example。用 dir 属性设置段落内容排列从右向左。在<p>和</p>之间的是段落的内容。

【例 2-5】　HTML 标记全局属性示例。示例代码（2-5.html）如下。

```
<html>
<head>
<title>例 2-5 HTML 标记全局属性示例</title>
</head>
<body>
<p name="a" id="b" class="c" style="color:red;" contenteditable="true" title=
"example" dir="rtl">hello !world!</p>
</body>
</html>
```

浏览器中网页显示效果如图 2.5 所示。双击网页上的段落文字可编辑文字。

图 2.5　HTML 标记全局属性示例

思考和实践

1. 问答题

（1）HTML 标记以什么符号为特征？

（2）单标记和双标记的区别是什么？

（3）HTML 文件的扩展名是什么？

（4）HTML 文档的基本结构是怎样的？

2. 操作题

创建如图 2.6 所示的 HTML 网页，并在浏览器中运行，查看显示效果。

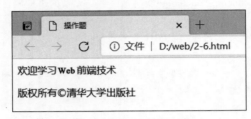

图 2.6　操作题效果图

第 3 章 HTML 文本类标记

本章学习目标

- 掌握 HTML 文本排版标记；
- 掌握 HTML 列表标记。

本章介绍 HTML 中常用的文本排版标记、列表标记的语法和应用实例。

3.1 文本排版标记

3.1.1 换行标记

在编辑 HTML 页面的时候，输入的回车符、换行符在浏览器中都无效，显示时并不能实现回车效果。使用换行标记
可实现网页上的强制换行效果。换行标记
是单标记。一个
标记表示一个换行，多个
标记表示多次换行，其语法格式如下。

```
<br>
```

【例 3-1】 换行标记示例。示例代码(3-1.html)如下。

```
<html>
<head>
<title>例 3-1 换行标记示例</title>
</head>
<body>
第一行文字
第二行文字
第三行文字
<br>
<br>
第一行文字<br>第二行文字<br>第三行文字
</body>
</html>
```

浏览器中网页显示效果如图 3.1 所示。

3.1.2 预定义格式标记<pre>

预定义格式标记<pre>……</pre>中的文本通常会保留编辑时的空格和换行符。网页源文件中的多个空格和回车换行操作在浏览器中会被忽略，或者被处理为一个空格。使用<pre>标记可以保留网页源文件中的设计效果。预定义格式标记是双标记，以<pre>开

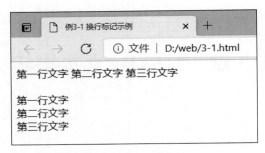

图 3.1　换行标记示例

始,以</pre>结束,<pre>和</pre>之间的内容保留编辑时的空格和换行符,文本呈现为等宽字体,其语法格式如下。

```
<pre>
文本内容
</pre>
```

【例 3-2】　预定义格式标记示例。示例代码(3-2.html)如下。

```
<html>
<head>
<title>例 3-2 预定义格式标记示例</title>
</head>
<body>
<pre>
第一行      文字
        第二行文字
第三行文字
</pre>
</body>
</html>
```

浏览器中网页显示效果如图 3.2 所示。

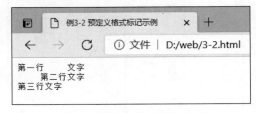

图 3.2　预定义格式标记示例

3.1.3　段落标记<p>

段落标记<p>是双标记,以<p>开始,以</p>结束,在<p>和</p>之间的内容形成一个段落。段落前后内容会自动换行。段前、段后的间距比普通文字的行间距宽。使用不包含内容的<p></p>标记,可以实现换行并输出空行的效果,其语法格式如下。

```
<p>段落文字</p>
```

【例 3-3】 段落标记示例。示例代码(3-3.html)如下。

```
<html>
<head>
<title>例 3-3 段落标记示例</title>
</head>
<body>
第一行文字<p></p>
第二行文字<br>
第三行文字
<p>第一段:杭州,简称"杭",古称临安、钱塘,是浙江省省会、副省级市、杭州都市圈核心城市,国务
院批复确定的中国浙江省省会和全省经济、文化、科教中心、长江三角洲中心城市之一。</p>
<p>第二段:杭州地处中国华东地区、钱塘江下游、东南沿海、浙江北部、京杭大运河南端,是环杭州
湾大湾区核心城市、沪嘉杭 G60 科创走廊中心城市、国际重要的电子商务中心。</p>
</body>
</html>
```

浏览器中网页显示效果如图 3.3 所示。

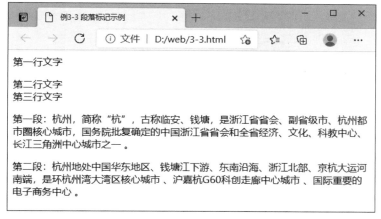

图 3.3　段落标记示例

3.1.4　标题标记<hn>

标题标记<hn>可以实现黑体加粗效果的标题文字输出。标题文字前后自动换行。标题标记包含 6 个级别,标题标记<hn>中的 n 可以设置为 1~6,编号越小,文字越大。标题标记是双标记,以<hn>开始,以</hn>结束,中间的内容显示为标题文字效果,其语法格式如下。

```
<hn> 标题文字内容</hn>
```

【例 3-4】 标题标记示例。示例代码(3-4.html)如下。

```
<html>
<head>
<title>例 3-4标题标记示例</title>
</head>
<body>
<h1>一级标题文字</h1>
<h2>二级标题文字</h2>
<h3>三级标题文字</h3>
<h4>四级标题文字</h4>
<h5>五级标题文字</h5>
<h6>六级标题文字</h6>
</body>
</html>
```

浏览器中网页显示效果如图 3.4 所示。

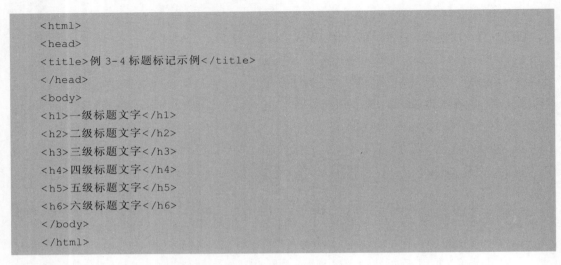

图 3.4 标题标记示例

 ### 3.1.5 上标标记<sup>和下标标记<sub>

上标标记<sup>是双标记,以^{开始,以}结束,^和之间的文本会以上标的形式显示。下标标记<sub>是双标记,以_{开始,以}结束,_和之间的文本会以下标的形式显示,它们的语法格式如下。

```
<sup>上标文字内容</sup>
<sub>下标文字内容</sub>
```

【例 3-5】　上下标文本标记示例。示例代码(3-5.html)如下。

```
<html>
<head>
<title>例 3-5 上下标文本标记示例</title>
</head>
<body>
数学公式示例：(x+y)<sup>2</sup>=x<sup>2</sup>+2xy+y<sup>2</sup><br>
化学式示例：H<sub>2</sub>O
</body>
</html>
```

浏览器中网页显示效果如图 3.5 所示。

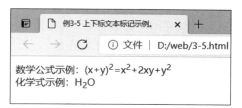

图 3.5　上下标文本标记示例

3.1.6　注音标记<ruby>、<rt>和<rp>

注音标记<ruby>、<rt>和<rp>都是双标记，用于在元素上添加注音。先在标记<ruby>内定义需要注音的元素，然后在内部用标记<rt>……</rt>指明注音内容，再以</ruby>表示注音结束。如果浏览器不支持<ruby>标记，可以在<ruby>标记内添加可选标记<rp>……</rp>，指明替代显示的内容，它们的语法格式如下。

```
<ruby>
需要注音的内容
<rt>注音内容</rt>
[<rp>浏览器不支持时的替代显示内容</rp>]
</ruby>
```

【例 3-6】　注音标记示例。示例代码(3-6.html)如下。

```
<html>
<head>
<title>例 3-6 注音标记示例</title>
</head>
<body>
<ruby>
杭<rp>(</rp><rt>hang</rt><rp>)</rp> 州<rp>(</rp><rt>zhou</rt><rp>)</rp>
</ruby>
```

```
<br>
<ruby>
杭州风景名胜区
<rt>Hang zhou feng jing ming sheng qu</rt>
</ruby>
</body>
</html>
```

浏览器中网页显示效果如图 3.6 所示。

图 3.6　注音标记示例

3.1.7　高亮文本标记<mark>

高亮文本标记<mark>是双标记，以<mark>开始，以</mark>结束，<mark>和</mark>之间的文本会以醒目的高亮背景显示，其语法格式如下。

```
<mark>文本内容</mark>
```

【例 3-7】　高亮文本标记示例。示例代码(3-7.html)如下。

```
<html>
<head>
<title>例 3-7 高亮文本标记示例</title>
</head>
<body>
<p>杭州,简称"杭",古称<mark>临安</mark>、钱塘。</p>
</body>
</html>
```

浏览器中网页显示效果如图 3.7 所示。

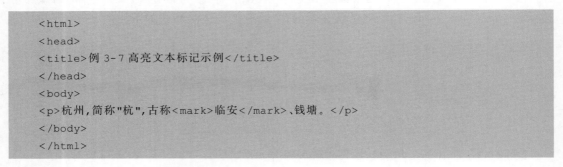

图 3.7　高亮文本标记示例

3.2　列表标记

HTML 中的列表标记包括有序列表、无序列表和自定义列表 3 种类型。不同类型的列表可以嵌套使用。

3.2.1　有序列表标记<ol>和<li>

有序列表标记<ol>和<li>都是双标记,可以为每个列表项自动添加代表顺序的编号标识,如阿拉伯数字、字母等,默认是阿拉伯数字。先用<ol>标记描述一个有序列表,然后在内部用<li>标记描述有序列表中的每一个列表项,其语法格式如下。

```
<ol>
<li>列表项</li>
<li>列表项</li>
……
</ol>
```

【例 3-8】　有序列表标记示例。示例代码(3-8.html)如下。

```
<html>
<head>
<title>例 3-8 有序列表标记示例</title>
</head>
<body>
<ol>
<li>茶</li>
<li>咖啡</li>
<li>牛奶</li>
</ol>
</body>
</html>
```

浏览器中网页显示效果如图 3.8 所示。

图 3.8　有序列表标记示例

3.2.2　无序列表标记＜ul＞和＜li＞

无序列表标记＜ul＞和＜li＞都是双标记,可以自动为每个列表项添加符号标识,如圆点、方块等,默认是黑圆点。先用＜ul＞标记描述一个无序列表,然后在内部用＜li＞标记描述无序列表中的每一个列表项,其语法格式如下。

```
<ul>
<li>列表项</li>
<li>列表项</li>
……
</ul>
```

【例 3-9】　无序列表标记示例。示例代码(3-9.html)如下。

```
<html>
<head>
<title>例 3-9 无序列表标记示例</title>
</head>
<body>
<ul>
<li>茶</li>
<li>咖啡</li>
<li>牛奶</li>
</ul>
</body>
</html>
```

浏览器中网页显示效果如图 3.9 所示。

图 3.9　无序列表标记示例

3.2.3　自定义列表标记＜dl＞、＜dt＞和＜dd＞

自定义列表标记＜dl＞、＜dt＞和＜dd＞用于描述"项目词语＋解释"类型的列表,都是双标记。先用＜dl＞标记声明一个自定义列表,然后在内部用＜dt＞标记描述项目词语,再用＜dd＞标记描述解释部分。项目词语部分左对齐显示,解释部分则换行缩进显示,其语法格式如下。

```
<dl>
<dt>项目词语</dt>
<dd>解释部分</dd>
……
</dl>
```

【例 3-10】 自定义列表标记示例。示例代码(3-10.html)如下。

```
<html>
<head>
<title>例 3-10 自定义列表标记示例</title>
</head>
<body>
<dl>
<dt>apple</dt>
<dd>苹果</dd>
<dt>pear</dt>
<dd>梨</dd>
</dl>
</body>
</html>
```

浏览器中网页显示效果如图 3.10 所示。

图 3.10　自定义列表标记示例

3.2.4　列表嵌套

列表嵌套是指一个列表内包含其他列表。列表嵌套可以是同种类型的列表嵌套,也可以是不同类型的列表嵌套。无序列表内嵌套无序列表时,会采用不同的列表符号区分。嵌入的列表会缩进显示。

【例 3-11】 列表嵌套示例。示例代码(3-11.html)如下。

```
<html>
<head>
<meta http-equiv="Content-type" Content="text/HTML;charset=UTF-8">
<title>例 3-11 列表嵌套示例</title>
</head>
```

```
<body>
<h4>网站开发技术</h4>
<ol>
<li>静态网页技术</li>
 <ol>
  <li>HTML</li>
  <li>CSS</li>
  <li>JavaScript</li>
  <li>jQuery</li>
 </ol>
<li>动态网页技术</li>
<ul >
<li>ASP</li>
<li>JSP</li>
<li>PHP</li>
<li>数据库</li>
 <ul>
    <li>MySQL</li>
    <li>Oracle</li>
    <li>SQL Server</li>
 </ul>
</ul>
</ol>
</body>
</html>
```

浏览器中网页显示效果如图 3.11 所示。

图 3.11　列表嵌套示例

思考和实践

1. 问答题

（1）换行标记＜br＞实现的换行，和用空段落标记＜p＞＜/p＞实现的换行有什么不同？

（2）保留文本编辑时输入的空格符和回车换行符应该使用什么标记？

（3）标题标记分为几个级别？

（4）上下标标记描述的文本，文本字体是怎样的？文本位置是怎样的？

（5）浏览器不支持注音标记时，如何设置替代显示的内容？

（6）列表类型标记有几种？基本的语法格式是怎样的？列表标记可以嵌套吗？

2. 操作题

应用标题标记、列表标记及列表嵌套设计网页，效果如图 3.12 所示。

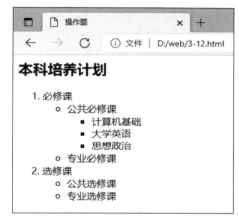

图 3.12　操作题效果图

第 4 章　HTML 多媒体类标记

本章学习目标

- 了解 HTML 中的多媒体文件类型；
- 掌握 HTML 中的文件路径表示方法；
- 掌握 HTML 中的多媒体类标记。

本章首先介绍 HTML 中多媒体文件的类型，然后介绍 HTML 中的文件路径表示方法，最后介绍 HTML 中的多媒体类标记的语法格式及其应用。

4.1　多媒体文件

4.1.1　多媒体文件类型

多媒体是指图形、图像、音频、视频、动画等媒体类型。使用多媒体类标记描述多媒体元素，在网页上插入对应的多媒体文件内容，可以使页面内容丰富、效果生动。

各种浏览器对不同类型的图像、音频、视频文件的支持各不相同，设计时要根据需要选择。使用多媒体元素时，除了要考虑浏览器对多媒体文件的兼容性外，还要考虑多媒体文件的大小对网页访问速度的影响，以及多媒体文件的质量对显示效果的影响。

图像文件的类型主要有.GIF、.JPEG、.PNG、.BMP 等格式。.GIF 格式的文件占用存储空间小，下载速度快，并且支持动画效果和透明背景色图像格式，在网络上应用非常广泛。.JPEG 格式的文件支持 8 位和 24 位压缩图像位图格式，适合在网络上传输，是网页设计最常用的图像格式之一。.PNG 格式的文件是一种无损压缩的便携网络图形文件，文件占位空间小，便于网络传输，所以得到广泛的应用。.BMP 格式的文件采用的是位映射存储格式，所以文件占用空间大，网络传输速度慢，不建议在网页上使用。

音频文件类型主要有.MP3、.WAV、.OGG 等格式。.MP3 格式的音频文件采用音频压缩技术，使文件数据量变小，而音频质量没有明显下降，得到大多数浏览器的支持。.WAV 格式的音频文件是微软公司专门为 Windows 开发的一种标准数字音频文件，音频质量不失真，但是文件存储空间较大，只有部分浏览器支持。.OGG 格式的音频文件采用的是免费开源的音频文件压缩格式，得到部分浏览器的支持。

视频文件类型主要有.MP4 和. WEBM 等格式。.MP4 格式的视频文件采用音频视频压缩技术，使文件数据量变小，而视频质量没有明显下降，得到大多数浏览器的支持。. WEBM 格式的视频文件是一种新型的、开放的免费媒体文件，在网络上的应用量增长较快。

4.1.2　文件路径表示方法

在网页中插入多媒体文件时，需要设置多媒体文件的 URL。文件 URL 的表示方法有绝对路径和相对路径两种。

1. 绝对路径

绝对路径是文件的完整网络 URL 地址,一般用于访问不同服务器上的文件资源。

例如,清华大学出版社网站首页文件的 URL 地址是 http://www.tup.tsinghua.edu.cn/index.html。

2. 相对路径

相对路径是以当前文件为起点,描述目的文件相对于当前文件的路径,一般用于访问同一台服务器上的文件资源。相对路径中不包括通信协议、主机地址名,通常只包括目录名和文件名。

(1) 如果目的文件和当前文件在同一目录下,则目的文件的 URL 只包括目的文件名。

(2) 如果目的文件在当前文件所在的目录的子目录中,则目的文件的 URL 包括各级子目录名和文件名,用"/"分隔。

(3) 如果目的文件在当前文件所在目录的上级目录中,则目的文件的 URL 用"../"开头表示上级目录,再依次写出各级子目录名和文件名。如果以服务器为起点,则用"/"开头表示服务器根目录,再写出各级子目录名和文件名。

【例 4-1】 服务器上文件相对路径示例。

服务器上 E 盘的 aweb 目录是网站根目录。aweb 目录中有 images 子目录、index.html 文件和 t1.jpg 文件。images 目录中有 ye2.html 和 t2.jpg 文件。服务器中各文件的层次位置如图 4.1 所示。写出 index.html 和 ye2.html 网页文件,要分别访问文件 t1.jpg、t2.jpg 时,这些文件的相对路径表示形式。

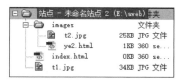

图 4.1 网站结构示意图

(1) 在 index.html 中,要访问 t1.jpg 时,由于两个文件在同一目录下,所以相对路径就是文件名,即"t1.jpg"。

(2) 在 index.html 中,要访问 t2.jpg 时,由于 t2.jpg 是在 images 子目录下,所以相对路径需要包括子目录名和文件名,即"images/t2.jpg"。

(3) 在 ye2.html 中,要访问 t1.jpg 时,由于 t1.jpg 在上一级目录中,所以相对路径用"../"开头表示上级目录,再写出各级子目录名和文件名,即"../t1.jpg"。

Web 系统中的文件资源应该放在同一个网站目录中,再通过子目录分类存放。访问文件时,不要使用带有盘符的路径表示方式,这种方式在本地测试时可以访问到文件,在远程测试时会出错。例如,上述例题中,用"E:\eweb\t1.jpg"访问 t1.jpg 便是错误的表示方式。

4.2 多媒体类标记

4.2.1 水平线标记＜hr＞

水平线标记＜hr＞在网页中绘制一条水平线,通常用于页面内容的分隔。＜hr＞标记是单标记,其语法格式如下。

```
<hr>
```

【例 4-2】 水平线标记示例。示例代码(4-2.html)如下。

```
<html>
<head>
<meta http-equiv="Content-type" Content="text/HTML;charset=UTF-8">
<title>例 4-2 水平线标记示例</title>
</head>
<body>
<h3>静态网页</h3>
<p>用户访问网站上的某个网页时,如果这个网页上的规则不需要经过服务器运行而直接将结果展
示给用户浏览器,这个网页就是静态网页。</p>
<hr>
<h3>动态网页</h3>
<p>如果这个网页上的规则需要经过服务器运行生成结果再展示给用户浏览器,这个网页就是动态
网页。</p>
</body>
</html>
```

浏览器中网页显示效果如图 4.2 所示。

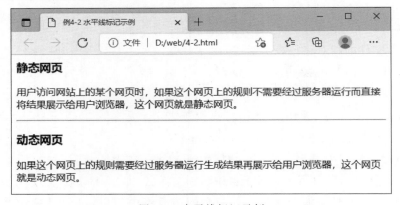

图 4.2　水平线标记示例

4.2.2　图像标记＜img＞

图像标记＜img＞用于在网页中插入图像文件。图像标记＜img＞是单标记,其语法格
式如下。

```
<img 属性=属性值……>
```

图像标记＜img＞的常用属性见表 4.1。

表 4.1　图像标记＜img＞的常用属性

属　　　　性	属性值（含义）	说　　　　　明
src		图像文件的 URL 地址，必需属性
alt		图像无法显示时的替代文本，可选属性
width		图像的宽度，可以为数值或者百分比，可选属性
height		图像的高度，可以为数值或者百分比，可选属性
usemap		图像作为图像热区链接时用的图像映射名称，可选属性

【例 4-3】　图像标记示例。示例代码（4-3.html）如下。

```
<html>
<head>
<meta http-equiv="Content-type" Content="text/HTML;charset=UTF-8">
<title>例 4-3 图像标记示例</title>
</head>
<body>
这里有一张图片<img src=images/1.jpg width=100 height=150 alt="风景照">
</body>
</html>
```

浏览器中网页显示效果如图 4.3 所示。

图 4.3　图像标记示例

4.2.3　音频标记＜audio＞

音频标记＜audio＞用于定义播放声音文件或者音频流。音频标记＜audio＞是双标记，其语法格式如下。

```
<audio 属性=属性值……>……</audio>
```

音频标记＜audio＞的常用属性见表 4.2。

表 4.2 音频标记＜audio＞的常用属性

属　　性	属性值（含义）	说　　明
src		音频文件的 URL 地址，必需属性
autoplay	autoplay（自动播放）	音频文件加载完成后自动播放，可选属性
controls	controls（播放控件）	显示音频播放控件，可选属性
loop	loop（循环）	自动循环播放音频文件，可选属性

【例 4-4】 音频标记示例。示例代码（4-4.html）如下。

```
<html>
<head>
<meta http-equiv="Content-type" Content="text/HTML;charset=UTF-8">
<title>例 4-4 音频标记示例</title>
</head>
<body>
<p>音乐欣赏</p>
<audio src=images/song.mp3 loop="loop" controls="controls" autoplay=
"autoplay">如果不能看到,说明浏览器不支持</audio>
</body>
</html>
```

浏览器中网页显示效果如图 4.4 所示。

图 4.4 音频标记示例

由于不同浏览器对音频文件类型支持的不同,在音频标记＜audio＞中,可以结合
＜source＞标记,为浏览器指明多个音频文件 URL,浏览器可以选择支持的音频文件。
＜source＞标记中,用 src 属性指明音频文件 URL,用 type 属性指明音频文件类型,其语法
格式如下。

```
<audio>
    <source src="音频文件 URL" type="音频文件类型">
</audio>
```

例如,下面的语句在网页上显示一个音频播放器,音频文件有两种格式,由浏览器选择
支持的文件自动播放。

```
<audio controls="controls" autoplay="autoplay">
    <source src="song.ogg" type="audio/ogg">
    <source src="song.mp3" type="audio/mpeg">
</audio>
```

4.2.4 视频标记＜video＞

视频标记＜video＞用于定义播放视频文件或者视频流。视频标记＜video＞是双标记，其语法格式如下。

＜video 属性=属性值……＞……＜/video＞

视频标记＜video＞的常用属性见表 4.3。

表 4.3 视频标记＜video＞的常用属性

属　　性	属性值(含义)	说　　明
src		视频文件的 URL 地址,必需属性
autoplay	autoplay(自动播放)	视频文件加载完成后自动播放,可选属性
controls	controls(播放控件)	显示视频播放控件,可选属性
loop	loop(循环)	自动循环播放视频文件,可选属性
width		视频播放器的宽度,可以设为数值或百分比,可选属性
height		视频播放器的高度,可以设为数值或百分比,可选属性

【例 4-5】 视频标记示例。示例代码(4-5.html)如下。

```
<html>
<head>
<meta http-equiv="Content-type" Content="text/HTML;charset=UTF-8">
<title>例 4-5 视频标记示例</title>
</head>
<body>
<p>视频欣赏</p>
<video src=images/movie.mp4 loop="loop" controls="controls" autoplay=
"autoplay" width=200 height=200>如果不能看到,说明浏览器不支持</video>
</body>
</html>
```

浏览器中网页显示效果如图 4.5 所示。

由于不同浏览器对视频文件类型支持的不同,在视频标记＜video＞中,可以结合＜source＞标记,为浏览器指明多个视频文件 URL,浏览器可以选择支持的视频文件。

4.2.5 嵌入媒体文件标记＜embed＞

嵌入媒体文件标记＜embed＞可以插入多种格式的多媒体文件。嵌入媒体文件标记

图 4.5　视频标记示例

<embed>是双标记。<embed>和</embed>之间的是替换文本。当浏览器不支持<embed>元素时,显示替换文本,其语法格式如下。

<embed 属性=属性值……>替换文本</embed>

嵌入媒体文件标记<embed>的常用属性见表 4.4。

表 4.4　嵌入媒体文件标记<embed>的常用属性

属　　　性	属性值(含义)	说　　　明
src		媒体文件的 URL 地址,必需属性
width		嵌入媒体文件的宽度,像素值,可选属性
height		嵌入媒体文件的高度,像素值,可选属性
type		媒体文件的类型,可选属性

【例 4-6】　嵌入媒体文件标记示例。示例代码(4-6.html)如下。

```
<html>
<head>
<meta http-equiv="Content-type" Content="text/HTML;charset=UTF-8">
<title>例 4-6嵌入媒体文件标记示例</title>
</head>
<body>
<p>视频欣赏</p>
<embed src="images/movie.mp4" type="video/webm" width="200" height="200">
</embed>
</body>
</html>
```

浏览器中网页显示效果如图 4.6 所示。

图 4.6　嵌入媒体文件标记示例

4.2.6　链接对象文件标记＜object＞

　　链接对象文件标记＜object＞可以向网页中添加多种类型的文件。链接对象文件标记＜object＞是双标记。＜object＞和＜/object＞之间的是替换文本。当浏览器不支持＜object＞元素时,显示替换文本,其语法格式如下。

```
<object 属性=属性值……>替换文本</object>
```

　　链接对象文件标记＜object＞的常用属性见表 4.5。

表 4.5　链接对象文件标记＜object＞的常用属性

属　　性	属性值(含义)	说　　明
data		链接对象文件的 URL 地址,必需属性
type		链接对象文件的类型,可选属性
width		链接对象文件的宽度,像素值,可选属性
height		链接对象文件的高度,像素值,可选属性

【例 4-7】　链接对象文件标记示例。示例代码(4-7.html)如下。

```
<html>
<head>
<meta http-equiv="Content-type" Content="text/HTML;charset=UTF-8">
<title>例 4-7 链接对象文件标记示例</title>
</head>
<body>
<object data="images/2.jpg" width="200" height="200"></object>
<object data="http://www.baidu.com" width="600" height="200"></object>
</body>
</html>
```

浏览器中网页显示效果如图 4.7 所示。

图 4.7　链接对象文件标记示例

思考和实践

1. 问答题

（1）网页中常用的图像文件格式有哪几种？

（2）网页中常用的音频文件格式有哪几种？

（3）网页中常用的视频文件格式有哪几种？

（4）如何用＜source＞标记为浏览器提供多种格式的音频或视频文件选择？

2. 操作题

用多媒体类标记设计一个野生动物介绍页面，效果如图 4.8 所示。

图 4.8　操作题效果图

第 5 章　　HTML 超链接类标记

本章学习目标

- 了解 HTML 中的超链接概念；
- 了解 HTML 中的超链接形式；
- 掌握 HTML 超链接类标记的语法及应用。

本章首先介绍 HTML 中的超链接概念，然后介绍 HTML 中的超链接形式，最后详细讲解 HTML 中超链接类标记的语法和应用。

5.1　　超链接概念

Web 上的页面可以互相链接。通过单击起始页面文件中设置的超链接的 HTML 元素，可以链接到指定目标。可以设置超链接的 HTML 元素为任何一种 HTML 元素，例如图像或者文本。目标可以是一个网页、网页上的某个位置、一个电子邮件地址、一个其他类型文件，或者一个应用程序等。

根据起始页面文件和目标的位置关系，超链接类型分为内部链接、外部链接和锚记链接。内部链接是起始文件和目标在同一个网站内的链接；外部链接是起始文件和目标在不同网站的链接；锚记链接是链接到文件内部指定位置的链接。超链接的目标是文件时，文件的路径可以采用相对路径和绝对路径方式表示。

5.2　　超链接类标记

5.2.1　超链接标记＜a＞

超链接标记＜a＞描述从一个起始网页元素到目标的超链接。超链接标记＜a＞是双标记，其语法格式如下。

```
<a 属性=属性值……>起始网页元素</a>
```

超链接标记＜a＞的常用属性见表 5.1。

表 5.1　超链接标记＜a＞的常用属性

属　　　性	属性值（含义）	说　　　明
href		目标资源 URL，必需属性

属　　性	属性值(含义)	说　　明
target	_blank（新窗口，默认） _parent（父窗口） _self（当前窗口） _top（浏览器窗口） framename（框架）	超链接目标出现的目标窗口,可选属性

　　默认情况下,具有超链接的文本会自动增加下画线,并且文本颜色为蓝色。具有超链接的图片会自动带有粗边框。鼠标指针移到带有超链接的文本或图片上时,鼠标指针会变成手形,浏览器窗口中的状态栏会显示链接的目标资源 URL。单击带有超链接的文本后,超链接文本会变成暗红色。单击带有超链接的文本或图片,链接的目标会在浏览器窗口中出现,以供浏览或下载。

　　目标文件的类型可以是.html 的网页文件,也可以是其他类型的文件。如果浏览器可以识别该类型文件,如.html、图片文件等,则直接在浏览器中显示该文件。如果浏览器不能识别该类型文件,如 Word 文件、压缩文件等,则浏览器中会弹出【文件下载】对话框,可以下载文件后查看。

　　【例 5-1】　链接到文件示例。示例代码(5-1.html)如下。

```html
<html>
<head>
<meta http-equiv="Content-type" Content="text/HTML;charset=UTF-8">
<title>例 5-1 链接到文件示例</title>
</head>
<body>
<a href="http://www.baidu.com" target="_blank">外部链接,文本链接到百度网站首页
</a><br>
<a href="5-1-1.html" target="_self"> <img src="images/1.jpg" width=50 height=
50>内部链接,图片链接到同目录的网页</a><br>
<a href="images/2.jpg">内部链接,文本链接到图片文件</a><br>
<a href="images/movie.mp4">内部链接,文本链接到视频文件</a><br>
<a href="images/a.zip">内部链接,文本链接到压缩文件</a><br>
</body>
</html>
```

示例代码(5-1-1.html)如下。

```html
<html>
<head>
<title>例 5-1 链接到文件示例</title>
</head>
<body>
这是链接的目标网页
```

```
    </body>
    </html>
```

浏览器中 5-1.html 网页显示效果如图 5.1 所示。单击网页上不同的链接,可以查看链接的目标资源。

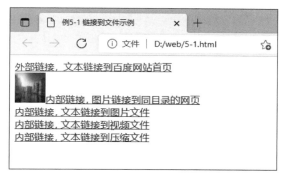

图 5.1 链接到文件示例

5.2.2 锚点链接

锚点链接又称为书签链接。锚点链接中,链接到的目标是网页中指定的位置。锚点链接可以链接到同一页面的指定位置,也可以链接到不同页面的指定位置。锚点链接通常用于在内容比较庞大烦琐的网页内实现快速定位。使用锚点链接需要先建立锚点,再用超链接标记<a>的 href 属性设置目标锚点。

1. 创建锚点

超链接标记<a>中用 name 属性或者 id 属性创建锚点,其语法格式如下。

```
<a name="锚点名称">目标位置元素</a>
```

或者

```
<a id="锚点名称">目标位置元素</a>
```

也可以直接在目标位置的元素标记中创建锚点,其语法格式如下。

```
<标记 id="锚点名称">目标位置元素
```

2. 设置锚点链接

从起始元素超链接到锚点,要设置起始元素的 href 属性值。如果锚点在同一网页,则 href 属性值为"♯锚点名称",如果链接到不同文件的锚点,则 href 属性值要为"目标文件♯锚点名称"。设置超链接到锚点的语法格式如下。

```
<a href="目标文件#锚点名称">起始元素</a>
```

或者

```
<a href="#锚点名称">起始元素</a>
```

【例 5-2】 锚点链接示例。示例代码(5-2.html)如下。

```
<html>
<head>
<meta http-equiv="Content-type" Content="text/HTML;charset=UTF-8">
<title>例 5-2 锚点链接示例</title>
</head>
<body>
<h1>目录</h1>
<a href="#c1">第一章</a>  <a href="#c2">第二章</a>  <a
href="#c3">第三章</a>  <a href="#c4">第四章</a>  <a href
="#c5">第五章</a><br>
<a href="#c6">第六章</a>  <a href="#c7">第七章</a>  <a
href="#c8">第八章</a>  <a href="#c9">第九章</a>  <a href
="#c10">第十章</a>
<h1>正文</h1>
<h2><a name="c1">第一章</a></h2>
<p>杭州,简称"杭",古称临安、钱塘,是浙江省省会、副省级市、杭州都市圈核心城市,国务院批复确
定的中国浙江省省会和全省经济、文化、科教中心、长江三角洲中心城市之一。</p>
<h2><a name="c2">第二章</a></h2>
<p>杭州自秦朝设县治以来,已有 2200 多年的历史,曾是吴越国和南宋的都城,是中国八大古都之
一。因风景秀丽,素有"人间天堂"的美誉。杭州得益于京杭运河和通商口岸的便利,以及自身发达
的丝绸和粮食产业,历史上曾是重要的商业集散中心。后来依托沪杭铁路等铁路线路的通车以及上
海在进出口贸易方面的带动,轻工业发展迅速。</p>
<p>杭州人文古迹众多,西湖及其周边有大量的自然及人文景观遗迹。其中主要代表性的独特文化
有西湖文化、良渚文化、丝绸文化、茶文化,以及流传下来的许多故事传说成为杭州文化代表。</p>
<h2 id="c3">第三章</h2>
<p>2018 年世界短池游泳锦标赛、2022 年亚运会将在杭州举办。2018 年 11 月 26 日,获得中国最
具幸福感城市称号。</p>
............其余章节文字省略.........
<h2 id="c10">第十章</h2>
<p>杭州地处中国华东地区、钱塘江下游、东南沿海、浙江北部、京杭大运河南端,是环杭州湾大湾区
核心城市、沪嘉杭科创走廊中心城市、国际重要的电子商务中心。</p>
</body>
</html>
```

浏览器中网页显示效果如图 5.2 所示。单击目录中的章节标题,链接的锚点位置处的
内容会显示在浏览器窗口中。

5.2.3　热区链接标记<map>和<area>

一张图片中的不同区域可以设置不同的超链接,以链接到不同的目标,这些区域称为热
区。热区链接需要先设置图像标记<img>的 usemap 属性,定义热区名称;再用<map>

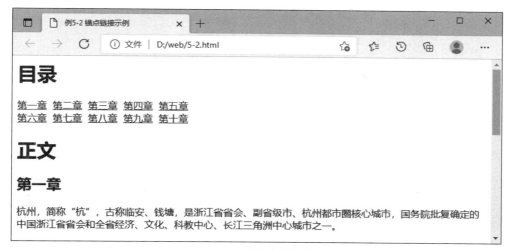

图 5.2　锚点链接示例

标记和<area>标记实现热区的区域映射划分。<map>标记是双标记,<area>标记是单标记,实现热区链接的基本语法格式如下。

```
<img src="图片 URL" usemap="#热区名称">
<map name="热区名称">
<area shape="热区形状 1" coords="区域坐标" href="链接目标" alt="提示文字">
<area shape="热区形状 2" coords="区域坐标" href="链接目标" alt="提示文字">
……
</map>
```

属性 shape 设置热区形状,属性值可以为 rect(矩形)、circle(圆形)、poly(多边形)3 种。属性 coords 设置热区区域的划分坐标。如果热区形状是 rect(矩形),则坐标依次为矩形左上角的水平坐标、左上角的垂直坐标和右下角的水平坐标、右下角的垂直坐标。如果热区形状是 circle(圆形),则坐标依次为圆心的水平坐标、圆心的垂直坐标和半径值,单位为像素。如果热区形状是 poly(多边形),则坐标依次为多边形各顶点的水平坐标、垂直坐标。属性 alt 设置热区的提示文字。当鼠标指针移到热区上时,会显示提示文字。

【例 5-3】 热区链接示例。示例代码(5-3.html)如下。

```
<html>
<head>
<meta http-equiv="Content-type" Content="text/HTML;charset=UTF-8">
<title>例 5-3 热区链接示例</title>
</head>
<body>
<img src="images/tuxing.jpg" width="441" height="303" usemap="#Map">
<map name="Map">
  <area shape="rect" coords="64,92,139,146" href="5-3jx.html">
  <area shape="rect" coords="216,92,271,149" href="5-3jx.html">
```

```
<area shape="circle" coords="357,255,27" href="5-3yx.html">
<area shape="poly" coords="139,232,166,275,69,275" href="5-3dbx.html">
<area shape="poly" coords="332,98,415,97,387,144,303,145" href="5-3dbx.html">
<area shape="poly" coords="221,231,254,230,272,279,205,279" href="5-3dbx.html">
</map>
</body>
</html>
```

圆形热区链接目标示例代码(5-3yx.html)如下。其余热区链接目标示例代码类似。

```
<html>
<head>
<meta http-equiv="Content-type" Content="text/HTML;charset=UTF-8"/>
<title>例 5-3 热区链接示例</title>
</head>
<body>
这是一个圆形。
</body>
</html>
```

浏览器中 5-3.html 网页显示效果如图 5.3 所示。在图片的 6 个图形上创建了 6 个热区区域。单击热区区域,链接的目标会出现在浏览器窗口中。

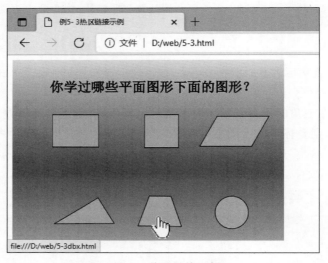

图 5.3　热区链接示例

思考和实践

1. 问答题

(1) 超链接有几种类型?

（2）超链接的 target 属性有哪几种属性值，分别是什么含义？

（3）创建锚点链接的步骤是怎样的？

（4）创建热区链接的步骤是怎样的？

2. 操作题

设计一个电子书目录，单击目录中的"跳到页尾"可以跳到目录尾部；单击"跳到页首"可以跳到目录头部；单击目录中的小节，可以在新窗口中显示小节的具体内容；在小节内容窗口中单击"返回目录"可以回到目录窗口。操作题效果如图 5.4 所示。

图 5.4　操作题效果

第6章　HTML 表单类标记

本章学习目标

- 了解表单和表单元素的定义；
- 掌握 HTML 表单类标记的语法及属性。

本章首先介绍表单和表单元素的概念，然后详细讲解常用的 HTML 表单类标记及其属性的语法和应用。

6.1　表　单　概　述

表单用于在网页上收集用户输入或者选择的数据，例如登记表、调查表和留言表等。表单中的数据可以提交到服务器进行处理，例如将注册信息写入数据库，或者验证登录的用户名和密码是否正确等。

表单是网页提供的一种交互式操作方式，在用户和网站后台之间提供数据交流。用这种方法把用户和网站服务连接起来，使网站内容生动、应用丰富，所以得到了广泛应用。

HTML 5 之前的表单中，表单元素及属性较少，表单中输入的数据需要通过编程进行校验。HTML 5 规范中增加了许多高级表单元素及属性，提供了对表单中数据格式、类型等的自动校验功能。

6.2　表单基本元素标记

6.2.1　表单标记<form>

表单标记<form>用于定义表单的开始和结束。表单标记<form>是双标记，其语法格式如下。

<form 属性=属性值……>表单元素</form>

表单标记<form>的常用属性见表 6.1。

表 6.1　表单标记<form>的常用属性

属　　性	属性值（含义）	说　　明
action		表单数据提交的目的资源 URL，必需属性
method	get（数据附加在 URL 后发送） post（数据作为 HTTP 消息的实体内容发送）	表单数据提交到服务器端的方法，必需属性
autocomplete	on（默认，启用） off（禁用）	表单是否启用自动完成功能，可选属性

属　　性	属性值（含义）	说　　明
novalidate	novalidate（不验证）	提交表单时不对表单内数据进行验证，可选属性
target	_blank（新窗口，默认） _parent（父窗口） _self（当前窗口） _top（浏览器窗口） framename（框架）	指定目标地址打开的窗口，可选属性

属性 action 指定了数据提交的目的资源 URL。目的资源可以是一个网页文件或者电子邮件，将接收并处理表单提交的数据。

属性 method 指定了表单数据提交到服务器端的方法。数据提交的方式分为 get 方法和 post 方法。用 get 方法提交数据时，会将数据附加在目的资源 URL 后一起发送。get 方法最大只能传输 1024B 数据，并且数据会出现在地址栏 URL 后，所以 get 方法适用于数据量小、没有保密要求的场合。用 post 方法提交数据时，数据作为 HTTP 消息的实体内容发送到服务器。post 方式适用于传输数据量大、有保密要求的场合。

表单包含多种类型的表单元素，又称为表单控件。基本的表单元素有单行文本框、密码框、单选框、复选框、下拉列表框、多行文本域等。HTML 5 中新增了一些高级表单类型，如电子邮件 E-mail、网址 URL 等类型，并且在表单提交时会对这些表单数据进行格式验证。<form>标记中的 novalidate 属性，可以设置表单中的所有数据提交时不进行验证。

例如，下面的语句定义了一个表单，表单名为 info，表单数据采用 post 方法传输到服务器的 index.php 网页，并在新窗口中打开 index.php 网页。index.php 是可以接收和处理数据的动态网页。

```
<form name="info" action="index.php" method="post" target="_blank">
……
</form>
```

6.2.2　单行文本框标记＜input type＝"text"……＞

单行文本框用于输入单行的文本字符。单行文本框标记是单标记，其语法格式如下。

```
<input type="text" 属性=属性值…… >
```

单行文本框标记的常用属性见表 6.2。

表 6.2　单行文本框标记的常用属性

属　　性	属性值（含义）	说　　明
size		单行文本框的宽度数值，可选属性
maxlength		单行文本框允许输入的最大字符数值，可选属性

属　　　性	属性值(含义)	说　　　明
value		单行文本框内的初始值,可选属性
autocomplete	on(默认,启用) off(禁用)	单行文本框是否启用自动完成功能,可选属性
required	required(必填)	单行文本框是否是必填项(不能为空),可选属性
disabled	disabled(禁用)	单行文本框禁用,不可用也不可点击,可选属性
autofocus	autofocus(自动获得焦点)	单行文本框自动获得焦点,可选属性
placeholder		单行文本框内的提示信息,获得焦点时消失,可选属性

例如,下面的语句描述了一个单行文本框,用于输入用户名。单行文本框的名称为
user,宽度为 10,允许输入的最大字符数是 20,用户名不能为空。

```
用户名:<input type="text" name="user" size="10" maxlength="20" required=
"required">
```

6.2.3　密码框标记＜input type＝"password"……＞

密码框用于输入需要保密的信息。密码框中的内容以特殊文本形式显示,例如"＊"或
者"·"等形式。密码框标记是单标记,其语法格式如下。

```
<input type="password" 属性=属性值…… >
```

密码框标记的常用属性见表 6.3。

表 6.3　密码框标记的常用属性

属　　　性	属性值(含义)	说　　　明
size		密码框的宽度,可选属性
maxlength		密码框允许输入的最大字符数,可选属性
autocomplete	on(默认,启用) off(禁用)	密码框是否启用自动完成功能,可选属性
required	required(必填)	密码框必填,不能为空,可选属性
value		密码框内的初始值,可选属性
disabled	disabled(禁用)	密码框禁用,不可用也不可点击,可选属性
autofocus	autofocus(自动获得焦点)	密码框自动获得焦点,可选属性
placeholder		密码框内的提示信息,获得焦点时消失,可选属性

例如,下面的语句描述了一个密码输入框,用于输入密码。密码框名称为 psw,宽度为
10,允许输入最大字符数为 20。

```
密码:<input type="password" name="psw" size="10" maxlength="20">
```

【例 6-1】 单行文本框和密码框示例。示例代码(6-1.html)如下。

```
<html>
<head>
<meta http-equiv="Content-type" Content="text/HTML;charset=UTF-8"/>
<title>例 6-1 单行文本框和密码框示例</title>
</head>
<body>
<form name="info" action="index.php" method="post" target="_blank">
 用户名:<input type="text" name="user" size="10" maxlength="20" required=
"required" >
密码:<input type="password" name="psw" size="10" maxlength="20">
</form>
</body>
</html>
```

浏览器中网页显示效果如图 6.1 所示。

图 6.1 单行文本框和密码框示例

6.2.4 单选框标记＜input type＝"radio"…… ＞

单选框提供在一组互斥选项里选择一个选项的输入形式。同组的互斥选项必须具有相同的 name 名称。选中的选项会以具有实心圆点的按钮显示。单选框标记是单标记,其语法格式如下。

```
<input type="radio" 属性=属性值……>
```

单选框标记的常用属性见表 6.4。

表 6.4 单选框标记的常用属性

属　　性	属　性　值	说　　明
value		设置单选框选项的值,不同选项的值不能相同。该值是表单提交时传输的值,必需属性
checked		单选框选项处于初始选定状态,可选属性
required	required	单选选择不能为空,可选属性
disabled	disabled	单选框禁用,不可用也不可点击,可选属性

例如,下面的语句描述了两个单选框,名称都为 sex,两个选项互斥,只能选择其中一项。第一个选项是 value 值为 man 的选项,默认被选中,显示给用户的提示文字是"男"。如果选择了第一项,则表单数据提交时向服务器传输的数据是 value 值 man。第二个选项是 value 值为 woman 的选项,显示给用户的提示文字是"女"。如果选择了第二项,表单数据提交时向服务器传输的数据是 value 值 woman。

```
性别:<input type="radio" name="sex" value="man" checked>男
<input type="radio" name="sex" value="woman">女
```

6.2.5 复选框标记＜input type＝"checkbox"…… ＞

复选框提供在一组选项里可以同时选择多个选项的输入形式。同组的选项必须具有相同的 name 名称,表单提交后数据值以数组形式传输到服务器。选中的选项会以具有勾选符号的方框显示。复选框标记是单标记,其语法格式如下。

```
<input type="checkbox"属性=属性值……>
```

复选框标记的常用属性见表 6.5。

表 6.5　复选框标记的常用属性

属　　性	属　性　值	说　　明
value		设置复选框选项的值,不同选项的值不能相同。该值是表单提交时传输的值,必需属性
checked		复选框选项处于初始选定状态,可选属性
required	required	复选选择不能为空,可选属性
disabled	disabled	复选框禁用,不可用也不可点击,可选属性

例如,下面的语句描述了 3 个复选框,名称 name 都为 aihao,3 个选项中可以选 0～3项。第一个选项默认选中,显示给用户的提示文字是"音乐"。如果选择第一项,表单提交时向服务器传输的数据是 value 值"1"。第二个选项显示给用户的提示文字是"体育"。如果选择第二项,则表单提交时向服务器传输的数据是 value 值"2"。第三个选项显示给用户的提示文字是"文学"。如果选择第三项,则表单提交时向服务器传输的数据是 value 值"3"。多个选项选择时,数据以数组形式传输到服务器,数组名为复选框的 name 名称。

```
爱好:<input type="checkbox" name="aihao" value="1" checked>音乐
<input type="checkbox" name="aihao" value="2">体育
<input type="checkbox" name="aihao" value="3">文学
```

【例 6-2】　单选框和复选框示例。示例代码(6-2.html)如下。

```
<html>
<head>
<meta http-equiv="Content-type" Content="text/HTML;charset=UTF-8"/>
```

```
<title>例6-2 单选框和复选框示例</title>
</head>
<body>
<form name= "info" action="index.php" method="post" target="_blank">
性别:<input type="radio" name="sex" value="man" checked>男
<input type="radio" name="sex" value="woman">女
<br>
爱好:<input type="checkbox" name="aihao" value="1" checked>音乐
<input type="checkbox" name="aihao" value="2">体育
<input type="checkbox" name="aihao" value="3">文学
</form>
</body>
</html>
```

浏览器中网页显示效果如图6.2所示。

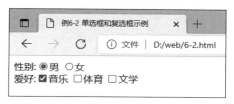

图 6.2　单选框和复选框示例

6.2.6　下拉列表框标记<select>和<option>

下拉列表框以下拉列表形式显示多个选项,可以进行单选或者多选。下拉列表框标记<select>是双标记。在下拉列表中的每个选项,用<option>标记定义。下拉列表选项<option>标记是双标记,其语法格式如下。

```
<select 属性=属性值……>
    <option 属性=属性值……>选项内容</option>
    ……
</select>
```

<select>标记的常用属性见表6.6。

表 6.6　<select>标记的常用属性

属　　性	属　性　值	说　　明
size	数值	下拉列表框的显示选项数,可选属性
multiple		设置该属性可以进行多选,若不设置该属性,则为单选
disabled	disabled	下拉列表框禁用,不可用也不可点击

<option>标记的常用属性见表6.7。

表 6.7 ＜option＞标记的常用属性

属　　性	属　性　值	说　　明
value		设置选项的值,不同选项的值不能相同。该值是表单提交时传输到服务器的值,必需属性
selected		选项处于初始选定状态,可选属性
disabled	disabled	元素禁用,不可用也不可点击,可选属性

例如,下面的语句描述了一个 name 名称为 xueli 的下拉列表,用于提供学历选择。下拉列表框中有 4 个选项,可以选择其中一个。第一个选项的提示文字是"博士",选择时传输给服务器的 value 值是"a"。第二个选项的提示文字是"硕士",选择时传输给服务器的 value 值是"b"。第三个选项的提示文字是"本科",选择时传输给服务器的 value 值是"c"。第四个选项的提示文字是"专科",选择时传输给服务器的 value 值是"d"。

```
<select name="xueli">
<option value="a">博士</option>
<option value="b">硕士</option>
<option value="c">本科</option>
<option value="d">专科</option>
</select>
```

6.2.7　多行文本域标记＜textarea＞

多行文本域用于输入较长的多行文本。多行文本域标记是双标记,其语法格式如下。

```
<textarea 属性=属性值…… >初始文本</textarea>
```

初始文本是可选项。多行文本域中会显示设置的初始文本,可以进行编辑。

多行文本域标记＜textarea＞的常用属性见表 6.8。

表 6.8　多行文本域标记＜textarea＞的常用属性

属　　性	属　性　值	说　　明
cols	数值	设置多行文本域的列数,可选属性
rows	数值	设置多行文本域的行数,可选属性
disabled	disabled	设置禁用多行文本域,可选属性
maxlength	数值	设置多行文本域的最大字符数,可选属性
placeholder		设置多行文本域获得焦点前的简短提示,获得焦点后消失,可选属性
required		设置多行文本域必填,否则提交时有验证错误,可选属性
wrap	soft(默认,文本不换行) hard(文本换行)	设置多行文本域中的换行符是否提交,可选属性
autofocus	autofocus	多行文本域自动获得焦点,可选属性

例如,下面的语句描述了一个多行文本域,name 名称为 liuyan,提供 5 行 10 列的输入区。

```
<textarea name="liuyan" cols=10 rows=5 >请给我们留言</textarea>
```

【例 6-3】 下拉列表和多行文本域示例。示例代码(6-3.html)如下。

```
<html>
<head>
<meta http-equiv="Content-type" Content="text/HTML;charset=UTF-8"/>
<title>例 6-3 下拉列表和多行文本域示例</title>
</head>
<body>
<form name="info" action="index.php" method="post" target="_blank">
 学历<select name="xueli">
<option value="a">博士</option>
<option value="b">硕士</option>
<option value="c">本科</option>
<option value="d">专科</option>
</select>
<textarea name="liuyan" cols=10 rows=5 >请给我们留言</textarea>
</form>
</body>
</html>
```

浏览器中网页显示效果如图 6.3 所示。

图 6.3　下拉列表和多行文本域示例

6.2.8　提交按钮标记＜input type＝"submit"…… ＞

提交按钮用于激活表单的 aciton 操作,将表单数据传递到服务器上指定的目标资源进行处理。提交按钮标记是单标记,其语法格式如下。

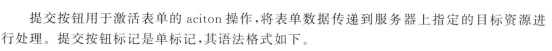

提交按钮标记的常用属性见表 6.9。

表 6.9　提交按钮标记的常用属性

属　　性	属　性　值	说　　明
value		提交按钮上显示的文字,可选属性
disabled	disabled	提交按钮禁用,不可用也不可点击,可选属性

例如,下面的语句描述了一个提交按钮,按钮上显示的文字是"注册"。

```
<input type="submit" value="注册">
```

6.2.9　重置按钮标记＜input type＝"reset"……＞

重置按钮用于将表单中表单元素的数据重置,恢复初始设定值。重置按钮标记是单标记,其语法格式如下。

```
<input type="reset" 属性=属性值……>
```

重置按钮标记的常用属性见表 6.10。

表 6.10　重置按钮标记的常用属性

属　　性	属　性　值	说　　明
value		重置按钮上显示的文字,可选属性
disabled	disabled	重置按钮禁用,不可用也不可点击,可选属性

例如,下面的语句描述了一个重置按钮,按钮上显示的文字是"清空"。

```
<input type="reset" value="清空">
```

6.2.10　标准按钮标记＜input type＝"button"……＞

标准按钮标记用于描述一个与脚本代码运行关联的按钮。当标准按钮上发生鼠标单击等事件时,会执行事件属性关联的脚本代码。标准按钮标记是单标记,其语法格式如下。

```
<input type="button" 属性=属性值……>
```

标准按钮标记的常用属性见表 6.11。

表 6.11　标准按钮标记的常用属性

属　　性	属　性　值	说　　明
value		标准按钮上显示的文字,可选属性
on……	关联代码	标准按钮的事件属性,例如 onclick,可选属性
disabled	disabled	标准按钮禁用,不可用也不可点击,可选属性

例如，下面的语句描述了一个标准按钮。按钮上发生鼠标单击事件时，执行 JavaScript 的 alert 语句，弹出提示框。按钮上显示的文字是"标准按钮"。

```
<input type="button" onclick="alert('这是标准按钮');" value="标准按钮">
```

6.2.11　图像按钮标记＜input type＝"image"······＞

图像按钮标记用于描述用指定图像做背景的按钮，可以设置按钮事件属性发生时相关联的脚本代码。当图像按钮上发生鼠标单击等事件时，会执行事件属性关联的脚本代码，并激活表单的 action 操作，将表单数据传递到服务器上指定的目标资源进行处理。鼠标在图像按钮上单击位置的水平、垂直坐标值也会提交到服务器。图像按钮标记是单标记，其语法格式如下。

```
<input type="image" 属性=属性值······>
```

图像按钮标记的常用属性见表 6.12。

表 6.12　图像按钮标记的常用属性

属　　　性	属　性　值	说　　　明
src	URL	图像按钮所用的图像文件 URL，必需属性
alt		图像不能显示时的替代文字，可选属性
on······	关联代码	图像按钮的事件属性，例如 onclick 等，可选属性
height		图像的高度，可以设置数值或者百分比，可选属性
width		图像的宽度，可以设置数值或者百分比，可选属性
disabled	disabled	图像按钮禁用，不可用也不可点击，可选属性

例如，下面的语句描述了一个图像按钮，按钮上显示图像为服务器目录中 images 文件夹下的 1.jpg 文件。按钮上发生鼠标单击事件时，执行 JavaScript 的 alert 语句，弹出提示框。单击提示框上的【确定】按钮后，激活表单的 action 功能，表单数据及图像单击处的坐标值会提交到服务器。

```
<input type="image" src="images/1.jpg" height=50 onclick="alert('这是图像按
钮');">
```

6.2.12　按钮标记＜button＞

按钮标记＜button＞用于描述与脚本代码运行关联的按钮，并可以设置按钮类型。当按钮上发生鼠标单击等事件时，先执行关联的脚本代码，如果按钮是提交或重置类型，再执行提交或重置的动作。按钮标记＜button＞是双标记，其语法格式如下。

```
<button 属性=属性值······>···</button>
```

按钮标记的常用属性见表 6.13。

表 6.13　按钮标记的常用属性

属　　性	属　性　值	说　　　明
type	button(标准类型) submit(提交类型) reset(重置类型)	按钮类型,可选属性
on……	关联代码	按钮的事件属性,例如 onclick,可选属性
value		按钮提交的值,可选属性
disabled	disabled	按钮禁用,不可用也不可点击,可选属性

例如,下面的语句描述了 3 个不同类型的按钮,并设置了每个按钮关联的 JavaScript
代码。

```
<button type="button" onclick="alert('这是标准类型按钮');">button 类型</button>
<button type="submit" onclick="alert('这是提交类型按钮');">submit 类型</button>
<button type="reset" onclick="alert('这是重置类型按钮');">reset 按钮</button>
```

【例 6-4】　多种按钮示例。示例代码(6-4.html)如下。

```
<html>
<head>
<meta http-equiv="Content-type" Content="text/HTML;charset=UTF-8">
<title>例 6-4 多种按钮示例</title>
</head>
<body>
<form name="info" action="6-3.html" method="get" target="_blank">
 用户名:<input type="text" name="user" size="10" maxlength="20" required=
"required" >
密码:<input type="password" name="psw" size="10" maxlength="20">
<br>
<input type="submit" value="提交按钮">
<input type="reset" value="重置按钮">
<input type="button" onclick="alert('这是标准按钮');" value="标准按钮">
<input type="image" src="images/1.jpg" height=50 onclick="alert('这是图像按钮');">
<button type="button" onclick="alert('这是 button 类型按钮');">button 类型
</button>
<button type="submit" onclick="alert('这是 submit 类型按钮');">submit 类型
</button>
<button type="reset" onclick="alert('这是 reset 类型按钮');">reset 类型按钮
</button>
</form>
</body>
</html>
```

浏览器中网页显示效果如图 6.4 所示。在文本框中输入数据后,单击各按钮,可以查看不同按钮的执行效果。

图 6.4　多种按钮示例

6.2.13　文件域输入框标记＜input type＝"file" …… ＞

文件域输入框提供了文本框和"选择文件"按钮,可以浏览客户端电脑上的文件得到文件的路径和文件名显示在文本框中。HTML 表单只能上传文件路径中的文件名字符串,不能对文件进行上传操作。文件的上传和处理需要借助其他的动态处理技术。文件域输入框标记是单标记,其语法格式如下。

```
<input type="file" 属性=属性值……>
```

文件域标记的常用属性见表 6.14。

表 6.14　文件域标记的常用属性

属　　性	属　性　值	说　　明
size		文件域输入框的宽度,可选属性
disabled	disabled	文件域输入框禁用,不可用也不可点击,可选属性
multiple	multiple	文件域输入框可以选择多个文件,可选属性
required	required	文件域输入框不能为空,可选属性

例如,下面的语句描述了一个文件域输入框,name 名称为 f,宽度为 50。

```
<input type="file" name="f" size=50>
```

6.2.14　隐藏域标记＜input type＝"hidden" …… ＞

隐藏域在浏览器上是不可见的,通常用于存储一个隐藏的数据,和表单中的数据一起提交到服务器。隐藏域标记是单标记,其语法格式如下。

```
<input type="hidden" 属性=属性值……>
```

隐藏域标记中的 value 是可选属性,用于设置隐藏域的初始数值。
例如,下面的语句描述了一个隐藏域。

```
<input type="hidden" name="yc" value="game">
```

【例 6-5】 文件域和隐藏域示例。示例代码(6-5.html)如下。

```
<html>
<head>
<meta http-equiv="Content-type" Content="text/HTML;charset=UTF-8">
<title>例 6-5 文件域和隐藏域示例</title>
</head>
<body>
<form action="6-5-1.html" method="get">
<input type="file" name="file" size=50>
<input type="hidden" name="yc" value="game">
<input type="submit" value="提交">
</form>
</body>
</html>
```

6-5-1.html 文件页面为空,该文件只是用于演示表单提交的数据。示例代码(6-5-1. html)如下。

```
<html>
<head>
<meta http-equiv="Content-type" Content="text/HTML;charset=UTF-8">
<title>例 6-5-1 文件域和隐藏域示例</title>
</head>
<body>
</body>
</html>
```

浏览器中 6-5.html 网页显示效果如图 6.5 所示。单击【选择文件】按钮可以选择文件,单击【提交】按钮,可以在 6-5-1.html 的 URL 后看到传递的数据。

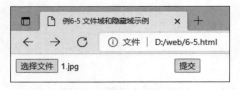

图 6.5 文件域和隐藏域示例

【例 6-6】 表单数据传递示例。示例代码(6-6.html)如下。

```
<html>
<head>
<meta http-equiv="Content-type" Content="text/HTML;charset=UTF-8"/>
<title>例 6-6 表单数据传递示例</title>
```

```
</head>
<body>
<form name="info" action="6-6-1.html" method="get">
  性别:<input type="radio" name="sex" value="man" checked>男
<input type="radio" name="sex" value="woman">女
<br>
爱好:<input type="checkbox" name="aihao" value="1" checked>音乐
<input type="checkbox" name="aihao" value="2" checked>体育
<input type="checkbox" name="aihao" value="3">文学
<br>
学历<select name="xueli">
<option value="a">博士</option>
<option value="b">硕士</option>
<option value="c">本科</option>
<option value="d">专科</option>
</select>
<br>
<textarea name="liuyan" cols=10 rows=5 >please</textarea><br>
<input type="submit" value="提交">
</form>
</body>
</html>
```

6-6-1.html 文件页面为空,设置该文件只是为了查看表单提交的数据。示例代码(6-6-1 .html)如下。

```
<html>
<head>
<meta http-equiv="Content-type" Content="text/HTML;charset=UTF-8">
<title>例 6-6-1 表单数据传递示例</title>
</head>
<body>
</body>
</html>
```

浏览器中 6-6.html 网页显示效果如图 6.6 所示。在表单中进行选项选择和数据输入,单击【提交】按钮,可以在 6-6-1.html 的 URL 后看到传递的数据。

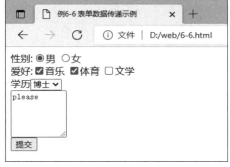

图 6.6　表单数据传递示例

6.3　表单高级元素标记

HTML 5 中新增了一些高级表单元素及属性。这些高级表单元素提供了对表单中数据格式、类型等进行自动校验的功能,简化了代码设计。新增的标记在部分浏览器中显示效果不一样,甚至有的浏览器不支持,要谨慎使用。

6.3.1　邮件输入框标记＜**input type＝"email"**……＞

邮件输入框标记描述了输入邮件地址的文本框,在数据提交时会自动验证填写的内容是否符合邮件地址的格式,如果不符合,则会给出错误提示。邮件输入框标记是单标记,其语法格式如下。

```
<input type="email" 属性=属性值……>
```

邮件输入框标记的常用属性见表 6.15。

表 6.15　邮件输入框标记的常用属性

属　　性	属　性　值	说　　明
value		邮件输入框的初始值,可选属性
autocomplete	on(默认,启用) off(禁用)	邮件输入框是否启用自动完成功能,可选属性
disabled	disabled	邮件输入框禁用,不可用也不可点击,可选属性
autofocus	autofocus	邮件输入框自动获得焦点,可选属性
placeholder		邮件输入框内的提示信息,获得焦点时消失,可选属性
required	required	邮件输入框不能为空,可选属性

例如,下面的语句描述了一个 name 名称为 em 的邮件输入框。

```
邮件地址:<input type="email" name="em">
```

6.3.2　网址输入框标记＜**input type＝"url"**……＞

网址输入框标记描述了输入网址的文本框,在数据提交时会自动验证填写的内容是否符合网址的格式,如果不符合,则会给出错误提示。网址输入框标记是单标记,其语法格式如下。

```
<input type="url" 属性=属性值……>
```

网址输入框标记的常用属性见表 6.16。

表 6.16 网址输入框标记的常用属性

属　　性	属　性　值	说　　明
value		网址输入框中的初始值,可选属性
autocomplete	on(默认,启用) off(禁用)	网址输入框是否启用自动完成功能,可选属性
disabled	disabled	网址输入框禁用,不可用也不可点击,可选属性
autofocus	autofocus	网址输入框自动获得焦点,可选属性
placeholder		网址输入框内的提示信息,获得焦点时消失,可选属性
required	required	网址输入框不能为空,可选属性

例如,下面的语句描述了一个 name 名称为 u 的网址输入框。

```
个人博客网址:<input type="url" name="u">
```

【例 6-7】 邮件和网址输入框标记示例。示例代码(6-7.html)如下。

```
<html>
<head>
<meta http-equiv="Content-type" Content="text/HTML;charset=UTF-8">
<title>例 6-7 邮件和网址输入框标记示例</title>
</head>
<body>
<form name="info" action=" " method="get" target="_blank">
 邮件地址:<input type="email" name="em">
个人博客网址:<input type="url" name="url"><br>
</form>
</body>
</html>
```

浏览器中网页显示效果如图 6.7 所示。在邮件输入框和网址输入框中输入数据,输入完成后,如果数据不符合格式规则,则会给出错误提示。

图 6.7 邮件和网址输入框标记示例

6.3.3 数字输入框标记<input type="number"……>

数字输入框标记描述了一个输入数字的文本框,可以进行数字选择和自动验证,如果不是数字,则不允许输入。数字输入框标记是单标记,其语法格式如下。

· 63 ·

```
<input type="number" 属性=属性值……>
```

数字输入框标记的常用属性见表 6.17。

表 6.17　数字输入框标记的常用属性

属　　　性	属　性　值	说　　　明
min		数字输入框可输入的最小值,可选属性
max		数字输入框可输入的最大值,可选属性
step		数字输入的数字间隔,可选属性
autocomplete	on(默认,启用) off(禁用)	数字输入框是否启用自动完成功能,可选属性
disabled	disabled	数字输入框禁用,不可用也不可点击,可选属性
autofocus	autofocus	数字输入框自动获得焦点,可选属性
required	required	数字输入框不能为空,可选属性

例如,下面的语句描述了一个 name 名称为 nu 的数字输入框。

```
评分:<input type="number" name="nu">
```

6.3.4　滑条选择标记<input type="range"……>

滑条选择标记描述了在一定数字范围内选择数字的滑动条。滑条选择标记是单标记,其语法格式如下。

```
<input type="range" 属性=属性值……>
```

滑条选择标记的常用属性见表 6.18。

表 6.18　滑条选择标记的常用属性

属　　　性	属　性　值	说　　　明
min		滑条数据最小值,可选属性
max		滑条数据最大值,可选属性
step		数字输入的数字间隔,可选属性
autocomplete	on(默认,启用) off(禁用)	滑条选择是否启用自动完成功能,可选属性
disabled	disabled	滑条选择禁用,不可用也不可点击,可选属性

例如,下面的语句描述了一个数字范围在 1～5 的滑条标记。

```
等级:<input type="range" name="deng" min="1" max="5">
```

【例 6-8】 数字和滑条输入示例。示例代码(6-8.html)如下。

```
<html>
<head>
<meta http-equiv="Content-type" Content="text/HTML;charset=UTF-8">
<title>例 6-8 数字和滑条输入示例</title>
</head>
<body>
<form name="info" action="" method="get" target="_blank">
评分:<input type="number" name="nu">
等级分:<input type="range" name="deng" min="1" max="5">
</form>
</body>
</html>
```

浏览器中网页显示效果如图 6.8 所示。

图 6.8 数字和滑条输入示例

6.3.5 颜色选择标记<input type="color"……>

颜色选择标记提供了调色板,可以从中选择颜色。颜色选择标记是单标记,其语法格式如下。

```
<input type="color" 属性=属性值……>
```

颜色选择标记的常用属性见表 6.19。

表 6.19 颜色选择标记的常用属性

属　　性	属　性　值	说　　明
autocomplete	on(默认,启用) off(禁用)	颜色选择是否启用自动完成功能,可选属性
disabled	disabled	颜色选择禁用,不可用也不可点击,可选属性

例如,下面的语句描述了一个 name 名称为 ys 的颜色输入框。

```
选择你喜欢的颜色:<input type="color" name="ys">
```

【例 6-9】 颜色选择标记示例。示例代码(6-9.html)如下。

```
<html>
```

```
<head>
<meta http-equiv="Content-type" Content="text/HTML;charset=UTF-8">
<title>例 6-9 颜色选择标记示例</title>
</head>
<body>
<form name="info" action="6-9-1.html" method="get" target="_blank">
选择你喜欢的颜色:<input type="color" name="ys" >
<input type="submit" value="提交">
</form>
</body>
</html>
```

6-9-1.html 是一个空页面,只用于演示表单提交的数据。示例代码(6-9-1.html)如下。

```
<html>
<head>
<meta http-equiv="Content-type" Content="text/HTML;charset=UTF-8">
<title>例 6-9-1 颜色选择标记示例</title>
</head>
<body>
</body>
</html>
```

浏览器中 6-9.html 网页显示效果如图 6.9 所示。单击拾色器图标,会弹出调色板,可以在调色板上选择颜色。选择颜色后,单击【提交】按钮,数据提交到 6-9-1.html,可以在地址栏中看到传输的颜色值。

图 6.9 颜色选择标记示例

6.3.6 日期输入框标记＜input type＝"date"……＞

日期输入框标记描述输入年、月、日的文本框,并提供日历控件进行选择。日期输入框标记是单标记,其语法格式如下。

```
<input type="date" 属性=属性值……>
```

日期输入框以及之后其他和时间日期有关的输入框,它们常用的属性有 name、id、class
和 disabled,这里不再赘述。

例如,下面的语句描述了一个日期输入框。

```
出生日期:<input type="date" name="d">
```

6.3.7　年月输入框标记＜input type＝"month"……＞

年月输入框标记描述输入年、月的文本框,并提供日历控件进行选择。年月输入框标记
是单标记。其语法格式如下。

```
<input type="month" 属性=属性值……>
```

例如,下面的语句描述了一个年月输入框。

```
入学时间:<input type="month" name="m">
```

6.3.8　年周输入框标记＜input type＝"week"……＞

年周输入框标记描述输入年、周的文本框,并提供日历控件进行选择。年周输入框标记
是单标记,其语法格式如下。

```
<input type="week" 属性=属性值……>
```

例如,下面的语句描述了一个年周输入框。

```
项目结束周:<input type="week" name="w">
```

6.3.9　时间输入框标记＜input type＝"time"……＞

时间输入框标记描述输入时间的文本框。时间输入框标记是单标记,其语法格式如下。

```
<input type="time" 属性=属性值……>
```

例如,下面的语句描述了一个时间输入框。

```
截止时间:<input type="time"name="t">
```

6.3.10　日期时间输入框标记＜input type＝"datetime-local"……＞

日期时间输入框标记描述输入日期和时间的文本框,并提供日历控件进行选择。日期

时间输入框标记是单标记,其语法格式如下。

```
<input type="datetime-local" 属性=属性值……>
```

例如,下面的语句描述了一个日期时间输入框。

```
登记时间:<input type="datetime-local" name="dt">
```

【例 6-10】 日期时间类标记示例。示例代码(6-10.html)如下。

```
<html>
<head>
<meta http-equiv="Content-type" Content="text/HTML;charset=UTF-8">
<title>例 6-10 日期时间类标记示例</title>
</head>
<body>
<form name="info" action="" method="get" target="_blank">
出生年月日:<input type="date" name="date"><br>
入学年月:<input type="month" name="m"><br>
项目结束年周:<input type="week" name="w"><br>
项目截止时间<input type="time" name="t"><br>
登记时间:<input type="datetime-local" name="dt"><br>
</form>
</body>
</html>
```

浏览器中网页显示效果如图 6.10 所示。可以在输入框中直接输入数据,或者在日历控件、时间控件中选择数据。

图 6.10 日期时间类标记示例

思考和实践

1. 问答题

（1）表单中的元素不设置 name 属性会影响表单显示效果吗？为什么需要设置表单元素的 name 属性或者 id 属性？

（2）表单的 method 属性有哪几种方式？对比不同方式的区别。

（3）HTML 5 中新增的表单标记具有哪些新功能和属性？

2. 操作题

应用表格标记和各种表单元素标记设计网页,效果如图 6.11 所示。

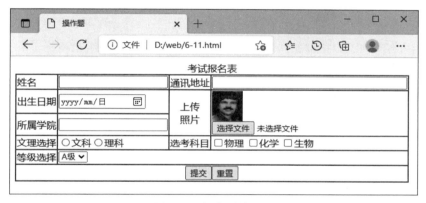

图 6.11 操作题效果图

第7章　HTML表格和结构类标记

本章学习目标

- 掌握 HTML 的表格标记语法及属性；
- 掌握 HTML 表格标记的布局应用；
- 了解 HTML 的结构类标记特点；
- 掌握常用的 HTML 结构类标记。

本章首先介绍 HTML 中表格标记的语法及属性，然后介绍 HTML 表格标记在布局上的应用，最后介绍 HTML 中的结构类标记特点及常用的 HTML 结构类标记。

7.1　表格类标记

网页上的表格可用于组织数据，使数据清晰排列。表格也可用于网页布局，将网页划分为矩形单元格区域，从而插入图像、文本、表格等网页元素。表格可以嵌套使用，即在单元格中插入新的表格。

7.1.1　表格标记＜table＞、＜tr＞和＜td＞

表格标记＜table＞、表格行标记＜tr＞和单元格标记＜td＞组合使用，可创建表格。在 HTML 5 之前，表格标记＜table＞、表格行标记＜tr＞和单元格标记＜td＞具有对齐属性 align、宽度属性 width、高度属性 height、背景色属性 bgcolor 等。这些属性都和表格的显示效果相关，用 CSS 可以进行更丰富的效果设置，所以在 HTML 5 中不再支持。

1. 表格标记＜table＞

表格标记＜table＞描述一个表格元素。表格标记＜table＞是双标记，其语法格式如下。

```
<table 属性=属性值……>表格内容</table>
```

HTML 5 中，表格标记＜table＞只有一个边框属性 border，用于设置表格外边框的粗细，是可选属性。Border 值可以设置为任意数值；不设置或者设置为 0，表示无边框。

2. 行标记＜tr＞

行标记＜tr＞描述表格中的一行。行标记＜tr＞是双标记，其语法格式如下。

```
<tr>行内容</tr>
```

3. 单元格标记＜td＞

单元格标记＜td＞描述一个单元格。单元格标记＜td＞是双标记，其语法格式如下。

```
<td 属性=属性值……>单元格内容</td>
```

单元格标记<td>的常用属性见表 7.1。

表 7.1　单元格标记<td>的常用属性

属　　　性	属性值(含义)	说　　　明
colspan		单元格跨列合并列数,可选属性
rowspan		单元格跨行合并行数,可选属性

【例 7-1】　表格标记示例。示例代码(7-1.html)如下。

```
<html>
<head>
<meta http-equiv="Content-type" Content="text/HTML;charset=UTF-8">
<title>例 7-1 表格标记示例</title>
</head>
<body>
学生信息表
<table border="1">
<tr><td>学号</td><td>姓名</td><td>籍贯</td></tr>
<tr><td>202101</td><td>张三</td><td>杭州</td></tr>
<tr><td>202102</td><td>李四</td><td>绍兴</td></tr>
<tr><td>202103</td><td>王五</td><td>温州</td></tr>
</table>
</body>
</html>
```

浏览器中网页显示效果如图 7.1 所示。

图 7.1　表格标记示例

【例 7-2】　不规则表格示例。示例代码(7-2.html)如下。

```
<html>
<head>
<meta http-equiv="Content-type" Content="text/HTML;charset=UTF-8">
```

```
<title>例 7-2 不规则表格示例</title>
</head>
<body>
报名信息表
<table border="1">
<tr><td>姓名</td><td>     </td>
    <td>照片</td><td rowspan=2 ><img src="images/6.jpg"></td>
</tr>
<tr><td>家庭地址</td><td colspan=2>      </td></tr>
<tr><td colspan=4>求学经历</td></tr>
<tr><td colspan=4>     </td></tr>
</table>
</body>
</html>
```

浏览器中网页显示效果如图 7.2 所示。

图 7.2　不规则表格示例

7.1.2　表格标题标记＜caption＞

表格标题标记＜caption＞用于描述表格的标题。表格标题位于表格上方居中显示。表格标题标记＜caption＞要写在表格标记＜table＞……＜/table＞内部,一般写在第一行。表格标题标记＜caption＞是双标记,其语法格式如下。

```
<caption>表格标题</caption>
```

【例 7-3】　表格标题标记示例。示例代码(7-3.html)如下。

```
<html>
<head>
<meta http-equiv="Content-type" Content="text/HTML;charset=UTF-8">
<title>例 7-3 表格标题标记示例</title>
```

```
</head>
<body>
<table border="1">
<caption>学生信息表</caption>
<tr><td>学号</td><td>姓名</td><td>籍贯</td></tr>
<tr><td>202101</td><td>张三</td><td>杭州</td></tr>
<tr><td>202102</td><td>李四</td><td>绍兴</td></tr>
<tr><td>202103</td><td>王五</td><td>温州</td></tr>
</table>
</body>
</html>
```

浏览器中网页显示效果如图 7.3 所示。

图 7.3　表格标题标记示例

7.1.3　表头单元格标记＜th＞

　　表头单元格标记＜th＞描述了一种特殊的单元格。表头单元格可以位于表格的任意位置。表头单元格中的内容会居中以粗体显示。表头单元格标记＜th＞是双标记,其语法格式如下。

```
<th>表头单元格内容</th>
```

【例 7-4】　表头单元格标记示例。示例代码(7-4.html)如下。

```
<html>
<head>
<meta http-equiv="Content-type" Content="text/HTML;charset=UTF-8">
<title>例 7-4 表头单元格标记示例</title>
</head>
<body>
<table border="1">
<caption>学生信息表</caption>
<tr><th>学号</th><td>202101</td><td>202102</td><td>202103</td><th>备注</th>
</tr>
```

```
<tr><th>姓名</th><td>张三</td><td>李四</td><td>王五</td><td rowspan="2">在
校生</td></tr>
<tr><th>籍贯</th><td>绍兴</td><td>杭州</td><td>温州</td></tr>
</table>
</body>
</html>
```

浏览器中网页显示效果如图7.4所示。

图 7.4 表头单元格标记示例

7.1.4 表格列分组标记<colgroup>和<col>

对表格的列进行分组,同组的多列,可以用CSS进行统一的样式设置。列分组标记<colgroup>定义了一个列分组,列标记<col>默认指定1列。在列标记<col>中,可以用span属性指定多列的列数。表格列分组标记<colgroup>和<col>都是双标记,它们的语法格式如下。

```
<colgroup>
<col span="列数"></col>
……
</colgroup>
```

【例 7-5】 表格列分组标记示例。示例代码(7-5.html)如下。

```
<html>
<head>
<meta http-equiv="Content-type" Content="text/HTML;charset=UTF-8">
<title>例 7-5 表格列分组标记示例</title>
</head>
<body>
<table border="1">
<caption>学生成绩单</caption>
<colgroup>
<col style="background-color:#ccc;"></col>
<col span="2" style="width:60px;"></col>
</colgroup>
```

```
<tr><th>姓名</th><th>语文</th><th>数学</th></tr>
<tr><td>张三</td><td>60</td><td>80</td></tr>
<tr><td>李四</td><td>80</td><td>80</td></tr>
<tr><td>总分</td><td colspan="2">300</td></tr>
</table>
</body>
</html>
```

浏览器中网页显示效果如图 7.5 所示。

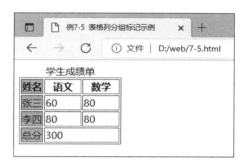

图 7.5　表格列分组标记示例

7.1.5　表格行分组标记＜thead＞、＜tbody＞和＜tfoot＞

对表格的行进行分组,可以划分为表头区、表格主体区和表格页脚区。分组后,可以用 CSS 对不同区域进行样式设置。浏览网页时,浏览器支持表头区和页脚区固定,只让主体区滚动。打印时,表头区和页脚区会出现在表格的每页上。表格行分组标记必须位于表格标记＜table＞内部,位于表格标题标记＜caption＞、表格列分组标记＜colgroup＞之后。

表头区标记＜thead＞用于定义表格中的头部区域,该区域显示在表格的前部。表格主体区标记＜tbody＞用于定义表格中的主体区域,该区域显示在表格的中部。表格页脚区标记＜tfoot＞用于定义表格中的页脚区域,该区域显示在表格的最后,它们的语法格式如下。

```
<thead>
……表头区表格行……
</thead>
<tfoot>
……页脚区表格行……
</tfoot>
<tbody>
……主体区表格行……
</tbody>
```

【例 7-6】　表格行分组标记示例。示例代码(7-6.html)如下。

```
<html>
<head>
```

```
<meta http-equiv="Content-type" Content="text/HTML;charset=UTF-8">
<title>例7-6表格行分组标记示例</title>
</head>
<body>
<table border="1">
<caption>学生成绩单</caption>
<colgroup>
    <col style="background-color:#ccc"></col>
    <col span="2"></col>
</colgroup>
<thead style="background-color:#ccc"><tr><th>姓名</th><th>语文</th><th>数学
</th></tr></thead>
<tfoot><tr><td>总分</td><td colspan="2">300</td></tr></tfoot>
<tbody ><tr><td>张三</td><td>60</td><td>80</td></tr>
            <tr><td>李四</td><td>80</td><td>80</td></tr>
</tbody>
</table>
</body>
</html>
```

浏览器中网页显示效果如图7.6所示。

图7.6　表格行分组标记示例

7.2　表格嵌套

　　在表格的单元格里使用一个或多个表格,称为表格嵌套。使用表格嵌套,可以更清晰地组织和显示数据,也可以用于页面布局。使用表格布局,先用大表格划分栏目,再在每个栏目里放置子表格,在子表格中组织数据。由于表格布局比较繁杂,调整不方便,因此建议谨慎使用。

　　【例7-7】　表格嵌套示例。示例代码(7-7.html)如下。

```
<html>
<head>
<title>例7-7 表格嵌套示例</title>
</head>
```

```
<body>
<table border="1">
<tr><td colspan="2">LOGO 图片区<br><img src="images/1.jpg" width="600" height
="200"></td></tr>
<tr><td colspan="2">
    <table border="1">
  <tr><td><a href="#">导航区表格</a></td>
  <td><a href="#">导航 2</a></td>
  <td><a href="#">导航 3</a></td>
  <td><a href="#">导航 4</a></td>
  </tr>
    </table>
</td></tr>
<tr><td><table border="1">
  <tr><td><a href="#">菜单区表格</a></td></tr>
  <tr><td><a href="#">菜单区 1</a></td></tr>
  <tr><td><a href="#">菜单区 2</a></td></tr>
  <tr><td><a href="#">菜单区 3</a></td></tr>
  <tr><td><a href="#">菜单区 4</a></td></tr>
  </table>
</td>
<td>正文区</td>
</tr>
<tr><td colspan="2">版权区</td></tr>
</table>
</body>
</html>
```

浏览器中网页显示效果如图 7.7 所示。

图 7.7　表格嵌套示例

7.3　HTML 的结构类标记

HTML 页面中包含了大量的 HTML 元素。这些元素按内容分为标题、段落、文本、表格、列表、图形、图像、音频、视频及嵌入对象等。使用结构类标记,对页面元素进行划分和组合,对页面内容进行逻辑分隔,可以使文档内容的结构清晰,更便于页面管理和布局。例如,在表格类标记中,用表头区标记<thead>、表格主体标记<tbody>和表格页脚标记<tfoot>,将表格分成 3 个区域。

结构类标记又称为容器,可以容纳需要划分在一起的多种元素。HTML 5 中新增了多个结构类标记,可以更细致地描述页面文档结构,也利于搜索引擎更好地理解页面内容和各部分之间的关系。大部分结构类标记并没有显示效果。可以通过 CSS 设置容器及容器中元素内容的显示效果。

7.3.1　元素分组标记<fieldset>和<legend>

元素分组标记<fieldset>可以将多个元素进行分组,在分组的外围绘制一个边框。可以结合元素分组标记<legend>,在边框上添加分组的标题文字。标记<fieldset>和<legend>都是双标记,它们的语法格式如下。

```
<fieldset>
<legend>分组标题</legend>
……组内元素……
</fieldset>
```

标记<fieldset>主要应用于表单元素分组,所以具有与表单相关的属性,见表 7.2。

表 7.2　元素分组标记 <fieldset> 的常用属性

属　　　性	属性值(含义)	说　　　明
disabled	disabled(禁用)	分组中的表单元素禁用,不可用也不可点击,可选属性
form		分组所属的一个或多个表单 id

【例 7-8】　元素分组标记示例。示例代码(7-8.html)如下。

```
<html>
<head>
<title>例 7-8 元素分组标记示例</title>
</head>
<body>
<h3>学生信息登记</h3>
<form>
 <fieldset>
  <legend>基本信息</legend>
```

```
<img src="images/11.jpg" width=50 height="50">注意事项:学号要求填写完整的 12 位学
号<br>
学号: <input type="text"><br>
姓名: <input type="text"><br>
</fieldset>
<fieldset disabled=disabled>
    <legend>家庭信息</legend>
<p>注意事项:填写时间为 9 月 1 日~9 月 3 日</p>
家庭住址: <input type="text"><br>
家庭电话: <input type="text"><br>
</fieldset>
</form>
</body>
</html>
```

浏览器中网页显示效果如图 7.8 所示。

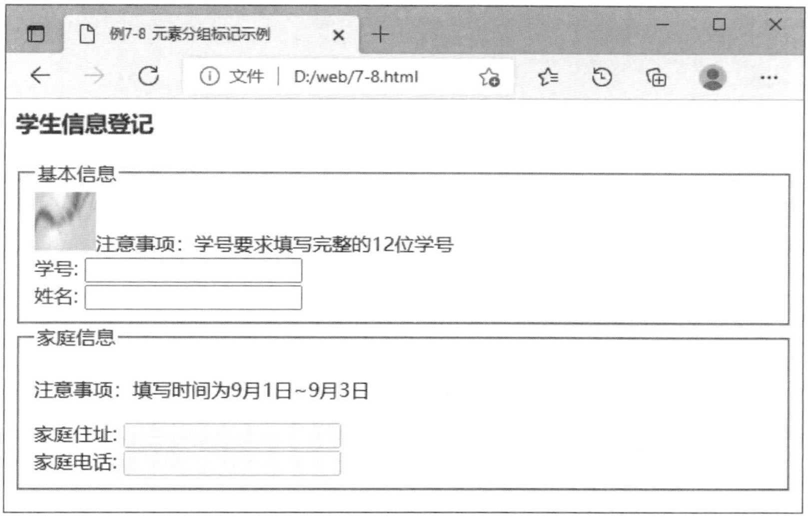

图 7.8　元素分组标记示例

7.3.2　分区标记<div>

分区标记<div>是一个块容器,默认独占一行,前后会换行。分区标记<div>……
</div>之间可以放置多种网页元素,成为文档中独立的一块区域。可以用 CSS 或者
JavaScript 统一设置<div>标记所包含元素的特性。

7.3.3　组合标记<span>

组合标记<span>可以组合行内的元素,是一个行内容器,默认只占行间的一部分,前
后不会换行。组合标记<span>……</span>之间可以放置多种网页元素,成为行内独立
的一块区域。可以用 CSS 或者 JavaScript 设置<span>标记所包含元素的特性。

【例 7-9】 ＜div＞和＜span＞标记示例。示例代码(7-9.html)如下。

```
<html>
<head>
<meta http-equiv="Content-type" Content="text/HTML;charset=UTF-8">
<title>例 7-9 <div>和<span>标记示例</title>
</head>
<body>
<fieldset>
<legend>第一种情况</legend>
<div>这是一个 div 容器</div>
<div><img src="images/1.jpg" width=50 height=50></div>
</fieldset>
<fieldset>
<legend>第二种情况</legend>
<span>这是一个 span 容器</span>
<span><img src="images/1.jpg" width=50 height=50></span>
</fieldset>
</body>
</html>
```

浏览器中网页显示效果如图 7.9 所示。

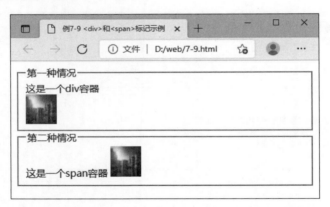

图 7.9 ＜div＞和＜span＞标记示例

思考和实践

1. 问答题

(1) 表格标记＜table＞可以独立使用吗？

(2) 表格行标记＜tr＞可以独立使用吗？

(3) 表格标题标记放在表格标记＜table＞的什么位置？

(4) 表头单元格标记可以在表格中什么位置使用？

(5) 表格列分组和行分组的作用分别是什么？

（6）HTML 中的容器有什么作用？

（7）结构类标记有显示效果吗？使用结构类标记的优点是什么？

2. 操作题

（1）应用表格布局设计网页，将文字、图片、列表放置在指定的位置，并设置相关的属性，效果如图 7.10 所示。

图 7.10　操作题（1）效果图

（2）采用表格类标记、表单类标记和结构类标记设计网页，效果如图 7.11 所示。

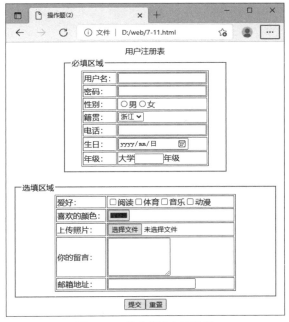

图 7.11　操作题（2）效果图

第二部分　CSS 技术篇

第 8 章　CSS 技术基础

本章学习目标

- 了解 CSS 的定义；
- 掌握 CSS 的语法规则及使用方式；
- 掌握 CSS 的选择符及应用。

本章首先介绍 CSS 的定义，然后介绍 CSS 的语法规则及使用方式，最后详细介绍 CSS 的选择符及应用。

8.1　CSS 的定义

CSS(Cascading Style Sheet，层叠样式表)用于控制网页中的元素样式，例如元素的颜色、字体、对齐方式、边框等效果。CSS 是一种标识性语言，可以有效控制网页的样式，将网页内容代码和网页样式代码分开，实现对网页样式更丰富、更方便的控制。CSS 不仅可用于页面元素的静态样式效果设计，也可以实现 2D 和 3D 的动画效果设计。目前最新版本为 CSS 3。

CSS 样式表是样式规则的集合。这些样式规则应用到指定的网页元素上，定义了网页元素的外观效果。CSS 样式表是纯文本格式，设计时可以采用如 NotePad＋、记事本等文本编辑工具，也可以选用专业的 CSS 编辑工具(如 Dreamweaver、NetBean 等)。

8.2　CSS 的语法基础

8.2.1　CSS 的语法规则

CSS 样式规则的语法包括三部分：选择符、样式、样式值，其基本语法格式如下。

> 选择符{样式:样式值;……}

1. 选择符

选择符选择网页上的具体对象和元素，指定了 CSS 规则应用的对象。浏览器根据选择符严格解析匹配网页元素，再将定义的样式值应用到匹配的对象和元素上。如果多条样式规则作用于同一个元素时，采用就近原则，越接近该元素的样式规则优先级越高。

2. 样式

CSS 提供了丰富的样式，包括宽度、高度、颜色、大小等。例如，font-style 样式用于设置文字字型，color 样式用于设置文字的颜色等。一个对象元素可以同时设置多组样式效果。多组样式设置之间用分号(;)隔开。不同的对象元素可以设置的样式会有差别，如文字可以设置字体样式,而图片无字体样式。应用 CSS 3 中新增的部分样式时,要考虑浏览器的兼容性。

3. 样式值

每个样式可以设置的样式值不同,后续章节将分别讲述。下面介绍关于尺寸和颜色的样式值设置。

1) 尺寸的表示

在设置宽度、高度、边距、间距、字号大小等样式时,涉及尺寸样式值的表示。在 CSS 中,表示尺寸的单位有绝对单位和相对单位。绝对单位有 in(英寸)、cm(厘米)、mm(毫米)、pt(磅)等。相对单位有 em(以字体大小为基准)、ex(以小写字母大小为基准)、px(以屏幕像素为基准)等。

2) 颜色的表示

在设置前景色、背景色、边框颜色等颜色样式时,涉及颜色样式值的表示。在 CSS 中,颜色样式值的表示方式有以下几种。

(1) 用颜色的英文名称表示。

用颜色的英文名称表示,例如 red 表示设置为红色。CSS 3 中推荐的主流浏览器支持的 16 种颜色见表 8.1。

表 8.1　CSS 推荐颜色

颜　　色	说　　明	颜　　色	说　　明
aqua	水绿	black	黑
blue	蓝	fuchsia	紫红
gray	灰	green	绿
lime	浅绿	maroon	褐
navy	深蓝	olive	橄榄
purple	紫	red	红
silver	银	teal	深青
white	白	yellow	黄

(2) 用 RGB 颜色值表示。

计算机中采用红(R)、绿(G)、蓝(B)3 种基本色组合实现丰富的颜色。3 种基本色值可以分别设置为 0~255 的十进制值或者百分比值。RGB 颜色值的设置格式如下。

```
rgb(红色值,绿色值,蓝色值)
```

例如,rgb(255,0,0)表示红色,rgb(0,100%,0)表示绿色。

(3) 用 RGB 颜色的十六进制值表示。

红、绿、蓝基本色值的十进制 0~255,分别对应十六进制的 00~FF 值。将红、绿、蓝色值用两位十六进制依次表示。红、绿、蓝十六进制颜色值的设置格式如下。

```
#依次表示红、绿、蓝的十六进制颜色值
```

例如,#ff0000 表示红色,#00ff00 表示绿色。

颜色的十六进制值两位相同时,可以简写为一位。例如,#f00 表示红色,#0f0 表示绿色。

(4)用颜色的 HSL 值表示。

在 HSL 颜色表示方法中,颜色由色调(H)、饱和度(S)、亮度(L)表示。色调可以是 0～360 的数值,对应色盘上的颜色,比如 0 表示红色,60 表示黄色,120 表示绿色等。饱和度表示颜色的深浅和鲜艳程度,用百分比表示,数值越大越鲜艳。亮度表示颜色的明暗,用百分比表示,数值越大颜色越亮。HSL 颜色值的设置格式如下。

```
hsl(色调值,饱和度百分比值,亮度百分比值)
```

例如,hsl(0,80%,80%)表示饱和度、亮度都是 80% 的红色。

(5)用颜色的 HSLA 值表示。

在 HSLA 颜色表示法中,颜色由色调(H)、饱和度(S)、亮度(L)、不透明度(A)表示。不透明度值的取值为 0～1。HSLA 颜色值的设置格式如下。

```
hsla(色调值,饱和度百分比值,亮度百分比值,不透明度值)
```

例如,hsla(120,50%,50%,0.5)表示饱和度为 50%、亮度为 50%、半透明的绿色。

(6)用颜色的 RGBA 值表示。

在 RGBA 颜色表示法中,颜色由红(R)、绿(G)、蓝(B)、不透明度(A)表示。RGBA 颜色值的设置格式如下。

```
rgba(红色值,绿色值,蓝色值,不透明度值)
```

例如,rgba(255,0,0,0.5)表示半透明的红色。

不同颜色表示的数值,可以借助图像处理软件(例如画图软件)的调色板查询获得。

4. 部分样式和样式值示例

为了便于讲解示例,下面介绍几个常用的样式和样式值。这些样式及样式值的详细语法规则,会在后续章节讲解。

```
{font-style:italic;}              /*设置文字字型为斜体*/
{font-size:数值;}                 /*设置文字字号为指定的数值*/
{color:颜色值;}                   /*设置前景色的颜色*/
{background-color:颜色值;}        /*设置背景色的颜色*/
{border:数值 solid;}              /*设置边框的粗细值,边框为直线*/
```

例如下面的一条样式规则,选择符设定为段落标记<p>,设置了文字字型样式 font-style,样式值是斜体 italic;设置了文字颜色样式 color,样式值是红色 red;设置了字号样式 font-size,样式值为 20 像素;设置了背景颜色样式 background-color,样式值为 yellow;设置了边框样式 border,样式为 2 像素的直线。

```
p{font-style:italic;color:red;font-size:20px;background-color:yellow;border:
2px solid;}
```

8.2.2　CSS 的使用方式

CSS 的使用方式是指样式规则作用到网页元素的方式,通常有行内样式、内嵌样式、链接样式和导入样式。

1. 行内样式

行内样式是把 CSS 规则直接添加到 HTML 标记中,作为标记的 style 属性的值。行内样式的应用范围是当前标记的内容,样式规则中省略了选择符,其基本语法格式如下。

```
<标记 style="样式规则">……</标记>
```

行内样式简单,但不推荐使用,因为不能将网页内容和样式分离,不利于维护和样式重用。

【例 8-1】　CSS 行内样式示例。示例代码(8-1.html)如下。

```
<html>
<head>
<meta http-equiv="Content-type" Content="text/HTML;charset=UTF-8">
<title>例 8-1 CSS 行内样式示例</title>
</head>
<body>
<p style="font-style:italic;color:red;">这是第一个段落</p>
<p>这是第二个段落</p>
</body>
</html>
```

浏览器中网页显示效果如图 8.1 所示。

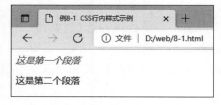

图 8.1　CSS 行内样式示例

2. 内嵌样式

内嵌样式是将 CSS 样式规则用<style>……</style>进行声明,然后添加在 HTML 文件的任意位置(一般放在<head>……</head>之间)。内嵌样式的应用范围是本网页中所有匹配的选择符的内容,其基本语法格式如下。

```
<style type="text/css">
   CSS 样式规则
   ……
</style>
```

＜style＞中可以用 type＝"text/css"属性声明类型，也可以不声明。＜style＞和 ＜/style＞间的注释，以"/＊"开始，以"＊/"结束。

内嵌样式虽然没有将内容和样式完全分离，但是可用于设置一些少量的样式，实现同一页面上元素样式的统一。

【例 8-2】 CSS 内嵌样式示例。示例代码(8-2.html)如下。

```
<html>
<head>
<meta http-equiv="Content-type" Content="text/HTML;charset=UTF-8">
<title>例 8-2 CSS 内嵌样式示例</title>
<style type="text/css">
p{font-style:italic;color:red;}
</style>
</head>
<body>
<p>这是第一个段落</p>
<p>这是第二个段落</p>
</body>
</html>
```

浏览器中网页显示效果如图 8.2 所示。

图 8.2　CSS 内嵌样式示例

3. 链接样式

链接样式是先创建单独的 CSS 样式表文件，然后在网页页面中通过链接标记＜link＞将样式表文件链接到网页中使用。CSS 样式表文件是纯文本文件，文件内容是样式规则的集合。CSS 样式表文件的扩展名是.css。网页中链接样式文件时，＜link＞链接标记要放在＜head＞……＜/head＞之间。链接的样式表中的样式规则，对引用了该样式表文件的网页有效。一个网页中可以使用多个＜link＞标记链接多个 CSS 样式表文件。多个样式表中的样式规则，依次作用于网页元素，＜link＞链接标记的基本语法格式如下。

```
<head>
<link rel="stylesheet" type="text/css" href="路径/样式表文件名.css">
 </head>
```

链接样式很好地实现了内容和样式的分离，使网页设计和维护都十分方便，是最实用的使用方法。

【例8-3】 CSS链接样式示例。网页示例代码(8-3.html)如下。

```
<html>
<head>
<meta http-equiv="Content-type" Content="text/HTML;charset=UTF-8">
<title>例8-3 CSS链接样式示例</title>
<link rel="stylesheet" type="text/css" href="8-3.css">
</head>
<body>
<p>这是第一个段落</p>
<p>这是第二个段落</p>
</body>
</html>
```

示例中采用<link>标记链接了样式表文件8-3.css。样式表文件示例代码(8-3.css)如下。

```
p{font-style:italic;color:red;}
```

浏览器中网页显示效果如图8.3所示。

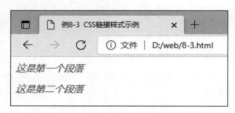

图8.3　CSS链接样式示例

4. 导入样式

导入样式是先创建单独的CSS样式表文件,然后在网页页面的<style>……</style>标记中通过@import语句导入样式表文件。<style>……</style>标记要放在<head>……</head>之间。导入样式的应用范围,是引用了该样式表文件的网页。一个网页中可以使用多个@import语句导入多个CSS样式表文件。多个样式表中的样式规则,依次作用于网页元素,其基本语法格式如下。

```
<style type= "text/css">
@import "路径/样式表文件名.css"
……
</style>
```

导入样式是在网页初始化时就将样式规则导入网页文件,链接样式是在需要应用样式规则时才导入。导入样式也能实现内容和样式的分离。

【例8-4】 CSS导入样式示例。示例代码(8-4.html)如下。

```
<html>
<head>
```

```
<meta http-equiv="Content-type" Content="text/HTML;charset=UTF-8">
<title>例 8-4 CSS 导入样式示例</title>
<style type="text/css">
@import"8-3.css"
</style>
</head>
<body>
<p>这是第一个段落</p>
<p>这是第二个段落</p>
</body>
</html>
```

示例网页 8-4.html 中用@import 语句导入样式表文件 8-3.css。示例代码（8-3.css）如下。

```
p{font-style:italic;color:red;}
```

浏览器中网页显示效果如图 8.4 所示。

图 8.4　CSS 导入样式示例

8.3　CSS 选择符

8.3.1　基本选择符

1. 标记选择符

标记选择符的形式为标记名称。若使用标记名称作选择符，则选择了网页内的相同标记定义的元素。

例如，p 表示选择网页上的所有<p>标记定义的元素。

2. 类选择符

类选择符的形式为".类名"。在网页元素标记中，需要事先使用 class 属性设置元素的类名。若 CSS 中使用类名作选择符，则选择了网页内类名相同的元素。

例如，网页中元素的定义如下。

```
<p class="x">第一段落</p>
<h3 class="x">第一行文字</h3>
```

下面的 CSS 样式规则中,选择符为类名 x,则网页中的所有类名为 x 的元素(p 段落和 h3 标题文字)都会被匹配选中,按规则设置文字颜色样式为红色。

```
.x{color:red;}
```

3. ID 选择符

ID 选择符的形式为"♯ID 名"。在网页元素标记中,需要事先使用 ID 属性设置元素的 ID 名。若 CSS 中使用 ID 名作选择符,则选择了网页内特定 ID 名的元素。

例如,网页中的元素定义如下。

```
<p id="x">第一段落</p>
```

下面的 CSS 样式规则中,♯x 表示选择 ID 名为 x 的元素,网页中 ID 为 x 的 p 段落被选中,按规则设置文字颜色样式为红色。

```
#x{color:red;}
```

4. 全局选择符 ∗

使用全局选择符 ∗,可选择页面中所有的 HTML 元素。

【例 8-5】 基本选择符示例。示例代码(8-5.html)如下。

```
<html>
<head>
<meta http-equiv="Content-type" Content="text/HTML;charset=UTF-8">
<title>例 8-5 基本选择符示例</title>
<style type="text/css">
p{font-size:5px;}
#h{font-size:10px;}
.a{font-size:15px;}
*{font-style:italic;}
</style>
</head>
<body>
<p>这是第一个段落</p>
<h4 id="h">标题四文字</h4>
<h5 class="a">标题五文字</h5>
<h6 class="a">标题六文字</h6>
</body>
</html>
```

浏览器中网页显示效果如图 8.5 所示。

8.3.2 关系选择符

1. 群组选择

群组选择是用符号","连接多个选择符,匹配列举的选择符。

图 8.5　基本选择符示例

【**例 8-6**】　群组选择符示例。示例代码（8-6.html）如下。

```html
<html>
<head>
<meta http-equiv="Content-type" Content="text/HTML;charset=UTF-8">
<title>例 8-6 群组选择符示例</title>
<style type="text/css">
p,#h,.a{font-size:5px;}
</style>
</head>
<body>
<p>这是第一行段落文字</p>
<h2 id="h">这是第二行标题二文字,id 为 h</h2>
<h3 class="a">这是第三行标题三文字,类名为 a</h3>
<h4 class="a">这是第四行标题四文字,类名为 a</h4>
</body>
</html>
```

浏览器中网页显示效果如图 8.6 所示。

图 8.6　群组选择符示例

2. 后代选择

后代选择是用空格连接多个选择符,从父代选择符依次向下匹配到指定的后代选择符。后代选择符是包含在父代选择符里的。

【**例 8-7**】　后代选择符示例。示例代码（8-7.html）如下。

```html
<html>
```

```
<head>
<meta http-equiv="Content-type" Content="text/HTML;charset=UTF-8">
<title>例 8-7 后代选择符示例</title>
<style type="text/css">
div span{font-style:italic;font-size:20px;}
</style>
</head>
<body>
<div>
<p>第一个段落文字<span>第 1 个 span 里的文字</span></p>
<span>第 2 个 span 里的文字</span>
</div>
<span>第 3 个 span 里的文字</span>
</body>
</html>
```

浏览器中网页显示效果如图 8.7 所示。

图 8.7　后代选择符示例

3. 子代选择

子代选择用符号">"连接两个选择符,在父代选择符下匹配到指定的下一代子代选择符。子代选择符包含在父代选择符里,并且是第一代的子代。

【例 8-8】　子代选择符示例。示例代码(8-8.html)如下。

```
<html>
<head>
<meta http-equiv="Content-type" Content="text/HTML;charset=UTF-8">
<title>例 8-8 子代选择符示例</title>
<style type="text/css">
div>span{font-style:italic;font-size:20px;}
</style>
</head>
<body>
<div>
<p>第一个段落文字<span>第 1 个 span 里的文字</span></p>
<span>第 2 个 span 里的文字</span>
```

```
<span>第 3 个 span 里的文字</span>
</div>
<span>第 4 个 span 里的文字</span>
</body>
</html>
```

浏览器中网页显示效果如图 8.8 所示。

图 8.8　子代选择符示例

4. 兄弟选择

兄弟选择用符号"～"连接两个选择符,匹配前一个选择符后的所有同级的后一个选
择符。

例如,div～span 表示匹配 div 选择符之后的所有同级选择符 span,选中匹配的选择符
span 定义的元素。

【例 8-9】　兄弟选择符示例。示例代码(8-9.html)如下。

```
<html>
<head>
<meta http-equiv="Content-type" Content="text/HTML;charset=UTF-8">
<title>例 8-9 兄弟选择符示例</title>
<style type="text/css">
div~span{font-style:italic;font-size:20px;}
</style>
</head>
<body>
<span>div 前面的 span 里的文字</span>
<div>
<p>第一个段落文字<span>第 1 个 span 里的文字</span></p>
<span>第 2 个 span 里的文字</span>
</div>
<p>第二个段落文字<span>第 3 个 span 里的文字</span></p>
<span>第 4 个 span 里的文字</span>
<span>第 5 个 span 里的文字</span>
</body>
</html>
```

浏览器中网页显示效果如图 8.9 所示。

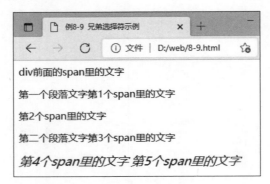

图 8.9　兄弟选择符示例

5. 相邻选择

相邻选择用符号"＋"连接两个选择符,匹配前一个选择符后相邻的同级的后一个选择符。

例如,div＋h3 表示匹配 div 选择符之后的相邻的同级的一个选择符 h3。

【例 8-10】　相邻选择符示例。示例代码(8-10.html)如下。

```
<html>
<head>
<meta http-equiv="Content-type" Content="text/HTML;charset=UTF-8">
<title>例 8-10 相邻选择符示例</title>
<style type="text/css">
div+span{font-style:italic;font-size:20px; }
</style>
</head>
<body>
<span>div 前面的 span 里的文字</span>
<div>
<p>第一个段落文字<span>第 1 个 span 里的文字</span></p>
<span>第 2 个 span 里的文字</span>
</div>
<span>第 3 个 span 里的文字</span>
<p>第二个段落文字<span>第 4 个 span 里的文字</span></p>
<span>第 5 个 span 里的文字</span>
</body>
</html>
```

浏览器中网页显示效果如图 8.10 所示。

8.3.3　属性选择符

属性选择符可以根据元素的属性信息匹配选择符。属性选择符的设置方式见表 8.2。

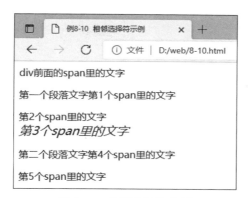

图 8.10　相邻选择符示例

表 8.2　属性选择符的设置方式

选　择　符	说　　　明
[attr]	具有属性 attr 的元素
[attr＝value]	属性 attr 等于 value 的元素
[attr～＝value]	具有属性 attr，且属性值是空格分隔的字词列表，字词列表中含有 value 的元素
[attr|＝value]	具有属性 attr，且属性值是连字符"-"分隔的字词列表，字词列表是以 value 开始的元素
[attr^＝value]	属性 attr 的属性值是以 value 为前缀的元素
[attr＄＝value]	属性 attr 的属性值是以 value 为后缀的元素
[attr＊＝value]	属性 attr 的属性值包含 value 子字符串的元素

可以在属性选择前加上基本选择符进行更准确的匹配。

例如，h1[title＝a]表示选中 h1 标题文字元素中，title 属性值等于 a 的元素。

【例 8-11】　属性选择示例。示例代码（8-11.html）如下。

```
<html>
<head>
<meta http-equiv="Content-type" Content="text/HTML;charset=UTF-8">
<title>例 8-11 属性选择示例</title>
<style type="text/css">
p[title]{font-size:5px;}
p[title=d]{font-style:italic;}
p[title~=b]{background-color:yellow;}
p[title|=a]{font-size:20px;}
p[title^=c]{font-style:italic;font-size:20px;}
p[title$=a]{font-style:italic;font-size:5px;}
p[title*=b]{border:2px solid;}
</style>
</head>
```

```
<body>
<p>(1)普通段落文字</p>
<p title="d">(2)title=d 的内容,斜体</p>
<p title="a b">(3)title=a b 的内容,分词含有 b,背景黄色,含有 b,加边框</p>
<p title="a-b">(4)title=a-b,连字符中 a 开头,字号 20 像素,含有 b,加边框</p>
<p title="cb">(5)title=cb,c 前缀,斜体,字号 20 像素,含有 b,加边框</p>
<p title="da">(6)title=da 的内容,a 结尾,斜体,字号 5 像素</p>
<p title="dbk">(7)title=dbk 的内容,含有 b,加边框</p>
</body>
</html>
```

浏览器中网页显示效果如图 8.11 所示。

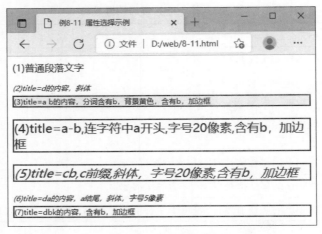

图 8.11　属性选择示例

8.3.4　动态伪类选择符

动态伪类选择符用于用户交互时选择处于不同状态的元素。动态伪类选择见表 8.3。

表 8.3　动态伪类选择

选　择　符	说　　明
E:link	选择超链接未访问的元素 E
E:visited	选择超链接已被访问后的元素 E
E:hover	选择有鼠标悬停在其上的元素 E
E:active	选择被激活的元素 E
E:focus	选择获得焦点时的元素 E
E:target	选择元素 E 的链接锚点

例如,a:visited 选择了超链接标记<a>定义的元素中,处于超链接被访问后状态的

元素。

【例 8-12】 动态伪类选择示例。示例代码(8-12.html)如下。

```
<html>
<head>
<meta http-equiv="Content-type" Content="text/HTML;charset=UTF-8">
<title>例 8-12 动态伪类选择示例</title>
<style>
a:link{font-size:5px;}
a:hover{font-size:25px;}
a:active{font-size:15px;}
a:visited{font-size:15px;}
input:focus{font-size:10px;}
input:hover{font-size:25px;}
a:target{background-color:red;}
</style>
</head>
<body>
<a href="http://www.baidu.com">链接到百度</a>
<a href="#yh">链接到用户名处</a>
<a href="#mm">链接到密码处</a><br>
<a id="yh">用户名</a>:<input type="text"><br>
<a id="mm">密码</a>:<input type="password"><br>
</body>
</html>
```

浏览器中鼠标与网页中元素交互时会发生样式的变化,图 8.12 所示为单击锚点链接时的显示效果。

图 8.12 动态伪类选择示例

8.3.5 UI 元素状态伪类选择符

UI 元素状态伪类选择,针对网页中可以进行人机交互的元素(主要是表单元素),选择处于不同状态的元素。UI 元素状态伪类选择见表 8.4。

表 8.4　UI 元素状态伪类选择

选　择　符	说　　明
E:enabled	选择处于可用状态的元素 E
E:disabled	选择处于不可用状态的元素 E
E:checked	选择处于选中状态的元素 E

例如,input:disabled 表示选中 input 标记定义的元素中,处于不可用状态的元素。

【例 8-13】　UI 元素状态伪类选择示例。示例代码(8-13.html)如下。

```
<html>
<head>
<meta http-equiv="Content-type" Content="text/HTML;charset=UTF-8">
<title>例 8-13 UI 元素状态伪类选择示例</title>
<style>
input:enabled{font-style:italic;}
input:disabled{background-color:gray;}
input:checked+span{font-size:20px;}
</style>
</head>
<body>
<form>
用户名:<input type="text" disabled="disabled"><br>
性别:<input type="radio" name="sex" value="n"><span>男</span>
    <input type="radio" name="sex" value="v" checked="checked"><span>女</span>
<br>
<input type="submit" value="提交" disabled="disabled">
<input type="reset" value="重置">
</form>
</body>
</html>
```

浏览器中网页显示效果如图 8.13 所示。

图 8.13　UI 元素状态伪类选择示例

8.3.6　结构伪类选择

结构伪类选择利用网页元素在文档结构树中的相互关系进行元素选择。结构伪类选择如表 8.5 所示。其中子元素的编号从 1 开始。

表 8.5 结构伪类选择

选 择 符	说 明
E:nth-child(n)	选择父元素的第 n 个子元素 E
E:nth-child(odd)	选择父元素的所有编号为奇数的子元素 E
E:nth-child(even)	选择父元素的所有编号为偶数的子元素 E
E:nth-last-child(n)	选择父元素的倒数第 n 个子元素 E
E:nth-of-type(n)	选择父元素中的子元素 E 排序，匹配序号为 n 的子元素 E
E:nth-last-of-type(n)	选择父元素中的子元素 E 排序，匹配序号为倒数 n 的子元素 E
E:first-child	选择父元素中的第 1 个子元素 E
E:last-child	选择父元素中的最后一个子元素 E
E:first-of-type	选择父元素中的子元素 E 排序，匹配序号为 1 的子元素 E
E:last-of-type	选择父元素中的子元素 E 排序，匹配序号为倒数 1 的子元素 E
E:root	选择元素 E 所在的文档的根目录元素
E:only-child	父元素中只含有一个子元素 E，匹配该子元素 E
E:only-of-type	父元素中只有一个和子元素 E 同类型的元素，匹配该子元素 E
E:empty	选择不包含任何子节点的元素 E 进行匹配

例如，tr:nth-child(odd)表示选择表格中的奇数行元素。

【例 8-14】 结构伪类选择示例。示例代码(8-14.html)如下。

```
<html>
<head>
<meta http-equiv="Content-type" Content="text/HTML;charset=UTF-8">
<title>例 8-14 结构伪类选择示例</title>
<style>
tr:nth-child(even){font-size:5px;}
tr:first-child{font-size:20px;}
tr:last-child{font-style:italic;}
td:empty{background-color:black;}
li:only-child{border:2px solid;}
</style>
</head>
<body>
<table border=1>
<caption>成绩单<caption>
<tr><td>姓名</td><td>总分</td></tr>
<tr><td>张三</td><td>500</td></tr>
<tr><td>李四</td><td>530</td></tr>
```

```
<tr><td>王五</td><td>560</td></tr>
<tr><td>平均分</td><td></td></tr>
</table>
<ul>
<li>年级排行榜</li>
<li>专业级排行榜</li>
</ul>
<ul>
<li>年级成绩单</li>
</ul>
</body>
</html>
```

浏览器中网页显示效果如图 8.14 所示。

图 8.14　结构伪类选择示例

8.3.7　否定伪类选择

否定伪类选择用于在选择元素中过滤掉给定条件的元素。其语法格式为"选择符：not
（过滤选择）"。

例如，p:not(.red)表示选择类名不为 red 的段落 p。

【例 8-15】　否定伪类选择示例。示例代码（8-15.html）如下。

```
<html>
<head>
<meta http-equiv="Content-type" Content="text/HTML;charset=UTF-8">
<title>例 8-15 否定伪类选择示例</title>
<style>
p:not(.red){background-color:yellow;}
</style>
```

```
</head>
<body>
<p>这是第一个段落</p>
<p class="red">这是第二个段落</p>
</body>
</html>
```

浏览器中网页显示效果如图 8.15 所示。

图 8.15　否定伪类选择示例

8.3.8　伪元素选择

伪元素选择符使用"元素选择符::伪类选择器"方式,选择文档结构树中不能指定的特殊元素。HTML 5 之前的伪元素选择符采用":",浏览器仍然支持。伪元素选择见表 8.6。

表 8.6　伪元素选择

选　择　符	说　　明
E::first-letter	选择 E 元素内的第一个字符
E::first-line	选择 E 元素内的第一行
E::before	选择 E 元素内容前的位置,用 content 样式新增内容
E::after	选择 E 元素内容后的位置,用 content 样式新增内容
E::placeholder	选择 E 元素文字的占位符区域
E::selection	选择被选中的 E 元素

例如,p::first-letter 表示选中 p 段落的第一个字符。

【例 8-16】　伪元素选择符示例。示例代码(8-16.html)如下。

```
<html>
<head>
<meta http-equiv="Content-type" Content="text/HTML;charset=UTF-8">
<title>例 8-16 伪元素选择符示例</title>
<style>
p::first-letter{font-size:30px;}
p::first-line{font-style:italic;}
li::after{content:"(参阅教材资料)";color:red;}
```

```
p::selection{background-color:yellow;}
</style>
</head>
<body>
<p>课程清单</p>
<p>静态网页上采用的规则有 HTML(超文本标记语言,Hyper Text Markup Language)、CSS(层叠
样式表,Cascading Style Sheet)、JavaScript 脚本语言、jQuery 脚本语言、ActiveX 控件、
Java 小程序等,这些规则由 Web 浏览器运行。</p>
<p>静态网页设计是网站设计的基础。HTML、CSS、JavaScript 是静态网页设计的三大技术。目前
主流的版本是 HTML 5、CSS 3 和 JavaScript、jQuery。</p>
<ul>
<li>HTML 5</li>
<li>CSS 3</li>
<li>JavaScript</li>
<li>jQuery</li>
</ul>
</body>
</html>
```

浏览器中网页显示效果如图 8.16 所示。

图 8.16　伪元素选择符示例

思考和实践

1. 问答题

(1) CSS 的含义是什么？ CSS 的作用是什么？

（2）CSS 的语法规则包含哪几部分？每一部分的含义是什么？

（3）CSS 应用到网页中的方式有哪几种？分别适用于什么类型的网页？在大型复杂的网站中，多个网页的样式风格要保持一致，最好采用哪种 CSS 使用方式？

（4）CSS 文件的内容由什么组成？扩展名是什么？

（5）CSS 的基本选择符有哪几种？有什么区别？

（6）CSS 的关系选择符有哪几种？有什么区别？

（7）CSS 的属性选择符根据什么选择元素？

2．操作题

设计网页，效果图如图 8.17 所示。其中，

（1）网页背景色为黄色。

（2）标题文字为"最新公告"并为其设置 2 像素的直线边框，背景色为白色。

（3）第一条公告的字号设置为 20 像素。

（4）鼠标悬停在公告上时，设置字号为 20 像素，前景色为红色，背景色为白色。

（5）链接目标为"＃"的公告，设置文字字型为斜体，前景色为浅灰色。

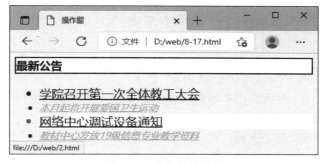

图 8.17　操作题效果图

第9章 CSS 盒子及边框样式

本章学习目标

- 掌握 CSS 盒模型；
- 掌握盒子的大小样式设置及计算方法；
- 掌握盒子的边框样式及其应用。

本章首先介绍 CSS 中的盒模型，然后讲解盒子的大小样式设置及计算方法，最后介绍盒子的边框样式及其应用。

9.1 CSS 盒模型

CSS 中的基础设计模式是盒模型。在盒模型中，网页中的每一个元素都被看作一个盒子来解析。每个盒子在网页上有占位空间，具有多项样式，可以通过设置样式值展示丰富的显示效果。

在盒模型中定义网页是在一个个透明的"盒子"里放置文本、图片等元素，也称为盒内容。通过设置盒子的样式（例如盒子边框、背景等）和盒内容的样式（例如文字的字体、图片的大小等），可以使元素具有丰富的外观效果。

【例 9-1】 盒模型示例。示例代码（9-1.html）如下。

```
<html>
<head>
<meta http-equiv="Content-type" Content="text/HTML;charset=UTF-8">
<title>例 9-1 盒模型示例</title>
<style>
p{
width:100px;
height:50px;
border:solid 3px red;
background-color:yellow;
padding-top:10px;
padding-right:20px;
padding-bottom:30px;
padding-left:40px;
margin:10px 20px 30px 40px;
}
</style>
</head>
<body>
```

```
<p>这是段落</p>
</body>
</html>
```

示例中,用<p>标记描述了一个段落元素,用 CSS 样式规则设置了样式和样式值。浏览器中网页显示效果如图 9.1(a)所示。

图 9.1(a)　盒模型示例图一

在 CSS 盒模型中,段落元素被解析为一个放置了段落文字的透明的盒子,盒模型结构参照图 9.1(b)。

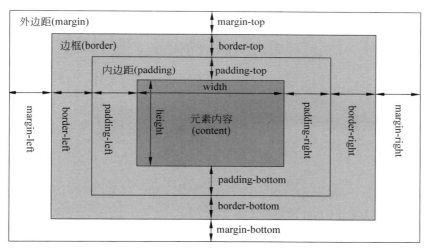

图 9.1(b)　盒模型示例图二

1. 元素内容 content

元素内容 content 是盒子里的元素内容区域。宽度 width 和高度 height 是盒内容的宽度和高度。示例中,元素内容是<p>标记描述的段落文字。用 width:100px 设置段落文字的宽度为 100 像素。用 height:50px 设置段落文字的高度为 50 像素。

2. 边框 border

边框 border 是盒子的边框,可以分别设置 4 个边框的线型、粗细、颜色等样式。示例中,用 border:solid 3px red 设置边框为 3 像素的红色直线。

3. 内边距 padding

padding 是盒子边框和盒内容的间距,可以分别设置 4 个方向的距离。示例中,用

padding-top:10px 设置上边为 10 像素,用 padding-right:20px 设置右边为 20 像素,用 padding-bottom:30px 设置下边为 30 像素,用 padding-left:40px 设置左边为 40 像素。

4. 外边距 margin

外边距 margin 是盒子与其他元素之间的间距,可以分别设置 4 个方向外边距的距离。示例中,用 margin:10px 20px 30px 40px 设置了上边的外边距为 10 像素,右边的外边距为 20 像素,下边的外边距为 30 像素,左边的外边距为 40 像素。

外边距、边框、内边距都分为上、下、左、右 4 个方向,分别用-top、-bottom、-left、-right 定义方位。通过设置盒子的外边距和内边距,可以实现网页元素的定位布局。

5. 块元素和内联元素

盒元素有块元素和内联元素两种。块元素会独占一行,可以设置宽度、高度、内边距、外边距。内联元素和其他元素在一行上,宽度、高度就是元素内容本身的宽度、高度,只能设置左、右的外边距,不能设置上、下的外边距。

盒子能设置的样式都是相同的,包括盒子的边框 border、外边距 margin、内边距 padding、位置 position、层叠顺序 z-index、浮动 float、显示 display 等。盒内容除了具有部分共同的样式外,还根据内容的不同,具有各自不同的样式值。盒内容有一些共同的样式,如 width(宽度)、height(高度)等样式。有些盒内容具有自己独特的样式,如文本段落元素具有 font-family(字体)样式,而列表元素具有 list-style-type(项目符号)样式。

9.2 盒子的大小

9.2.1 宽度样式 width

宽度样式 width 默认设置盒内容的宽度,其基本语法格式如下。

```
{width:宽度值;}
```

例如,div{width:300px;}设置 div 盒内容部分的宽度为 300px。

9.2.2 高度样式 height

高度样式 height 默认设置盒内容的高度,其基本语法格式如下。

```
{height:高度值;}
```

例如,div{height:300px;}设置 div 盒内容部分的高度为 300px。

9.2.3 盒子大小计算方式 box-sizing

样式宽度 width 和样式高度 height 默认设置盒内容的宽度和高度。可以用样式 box-sizing 重新定义宽度、高度的计算方式,其基本语法格式如下。

```
{box-sizing:content-box 或者 border-box;}
```

box-sizing 样式值设置为 content-box,表示宽度 width、高度 height 是指盒内容的宽度和高度值。box-sizing 样式值设置为 border-box，表示宽度 width、高度 height 是指"盒内容＋内边距＋边框粗细"的宽度和高度值。

【例 9-2】 盒子大小样式示例。示例代码(9-2.html)如下。

```html
<html>
<head>
<meta http-equiv="Content-type" Content="text/HTML;charset=UTF-8">
<title>例 9-2 盒子大小样式示例</title>
<style type="text/css">
#b{width:200px;
    height:200px;box-sizing:content-box;}
#c{width:200px;
    height:200px;
border:5px solid red;
padding:50px;
box-sizing:border-box;
}
</style>
</head>
<body>
<img src="images/1.jpg" width="200" height="200" id="a">
<img src="images/1.jpg" id="b">
<img src="images/1.jpg" id="c">
</body>
</html>
```

浏览器中网页显示效果如图 9.2 所示。

图 9.2　盒子大小样式示例

9.2.4　盒子溢出样式 overflow

盒子溢出样式 overflow 用于设置元素内容超出设定的元素范围时的处理效果，其基本语法格式如下。

```
{overflow: 溢出处理样式值;}
```

溢出处理的样式值见表 9.1。

表 9.1　溢出处理的样式值

样　式　值	说　明
visible	默认值,溢出部分在边界外可见
hidden	溢出部分不可见
scroll	溢出部分不可见,显示滚动条以便查看
auto	溢出部分不可见,显示滚动条以便查看
inherit	参照父元素 overflow 样式值

【例 9-3】　盒子溢出样式示例。示例代码(9-3.html)如下。

```
<html>
<head>
<title>例 9-3 盒子溢出样式示例</title>
<style type="text/css">
p{width:80px;height:50px;}
#a{overflow:hidden;}
#b{overflow:scroll;}
</style>
</head>
<body>
<p id="a">Welcome to Hangzhou</p>
<p id="b">Welcome to Hangzhou</p>
</body>
</html>
```

浏览器中网页显示效果如图 9.3 所示。

图 9.3　盒子溢出样式示例

9.3 盒子的边框样式

盒子的边框样式可以设置盒子的边框效果。边框样式包括 style(线型)、width(粗细)、color(颜色)、radius(圆角)四部分。盒子的 4 个边框可以统一设置效果,也可以根据方位对单个边框设置单独的效果。边框方位包括 border-top(上边框)、border-bottom(下边框)、border-left(左边框)、border-right(右边框)。

9.3.1 边框线型 border-style

border-style 用于设置边框的线型。盒子默认是边框透明的,必须先设置边框线型 border-style 使盒子有边框,然后才能设置其他的边框效果,其基本语法格式如下。

```
{border-style:1~4 个边框线型样式值;}
{border-top-style:上边框线型样式值;}
{border-bottom-style:下边框线型样式值;}
{border-left-style:左边框线型样式值;}
{border-right-style:右边框线型样式值;}
```

border-style 是复合样式,可以设 1 个样式值,表示设置 4 条边框统一的线型;可以设 2 个样式值,表示分别设置上下边框和左右边框的线型;可以设 3 个样式值,表示分别设置上边框、左右边框、下边框线型;可以设 4 个样式值,表示依次设置上、右、下、左 4 条边框的线型。对单个边框线型进行设置需要指定边框方位。边框线型的样式值见表 9.2。

表 9.2 边框线型的样式值

样 式 值	说 明	样 式 值	说 明
none	无边框,默认	groove	槽线式边框
dotted	点线式边框	ridge	脊线式边框
dashed	破折线式边框	inset	内嵌效果的边框
solid	直线式边框	outset	突起效果的边框
double	双线式边框		

例如:div{border-style:solid;}设置了 div 盒子的边框线型为直线式。

【例 9-4】 边框线型 border-style 示例。示例代码(9-4.html)如下。

```
<html>
<head>
<meta http-equiv="Content-type" Content="text/HTML;charset=UTF-8">
<title>例 9-4 边框线型 border-style 示例</title>
<style>
h5{border-style:solid;}
```

```
p{border-style:dotted double;}
div{border-top-style:dotted;
    border-bottom-style:dashed;
    border-left-style:double;
    border-right-style:solid;}
</style>
</head>
<body>
<h5>这是标题文字</h5>
<p>这是段落</p>
<div>这是一个 div 容器</div>
</body>
</html>
```

浏览器中网页显示效果如图 9.4 所示。

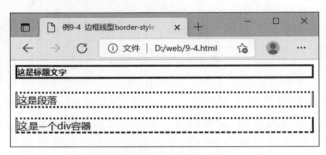

图 9.4　边框线型示例

9.3.2　边框粗细 border-width

border-width 用于设置边框线的粗细值,其基本语法格式如下。

```
{border-width:1~4 个边框粗细值;}
{border-top-width:上边框粗细值;}
{border-bottom-width:下边框粗细值;}
{border-left-width:左边框粗细值;}
{border-right-width:右边框粗细值;}
```

　　border-width 是复合样式,可以设 1 个粗细值,表示 4 条边框的粗细一样;可以设 2 个粗细值,表示分别设置上下边框和左右边框的粗细值;可以设 3 个粗细值,表示分别设置上边框粗细值、左右边框粗细值、下边框粗细值;可以设 4 个粗细值,表示依次设置上、右、下、左 4 条边框的粗细值。对单个边框粗细进行设置,需要指定边框的方位。

　　边框的粗细值可以是具体的数值,也可以是预设的 thin(细)、medium(中)、thick(粗)值。

　　例如,div{border-top-width:20px;}设置了 div 元素的盒子上边框粗细为 20 像素。

【例 9-5】 边框粗细 border-width 示例。示例代码(9-5.html)如下。

```
<html>
<head>
<meta http-equiv="Content-type" Content="text/HTML;charset=UTF-8">
<title>例 9-5 边框粗细 border-width 示例</title>
<style>
h5,p,div{border-style:solid;}
h5{border-width:thick;}
p{border-width:5px 10px;}
div{border-top-width:thin;
    border-bottom-width:10pt;
    border-left-width:2em;
    border-right-width:medium;}
</style>
</head>
<body>
<h5>这是标题文字</h5>
<p>这是段落</p>
<div>这是一个 div 容器</div>
</body>
</html>
```

浏览器中网页显示效果如图 9.5 所示。

图 9.5　边框粗细示例

9.3.3　边框颜色 border-color

border-color 用于设置边框的颜色,其基本语法格式如下。

```
{border-color:1~4 个颜色值;}
{border-top-color:上边框颜色值;}
{border-bottom-color:下边框颜色值;}
{border-left-color:左边框颜色值;}
{border-right-color:右边框颜色值;}
```

border-color 是复合样式,可以设 1 个颜色值,表示设置 4 条边框为统一的颜色;可以设 2 个颜色值,表示分别设置上下边框和左右边框的颜色值;可以设 3 个颜色值,表示分别设置上边框颜色值、左右边框颜色值、下边框颜色值;可以设 4 个颜色值,表示依次设置上、右、下、左 4 条边框的颜色。对单个边框颜色进行设置,需要指定边框方位。

例如,div{border-top-color:red;}设置了 div 盒子的上边框为红色。

【例 9-6】 边框颜色 border-color 示例。示例代码(9-6.html)如下。

```
<html>
<head>
<meta http-equiv="Content-type" Content="text/HTML;charset=UTF-8">
<title>例 9-6 边框颜色 border-color 示例</title>
<style>
h5,p,div{border-style:solid;}
h5{border-color:red;}
p{border-color:blue green;}
div{border-top-color:red;
    border-bottom-color:green;
    border-left-color:blue;
    }
</style>
</head>
<body>
<h5>这是标题文字</h5>
<p>这是段落</p>
<div>这是一个 div 容器</div>
</body>
</html>
```

浏览器中网页显示效果如图 9.6 所示。

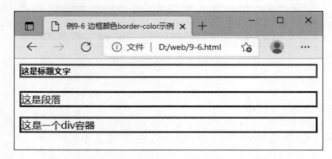

图 9.6　边框颜色示例

9.3.4　边框复合样式 border

边框复合样式 border 集合了 style(线型)、width(粗细)、color(颜色)3 种样式的样式值,没有顺序规定,用空格间隔,其基本语法格式如下。

```
{border: 线型值 粗细值 颜色值;}
{border-top: 线型值 粗细值 颜色值;}
{border-bottom: 线型值 粗细值 颜色值;}
{border-left: 线型值 粗细值 颜色值;}
{border-right: 线型值 粗细值 颜色值;}
```

【例 9-7】 边框复合样式 border 示例。示例代码(9-7.html)如下。

```
<html>
<head>
<meta http-equiv="Content-type" Content="text/HTML;charset=UTF-8">
<title>例 9-7 边框复合样式 border 示例</title>
<style>
h5{border-bottom:double blue 10px;}
p{border-left: dashed 5px;
  border-right:dashed 5px;}
div{border:dotted red 2px;}
</style>
</head>
<body>
<h5>这是标题文字</h5>
<p>这是段落</p>
<div>这是一个 div 容器</div>
</body>
</html>
```

浏览器中网页显示效果如图 9.7 所示。

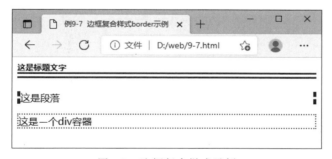

图 9.7　边框复合样式示例

9.3.5　圆角边框 border-radius

border-radius 用于设置盒子边框顶角的圆角效果。绘制一个圆角需要设置圆角的水平半径和垂直半径两个参数。如果只设置一个半径值,则水平半径和垂直半径一样,其基本语法格式如下。

```
{border-radius:1~4 对半径参数;}
{border-top-left-radius:左上角圆角水平半径 圆角垂直半径;}
{border-bottom-left-radius:左下角圆角水平半径 圆角垂直半径;}
{border-top-right-radius:右上角圆角水平半径 圆角垂直半径;}
{border-bottom-right-radius:右下角圆角水平半径 圆角垂直半径;}
```

border-radius 是复合样式,可以设 1~4 对半径值空格间隔的每个圆角水平半径/空格间隔的每个圆角垂直半径。1 对半径值表示设置 4 个圆角的统一圆角样式。可以设置 4 对值,分别对应左上顶角 top-left、右上顶角 top-right、右下顶角 bottom-right、左下顶角 bottom-left 这 4 个圆角的样式。

如果左下顶角 bottom-left 的圆角半径样式值省略,则左下顶角 bottom-left 的圆角半径样式等同于右上顶角 top-right 的圆角半径样式;如果右下顶角 bottom-right 的圆角半径样式值省略,则右下顶角 bottom-right 的圆角半径样式等同于左上顶角 top-left 的圆角半径样式;如果右上顶角 top-right 的圆角半径样式值省略,则右上顶角 top-right 的圆角半径样式等同于左上顶角 top-left 的圆角半径样式。

例如:div{border-top-right-radius:50px 50px;}设置了 div 盒子边框右上角为水平半径和垂直半径都为 50px 的圆角。

【例 9-8】 圆角边框 border-radius 示例。示例代码(9-8.html)如下。

```
<html>
<head>
<meta http-equiv="Content-type" Content="text/HTML;charset=UTF-8">
<title>例 9-8 圆角边框 border-radius 示例</title>
<style>
h5,p,div{border-style:solid;width:100px;height:100px;}
h5{border-radius:15px;}
p{border-radius:50px 30px 70px/20px 30px 20px;}
div{border-top-left-radius:70px;
border-bottom-right-radius:40px;}
</style>
</head>
<body>
<h5>这是标题文字</h5>
<p>这是段落</p>
<div>这是一个 div 容器</div>
</body>
</html>
```

浏览器中网页显示效果如图 9.8 所示。

9.3.6 图像边框样式 border-image

border-image 用于分割图像作为边框的效果。图像边框样式 border-image 包括 5 个可选子样式,其基本语法格式如下。

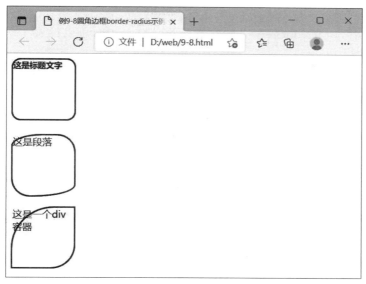

图 9.8　圆角边框示例

```
{border-image-source:url(图像 URL);}
{border-image-slice:图像切割位置;}
{border-image-width:图像边框粗细值;}
{border-image-outset:图像边框扩展值;}
{border-image-repeat:图像边框填充方式;}
{border-image:图像 URL/图像切割位置/图像边框粗细值/图像边框扩展值 图像边框填充方式;}
```

border-image 子样式及样式值见表 9.3。

表 9.3　border-image 子样式及样式值

子 样 式 名	样式值	说　　　明
border-image-source		图像边框使用的图像 URL
border-image-slice		可以设置 1～4 个值,指定在图像的上、右、下、左方向分割区域的宽度数值或百分比
border-image-width		可以设置 1～4 个值,设置边框的粗细
border-image-outset		可以设置 1～4 个值,设置图像边框向外扩展的宽度值
border-image-repeat	stretch(拉伸图像) repeat(重复图像) round(动态调整) space(调整间距)	可以设置 0～2 个值,指定在水平和垂直方向,用图像填充边框的方式

1. 边框图像分割宽度 border-image-slice

边框图像分割宽度 border-image-slice 可以设置 1～4 个值,分别指定在图像的上、右、下、左方向分割区域的宽度或百分比,得到一个九宫格,中间区域默认是透明的,除非增加关键字 fill。

2. 图像边框粗细 border-image-width

图像边框粗细 border-image-width 等同于 border-width,可以设置 1～4 个值,分别指定上、右、下、左边框的粗细。

3. 图像边框扩展宽度 border-image-outset

图像边框扩展宽度 border-image-outset 用于设置图像边框向外扩展的宽度值,可以设置 1～4 个值,分别指定上、右、下、左边框的扩展值。

4. 图像边框的平铺方式 border-image-repeat

图像边框的平铺方式 border-image-repeat 可以设置 0～2 个值,指定在水平和垂直方向,用图像填充边框的方式。若平铺方式设为 stretch,则采用拉伸图像方式填充边框;若平铺方式设为 repeat,则重复图像填充边框,超出部分截断;若平铺方式设为 round,则图片动态调整大小,以正好填充满边框;若平铺方式设为 space,则图片根据边框大小调整图片间的间距直至正好铺满边框。

5. 图像边框样式 border-image

图像边框样式 border-image 是一个复合样式,可以列举各子样式的值。

例如,div{border-image:url(images/10.jpg);border-image-slice:15;border-image-width:20;border-image-repeat:repeat;}表示用图像 10.jpg 在上、右、下、左 4 个方位上 15 像素的地方切割九宫格,中间透明,其他部分作为元素 div 的边框,边框粗细为 20 像素,采用重复平铺方式把 div 盒子的边框填充满。也可以简写为 div{border-image:url(images/10.jpg) 15/20 repeat;}

【例 9-9】 图像边框 border-image 示例。示例代码(9-9.html)如下。

```
<html>
<head>
<meta http-equiv="Content-type" Content="text/HTML;charset=UTF-8">
<title>例 9-9 图像边框 border-image 示例</title>
<style>
div{border-style:solid;
border-width:20px;}
#a{border-image:url(images/10.jpg)10;}
#b{border-image:url(images/10.jpg)10 repeat;}
#c{border-image:url(images/10.jpg)10 round;}
#d{border-image:url(images/10.jpg)10 20 5 40 stretch;}
#e{border-image:url(images/10.jpg)10 fill;}
</style>
</head>
<body>
<img src="images/11.png">
<div id="a">这是一个 div 容器 a</div><br>
<div id="b">这是一个 div 容器 b</div><br>
<div id="c">这是一个 div 容器 c</div><br>
<div id="d">这是一个 div 容器 d</div><br>
<div id="e">这是一个 div 容器 e</div><br>
</body>
</html>
```

浏览器中网页显示效果如图 9.9 所示。

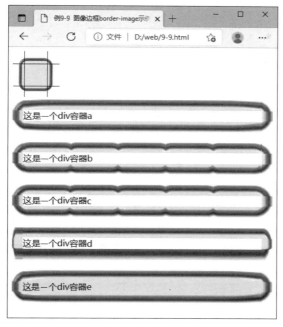

图 9.9　图像边框示例

9.4　盒子阴影样式 box-shadow

box-shadow 用于设置盒子边框内外的阴影,其基本语法格式如下。

`{box-shadow:阴影类型 阴影水平偏移 阴影垂直偏移 阴影模糊范围 阴影外延值 阴影颜色;}`

阴影类型默认是外阴影,也可以设为内阴影 inset 值。阴影水平偏移、阴影垂直偏移、阴影外延值可以为浮点数,可以取正、负值。阴影模糊范围可以为浮点数,不能为负值。未设置的参数项采用默认样式。

例如,div{box-shadow:inset 2px 2px 10px blue;}设置了 div 盒子边框的阴影样式为内阴影,阴影水平偏移 2px,阴影垂直偏移 2px,阴影模糊范围为 10px,阴影颜色为蓝色。

【例 9-10】　盒子阴影 box-shadow 示例。示例代码(9-10.html)如下。

```
<html>
<head>
<meta http-equiv="Content-type" Content="text/HTML;charset=UTF-8">
<title>例 9-10 盒子阴影 box-shadow 示例</title>
<style>
h5,p,div{border-style:solid;}
h5{border-radius:15px;box-shadow:0 0 10px 10px #06c;}
p{box-shadow:5px 5px;}
```

```
div{box-shadow:inset 2px 2px 10px blue;}
</style>
</head>
<body>
<h5>这是标题文字</h5>
<p>这是段落</p>
<div>这是一个 div 容器</div>
</body>
</html>
```

浏览器中网页显示效果如图 9.10 所示。

图 9.10　盒子阴影示例

思考和实践

1. 问答题

（1）CSS 盒模型包含哪几部分？

（2）CSS 中盒子的大小计算方式有哪几种？区别是什么？

（3）CSS 中盒子的边框可以设置哪些样式？

2. 操作题

用 HTML＋CSS 设计照片墙网页，效果如图 9.11 所示。涉及的 CSS 样式包括宽度、高度、圆角边框、阴影边框等。

图 9.11　操作题效果图

第 10 章　CSS 盒子的定位布局样式

本章学习目标

- 掌握盒子的定位布局样式及其应用；
- 掌握 CSS 多列布局样式及其应用。

本章首先介绍盒子的定位布局样式及其应用，然后介绍 CSS 多列布局样式及其应用。

10.1　CSS 定位样式

盒子定位是指确定盒子在网页上的位置。盒子定位样式包括盒子边框和内部元素之间的内边距距离、盒子与其他盒子之间的外边距距离、盒子在网页上的定位方式等。

10.1.1　盒子内边距样式 padding

padding 用于设置盒子边框和内部元素之间的距离，其基本语法格式如下。

```
{padding:长度值或者百分比;}
{padding-top:长度值或者百分比;}
{padding-bottom:长度值或者百分比;}
{padding-left:长度值或者百分比;}
{padding-right:长度值或者百分比;}
```

样式 padding 是复合样式，可以设置 1~4 个值。设 1 个样式值，表示设置盒内容与 4 条边框的距离一样；设 2 个样式值，表示分别设置盒内容与上下边框的内边距距离、盒内容与左右边框的内边距距离；设 3 个样式值，表示分别设置盒内容与上边框、盒内容与左右边框、盒内容与下边框的内边距距离；设 4 个样式值，表示分别设置盒内容与 4 条边框的内边距距离。加上方位词-top、-bottom、-left、-right 可以单独设置对应方向的内边距距离。

例如，div{padding:10px;}设置了 div 盒子内容与 4 个边框之间的内边距距离都为 10px。

【例 10-1】 内边距样式 padding 示例。示例代码(10-1.html)如下。

```
<html>
<head>
<meta http-equiv="Content-type" Content="text/HTML;charset=UTF-8">
<title>例 10-1 内边距样式 padding 示例</title>
<style>
div{width:100px;border-style:solid;}
#a{padding:10px 20px 50px;}
```

```
#b{padding-top:20px;}
</style>
</head>
<body>
<div id="a">这是第一个div容器</div>
<div id="b">这是第二个div容器</div>
</body>
</html>
```

浏览器中网页显示效果如图 10.1 所示。

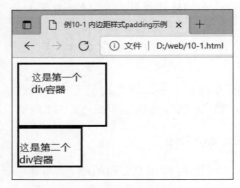

图 10.1　内边距样式 padding 示例

10.1.2　盒子外边距样式 margin

margin 用于设置盒子与其他盒子之间的外边距距离，其基本语法格式如下。

```
{margin:长度值或者百分比;}
{margin-top:长度值或者百分比;}
{margin-bottom:长度值或者百分比;}
{margin-left:长度值或者百分比;}
{margin-right:长度值或者百分比;}
```

样式 margin 是复合样式，可以设置 1~4 个值，可以为正，也可以为负。设 1 个样式值，表示设置盒子与四周其他盒子之间的外边距距离一样；设 2 个样式值，表示分别设置盒子与上下盒子的外边距距离、盒子与左右盒子的外边距距离；设 3 个样式值，表示分别设置盒子与上面的盒子、盒子与左右的盒子、盒子与下面的盒子之间的外边距距离；设 4 个样式值，表示分别设置盒子与四周其他盒子的外边距距离。加上方位词-top、-bottom、-left、-right 可以单独设置对应方向的外边距距离。

如果两个盒子垂直方向相邻，上面盒子的下边距和下面盒子的上边距都是正数，则两个盒子间的间距取数值大的；如果有正有负，则两个盒子间的间距取两数之和。若间距是负数，则下面的盒子会叠加在上面的盒子上。

如果两个盒子水平方向相邻，则两个盒子间的间距是左边盒子的右边距和右边盒子的

• 122 •

左边距之和。若间距是负数，则右边的盒子会叠加在左边的盒子上。

对于行内盒子，如<span>，只有左右外边距起作用。

例如，div{margin:10px;}设置了 div 盒子四周与其他盒子之间的外边距距离为 10px。

【例 10-2】　盒子外边距样式 margin 示例。示例代码(10-2.html)如下。

```html
<html>
<head>
<meta http-equiv="Content-type" Content="text/HTML;charset=UTF-8">
<title>例 10-2 盒子外边距样式 margin 示例</title>
<style>
div,span{width:100px;border-style:solid;}
#a{margin:10px 20px;}
#b{margin-top:20px; margin-bottom:20px;}
#c{margin-top:-30px;}
#d{margin:10px 20px;}
#e{margin:20px;}
</style>
</head>
<body>
<div id="a">这是第一个 div 容器</div>
<div id="b">这是第二个 div 容器</div>
<div id="c">这是第三个 div 容器</div>
<span id="d">行内第一个盒子</span>
<span id="e">行内第二个盒子</span>
</body>
</html>
```

浏览器中网页显示效果如图 10.2 所示。

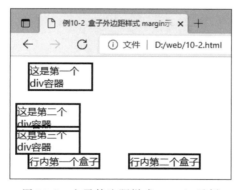

图 10.2　盒子外边距样式 margin 示例

10.1.3　盒子位置定位样式 position

position 用于设置元素在网页中出现的位置。CSS 中对盒子的位置定位方法包括相对定位和绝对定位，还可以结合相对定位和绝对定位形成混合定位。除非专门指定，所有元素的默认位置由元素在 HTML 中的位置决定,其基本语法格式如下。

```
{position:定位样式值;}
```

position 样式的样式值见表 10.1。

表 10.1 position 样式的样式值

样 式 值	说 明	样 式 值	说 明
static	默认定位	absolute	绝对定位
relative	相对定位	fixed	固定定位

样式值设为 static,表示采用默认定位。样式值设为 relative,表示采用相对定位,由 top、left、right、bottom 样式指定元素在不同方向上,相对于元素默认定位的偏移量。样式值设为 absolute,表示采用绝对定位,由 top、left、right、bottom 样式指定在不同方向上,相对于已定位的最近的祖先元素的偏移量。样式值设为 fixed,表示采用固定定位,含义与 absolute 类似,以浏览器窗口为参考定位,当浏览器窗口出现滚动条时,不会随着滚动。

例如,div{position:absolute;top:10px;left:20px;}表示 div 盒子定位采用绝对定位方式。例如,若附近的祖先元素是浏览器,则相对于浏览器上边缘向下偏移 10 像素,相对于浏览器左边缘向右偏移 20 像素。

【例 10-3】 盒子位置定位样式 position 示例。示例代码(10-3.html)如下。

```html
<html>
<head>
<meta http-equiv="Content-type" Content="text/HTML;charset=UTF-8">
<title>例 10-3 盒子位置定位样式 position 示例</title>
<style type="text/css">
div{
    width:250px;
    height:250px;
    border:medium #00C double;
    position:absolute;
    left:100px;
    top:10px;
}
#st1{
    position:relative;
    left:50px;
    top:50px;
}
#st2{
    position:relative;
    left:10px;
    top:20px;
```

```
}
</style>
</head>
<body>
<div>
< img id="st1" src="images/1.jpg" width="140" height="120"><br>
< img id="st2" src="images/2.jpg" width="140" height="120">
</div>
</body>
</html>
```

浏览器中网页显示效果如图 10.3 所示。

图 10.3　盒子位置定位样式 position 示例

10.1.4　盒子层叠顺序样式 z-index

z-index 用于设置盒子的层叠顺序,只有当 position 样式设置为非 static 时有效,其基本语法格式如下。

```
{z-index:auto 或者层叠级别数值;}
```

样式值设为 auto,表示遵从父元素的层级;样式值设为层叠级别数值,表示指定层叠级别,该数值必须是整数,可以为负数。层叠级别大的显示在上面。

例如,div{z-index:1;}设置 div 盒子在页面的层叠级别为 1。

【例 10-4】　盒子层叠顺序样式 z-index 示例。示例代码(10-4.html)如下。

```
<html>
<head>
<meta http-equiv="Content-type" Content="text/HTML;charset=UTF-8">
<title>例 10-4 盒子层叠顺序样式 z-index 示例</title>
```

```
<style type="text/css">
#t1 {
    position:relative;
    left:150px;
    top:50px;
    z-index:1;
}
 #t2 {
    position:relative;
    left:200px;
    top:-150px;
    z-index:3;
}
#t3 {
    position:absolute;
    left:100px;
    top:20px;
    z-index:-1;
    }
</style>
</head>
<body>
  <div><img id="t1" src="images/t1.jpg" width="140" height="120"></div>
  <div><img id="t2" src="images/t2.jpg" width="140" height="120"></div>
  <div><img id="t3" src="images/t3.jpg" width="140" height="120"></div>
</body>
</html>
```

浏览器中网页显示效果如图 10.4 所示。

图 10.4　盒子层叠顺序样式 z-index 示例

10.1.5　盒子浮动样式 float

　　float 用于设置盒子的浮动样式。盒子可以向左或向右浮动,直到外边缘碰到包含它的盒子边框或另一个浮动盒子为止。设置了浮动样式的盒子,不再占用原来在文档中的位置,其后续元素自动向前填充,直到遇到浮动对象边界为止,其基本语法格式如下。

```
{float:浮动样式值;}
```

float 样式的样式值见表 10.2。

表 10.2　float 样式的样式值

样　式　值	说　　明	样　式　值	说　　明
none	不浮动,默认值	right	向右浮动
left	向左浮动		

例如,div{float:right;}设置 div 盒子向右浮动。

【例 10-5】　盒子浮动样式 float 示例。示例代码(10-5.html)如下。

```
<html>
<head>
<meta http-equiv="Content-type" Content="text/HTML;charset=UTF-8">
<title>例 10-5 盒子浮动样式 float 示例</title>
<style type="text/css">
img {
    float:left;
}
</style>
</head>
<body>
<img src="images/7.jpg" width="150" height="150">
<p>杭州,简称"杭",古称临安、钱塘,是浙江省省会、副省级市、杭州都市圈核心城市,国务院批复确定的中国浙江省省会和全省经济、文化、科教中心、长江三角洲中心城市之一。</p>
</ul>
</body>
</html>
```

浏览器中网页显示效果如图 10.5 所示。

图 10.5　盒子浮动样式 float 示例

10.1.6 清除盒子浮动样式 clear

盒子浮动可能造成元素重叠,可以用样式 clear 清除浮动样式设置,其基本语法格式如下。

{clear:清除浮动样式值;}

clear 样式的样式值见表 10.3。

表 10.3 clear 样式的样式值

样 式 值	说 明
none	不清除浮动,默认值
left	清除向左浮动
right	清除向右浮动
both	清除所有浮动

例如,div{clear:both;}设置了清除 div 盒子之前设定的浮动样式。

【例 10-6】 清除盒子浮动样式 clear 示例。示例代码(10-6.html)如下。

```html
<html>
<head>
<meta http-equiv="Content-type" Content="text/HTML;charset=UTF-8">
<title>例 10-6 清除盒子浮动样式 clear 示例</title>
<style type="text/css">
div {
    float:left;
}
.c{
    clear:left;
}
</style>
</head>
<body>
    <div><img src="images/t1.jpg" width="120" height="100"></div>
    <div><img src="images/t2.jpg" width="120" height="100"></div>
    <div class="c"><img src="images/t3.jpg" width="120" height="100"></div>
</body>
</html>
```

浏览器中网页显示效果如图 10.6 所示。

10.1.7 盒子显示样式 display

display 用于设置盒子是否显示以及如何显示,其基本语法格式如下。

图 10.6　清除盒子浮动样式 clear 示例

```
{display:显示样式值;}
```

display 样式的样式值见表 10.4。

表 10.4　display 样式的样式值

样　式　值	说　　　明
none	隐藏
inline	为内联元素,不独占一行,不能设置宽度、高度值
block	为块元素,独占一行,可以设置宽度、高度值
inline-block	为内联块元素,不独占一行,可以设置宽度、高度值
list-item	为列表项目,独占一行,可以设置宽度、高度值

【例 10-7】 盒子显示样式 display 示例。示例代码(10-7.html)如下。

```
<html>
<head>
<meta http-equiv="Content-type" Content="text/HTML;charset=UTF-8">
<title>例 10-7 盒子显示样式 display 示例</title>
<style type="text/css">
a{display:block;
   width:130px;
   height:30px;
   background-color:yellow;
   margin:10px 20px;
   border:5px solid #0f0;
}
p{display:none;}
</style>
</head>
<body>
```

```
<p>网站导航栏</p>
<a href="">首页</a><a href="">产品</a><a href="">下载</a>
</body>
</html>
```

浏览器中网页显示效果如图 10.7 所示。

图 10.7　盒子显示样式 display 示例

10.2　CSS 多列布局样式

在 CSS 中使用多列布局可以将内容分流到多个列中,实现分栏效果。多列分栏可以设置列宽和列间距,可以根据浏览器窗口大小改变列数。使用多列布局可以灵活适应内容的变化要求。多列布局一般用于除表格以外的块元素、行内块元素等排版。

10.2.1　列宽样式 column-width

列宽样式 column-width 用于定义列的宽度,其语法格式如下。

```
{column-width:auto 或者宽度值;}
```

当列宽 column-width 不设置或者设置为 auto 时,根据浏览器自动设置。列宽值可以为浮点数,不能为负数。当指定了列宽时,若内容超出列宽,则自动以多列显示。

【例 10-8】　列宽样式 column-width 示例。示例代码(10-8.html)如下。

```
<html>
<head>
<title>例 10-8 列宽样式 column-width 示例</title>
<style type="text/css">
p{column-width:100px;}
</style>
</head>
<body>
<p>杭州,简称"杭",古称临安、钱塘,是浙江省省会、副省级市、杭州都市圈核心城市,国务院批复确
定的中国浙江省省会和全省经济、文化、科教中心、长江三角洲中心城市之一。杭州地处中国华东地
```

区、钱塘江下游、东南沿海、浙江北部、京杭大运河南端，是环杭州湾大湾区核心城市、沪嘉杭 G60 科
创走廊中心城市、国际重要的电子商务中心。</p>
</body>
</html>

浏览器中网页显示效果如图 10.8 所示。

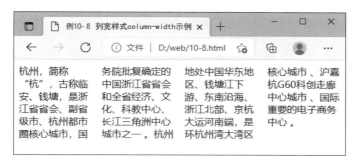

图 10.8　列宽样式 column-width 示例

10.2.2　列数样式 column-count

列数样式 column-count 用于设置元素中包含的列数，其语法格式如下。

```
{column-count:auto 或者列数值;}
```

样式 column-count 不设置或者设置为 auto 时，列数根据浏览器窗口自动调整。当设
置了指定列数时，根据指定列数显示，各列宽度平均分配。列数值必须为正整数。若元素内
容较少，则会有空白列。

【例 10-9】　列数样式 column-count 示例。示例代码(10-9.html)如下。

```
<html>
<head>
<title>例 10-9 列数样式 column-count 示例</title>
<style type="text/css">
p{column-count:3;}
</style>
</head>
<body>
<p>杭州,简称"杭",古称临安、钱塘,是浙江省省会、副省级市、杭州都市圈核心城市,国务院批复确
    定的中国浙江省省会和全省经济、文化、科教中心、长江三角洲中心城市之一。杭州地处中国华东地
    区、钱塘江下游、东南沿海、浙江北部、京杭大运河南端,是环杭州湾大湾区核心城市、沪嘉杭 G60 科
    创走廊中心城市、国际重要的电子商务中心。</p>
</body>
</html>
```

浏览器中网页显示效果如图 10.9 所示。

图 10.9　列数样式 column-count 示例

10.2.3　列间距样式 column-gap

列间距样式 column-gap 用于设置列间的间距,其语法格式如下。

```
{column-gap:normal 或者间距值;}
```

样式 column-gap 不设置或者设置为 normal 时,列间距默认为 1em。指定列间距值可以为浮点数,不能为负数。

【例 10-10】　列间距样式 column-gap 示例。示例代码(10-10.html)如下。

```
<html>
<head>
<title>例 10-10 列间距样式 column-gap 示例</title>
<style type="text/css">
p{column-count:3;
column-gap:3em;}
</style>
</head>
<body>
<p>杭州,简称"杭",古称临安、钱塘,是浙江省省会、副省级市、杭州都市圈核心城市,国务院批复确
定的中国浙江省省会和全省经济、文化、科教中心、长江三角洲中心城市之一。杭州地处中国华东地
区、钱塘江下游、东南沿海、浙江北部、京杭大运河南端,是环杭州湾大湾区核心城市、沪嘉杭 G60 科
创走廊中心城市、国际重要的电子商务中心。</p>
</body>
</html>
```

浏览器中网页显示效果如图 10.10 所示。

10.2.4　列边框样式 column-rule

列边框样式 column-rule 包括边框粗细、边框线型、边框颜色子样式。多个子样式用空格分隔。也可以单独设置子样式,其语法格式如下。

```
column-rule:边框粗细 边框线型 边框颜色;
column-rule-width:边框粗细;
```

```
column-rule-style:边框线型;
column-rule-color:边框颜色;
```

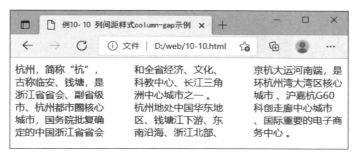

图 10.10　列间距样式 column-gap 示例

默认列边框样式为透明样式。列边框 column-rule 样式值的设置,和 CSS 的盒子边框样式值的设置方法相同。

【例 10-11】　列边框样式 column-rule 示例。示例代码(10-11.html)如下。

```
<html>
<head>
<title>例 10-11 列边框样式 column-rule 示例</title>
<style type="text/css">
p{column-count:3;
column-rule:dashed 2px gray;}
</style>
</head>
<body>
<p>杭州,简称"杭",古称临安、钱塘,是浙江省省会、副省级市、杭州都市圈核心城市,国务院批复确
定的中国浙江省省会和全省经济、文化、科教中心、长江三角洲中心城市之一。杭州地处中国华东地
区、钱塘江下游、东南沿海、浙江北部、京杭大运河南端,是环杭州湾大湾区核心城市、沪嘉杭 G60 科
创走廊中心城市、国际重要的电子商务中心。</p>
</body>
</html>
```

浏览器中网页显示效果如图 10.11 所示。

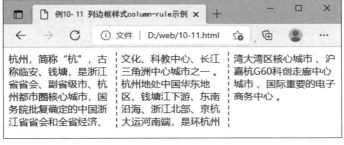

图 10.11　列边框样式 column-rule 示例

10.2.5 跨列显示样式 column-span

在多列布局中,部分内容需要跨列显示,可以设置跨列显示样式 column-span,其语法格式如下。

```
{column-span:none 或者 all;}
```

样式值 column-span 不设置或者设置为 none,表示不跨列。column-span 设置为 all,表示横跨所有列。

【例 10-12】 跨列显示样式 column-span 示例。示例代码(10-12.html)如下。

```
<html>
<head>
<title>例 10-12 跨列显示样式 column-span 示例</title>
<style type="text/css">
h3{text-align:center;
column-span:all;}
p{column-count:3;}
</style>
</head>
<body>
<h3>杭州简介</h3>
<p>杭州,简称"杭",古称临安、钱塘,是浙江省省会、副省级市、杭州都市圈核心城市,国务院批复确定的中国浙江省省会和全省经济、文化、科教中心、长江三角洲中心城市之一。杭州地处中国华东地区、钱塘江下游、东南沿海、浙江北部、京杭大运河南端,是环杭州湾大湾区核心城市、沪嘉杭 G60 科创走廊中心城市、国际重要的电子商务中心。</p>
</body>
</html>
```

浏览器中网页显示效果如图 10.12 所示。

图 10.12 跨列显示样式 column-span 示例

思考和实践

1. 问答题

（1）CSS 中盒子的位置定位有哪几种方式？

（2）CSS 中盒子间的间距如何计算？

（3）CSS 中盒子的层叠顺序值大小与盒子的上下关系是怎样的？

（4）CSS 中块元素和行内内联元素有什么区别？

2. 操作题

用 HTML＋CSS 设计网页，效果如图 10.13 所示。网页中包括 5 个 div 元素。id 名为 container 的 div 元素包含其他 4 个 div 元素，它们的 id 名分别为 banner、content、links、footer。用 CSS 修饰每个 div 元素，包括设置边框 border、宽度 width、高度 height、内边距 padding、外边距 margin、阴影 box-shadow、定位 position、浮动 float 等。

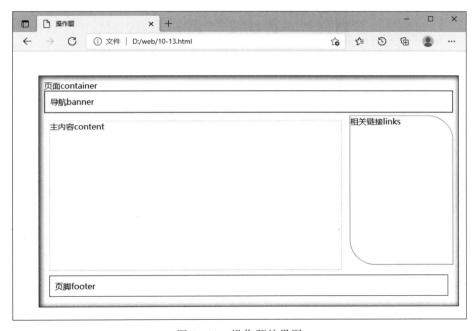

图 10.13　操作题效果图

第 11 章　CSS 盒子背景样式

本章学习目标

- 掌握 CSS 的不透明度样式；
- 掌握 CSS 的背景颜色样式；
- 掌握 CSS 的背景图片样式；
- 了解 CSS 的背景渐变样式值。

本章首先介绍 CSS 的不透明度样式、背景颜色样式，以及背景图片样式及其应用，然后介绍 CSS 3 中新增的背景渐变样式值。

11.1　不透明度样式 opacity

不透明度样式 opacity 可以设置元素的不透明度值。不透明度值为 0～1 间的值。其基本语法格式如下。

```
{opacity:不透明度值;}
```

【例 11-1】　不透明度样式 opacity 示例。示例代码（11-1.html）如下。

```
<html>
<head>
<meta http-equiv="Content-type" Content="text/HTML;charset=UTF-8">
<title>例 11-1 不透明度样式 opacity 示例</title>
<style type="text/css">
span{opacity:0.3;}
</style>
</head>
<body>
<img src="images/1.jpg" width="100" height="100">这是文字
<span>
<img src="images/1.jpg" width="100" height="100">这是文字
</span>
</body>
</html>
```

浏览器中网页显示效果如图 11.1 所示。

图 11.1   不透明度样式 opacity 示例

11.2   背景颜色样式 background-color

background-color 样式用于设置元素的背景颜色,其基本语法格式如下。

```
{background-color:颜色值;}
```

例如,p{background-color:red;}设置了 p 段落元素的背景颜色为红色。

【例 11-2】   背景颜色样式 background-color 示例。示例代码(11-2.html)如下。

```
<html>
<head>
<meta http-equiv="Content-type" Content="text/HTML;charset=UTF-8">
<title>例 11-2 背景颜色样式 background-color 示例</title>
<style type="text/css">
body{background-color:#eee;}
div{width:300px;
    height:300px;
    background-color:#ccc;border:1px solid;}
p{position:absolute;
  width:240px;
  height:140px;
  margin:20px;padding:50px 10px;
  background-color:white;border:1px solid;}
</style>
</head>
<body>
<div><p>杭州,简称"杭",古称临安、钱塘,是浙江省省会、副省级市、杭州都市圈核心城市,国务院
批复确定的中国浙江省省会和全省经济、文化、科教中心、长江三角洲中心城市之一。</p></div>
</body>
</html>
```

浏览器中网页显示效果如图 11.2 所示。

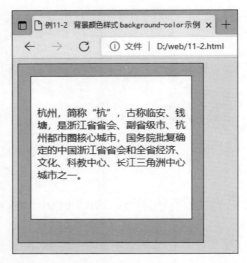

图 11.2　背景颜色样式 background-color 示例

11.3　背景图片样式

11.3.1　背景图片设置样式 background-image

background-image 样式用于设置元素的背景图片。若背景图片尺寸大于背景区域,则默认背景区域外的部分被自动裁切;若背景图片尺寸小于背景区域,则默认用图片平铺填充满背景区域,其基本语法格式如下。

```
{background-image:url(图片文件路径及文件名);}
```

例如,p{background-image:url(image/1.jpg);}设置了 p 段落元素的背景图片为 image 文件夹下的 1.jpg 图片。

【例 11-3】　背景图片设置样式 background-image 示例。示例代码(11-3.html)如下。

```
<html>
<head>
<meta http-equiv="Content-type" Content="text/HTML;charset=UTF-8">
<title>例 11-3 背景图片设置样式 background-image 示例</title>
<style type="text/css">
p,img{border:1px solid red;
      width:400px;
      height:100px;
      padding:20px;}
#a{
    background-image:url(images/12.jpg);
}
#b{
```

```
        background-image:url(images/7.jpg);
 }
img{background-image:url(images/11.jpg);}
</style>
</head>
<body>
<p  id="a">杭州,简称"杭",古称临安、钱塘,是浙江省省会、副省级市、杭州都市圈核心城市,国
务院批复确定的中国浙江省省会和全省经济、文化、科教中心、长江三角洲中心城市之一。</p>
<p id="b">杭州地处中国华东地区、钱塘江下游、东南沿海、浙江北部、京杭大运河南端,是环杭州
湾大湾区核心城市、沪嘉杭 G60 科创走廊中心城市、国际重要的电子商务中心。</p>
<img src="images/7.jpg">
</body>
</html>
```

浏览器中网页显示效果如图 11.3 所示。

图 11.3　背景图片设置样式 background-image 示例

11.3.2　背景图片重复样式 background-repeat

　　背景图片小于背景区域时,background-repeat 样式用于设置背景图片以何种方式在背
景区域平铺,其基本语法格式如下。

```
{background-repeat:背景图片重复样式值;}
```

background-repeat 样式的样式值见表 11.1。

表 11.1　background-repeat 样式的样式值

样 式 值	说 明
repeat	背景图片水平和垂直方向都重复平铺
repeat-x	背景图片在水平方向重复平铺
repeat-y	背景图片在垂直方向重复平铺
no-repeat	背景图片不重复平铺

例如，p{background-image:url(image/1.jpg);background-repeat:repeat-x;}表示 p 段落设置 image 文件夹下的 1.jpg 作为背景图片，如果 p 段落宽度大于图片宽度，则沿水平方向平铺图片。

【例 11-4】　背景图片重复样式 background-repeat 示例。示例代码(11-4.html)如下。

```
<html>
<head>
<meta http-equiv="Content-type" Content="text/HTML;charset=UTF-8">
<title>例 11-4 背景图片重复样式 background-repeat 示例</title>
<style type="text/css">
p{border:1px solid red;
  width:500px;
  height:150px;
  background-image:url(images/12.jpg);
  background-repeat:repeat-x;}
</style>
</head>
<body>
<p>杭州,简称"杭",古称临安、钱塘,是浙江省省会、副省级市、杭州都市圈核心城市,国务院批复确定的中国浙江省省会和全省经济、文化、科教中心、长江三角洲中心城市之一。</p>
</body>
</html>
```

浏览器中网页显示效果如图 11.4 所示。

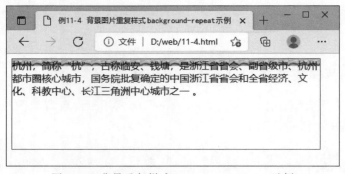

图 11.4　背景重复样式 background-repeat 示例

11.3.3　背景图片滚动样式 background-attachment

浏览页面时,如果页面内容超出窗口大小,则可以操作滚动条在窗口中滚动。background-attachment 样式用于设定背景图片是否随着页面一起滚动,其基本语法格式如下。

```
{background-attachment:背景图片滚动样式值;}
```

样式值设为 scroll 时,表示背景图片随着页面一起滚动;样式值设为 fixed 时,表示背景图片不随着页面一起滚动。

例如,p{background-image: url(image/1.jpg); background-repeat: no-repeat; background-attachment:scroll;}表示 p 段落设置 image 文件夹下的 1.jpg 作为背景图片,图片不重复平铺,只有一张背景图片,页面滚动的时候,这张背景图片也随着滚动。

【例 11-5】 背景图片滚动样式 background-attachment 示例。示例代码(11-5.html)如下。

```html
<html>
<head>
<meta http-equiv="Content-type" Content="text/HTML;charset=UTF-8">
<title>例 11-5 背景图片滚动样式 background-attachment 示例</title>
<style type="text/css">
body{
background-image:url(images/8.jpg);
background-attachment:fixed;
}
</style>
</head>
<body>
<p>杭州,简称"杭",古称临安、钱塘,是浙江省省会、副省级市、杭州都市圈核心城市,国务院批复确
定的中国浙江省省会和全省经济、文化、科教中心、长江三角洲中心城市之一。</p>
<p>杭州地处中国华东地区、钱塘江下游、东南沿海、浙江北部、京杭大运河南端,是环杭州湾大湾区
核心城市、沪嘉杭 G60 科创走廊中心城市、国际重要的电子商务中心。</p>
</body>
</html>
```

浏览器中网页显示效果如图 11.5 所示。当网页窗口比网页内容区域小时,会出现滚动条。拖动滚动条,可以看到网页中的文字滚动,而背景图片不动。

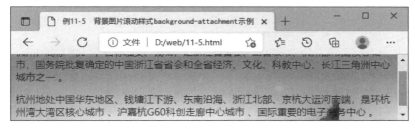

图 11.5　背景图片滚动样式 background-attachment 示例

11.3.4　背景图片位置样式 background-position

背景图片默认从盒内容区域的左上角开始出现。可以设置 background-position 样式来设定背景图片出现的位置,其基本语法格式如下。

{background-position:位置样式值;}

background-position 样式的样式值见表 11.2。

表 11.2　background-position 样式的样式值

样　式　值	说　　明
数值	可设置 1～2 个值,背景图片与盒边框水平和垂直方向的距离值
百分比	可设置 1～2 个值,背景图片位于背景区域的水平和垂直方向的百分比位置
top	背景图片顶部居中
center	背景图片居中
bottom	背景图片底部居中
left	背景图片左部居中
right	背景图片右部居中

样式值可以设为数值,表示指定背景图片与盒边框的距离值。如果距离值设置为 1 个数值,则表示与盒边框的水平和垂直方向的距离值一样;如果距离值设置为 2 个数值,则分别表示与盒边框水平和垂直方向的距离值。样式值可以设为百分比,表示背景图片位于背景区域的水平和垂直方向的百分比位置。如果样式值设置为 1 个百分比数值,则表示水平方向和垂直方向的百分比位置一样;如果样式值设置为 2 个百分比数值,则分别表示水平和垂直方向的百分比位置。采用方位词时,可以两个方位词组合定位。

例如,p｛background-image:url(image/1.jpg);background-repeat:no-repeat;background-position:center;｝表示 p 段落设置 image 文件夹下的 1.jpg 作为背景图片,图片不重复平铺,只有一张背景图片,背景图片位于 p 段落的正中。

【例 11-6】　背景图片位置样式 background-position 示例。示例代码(11-6.html)如下。

```
<html>
<head>
<meta http-equiv="Content-type" Content="text/HTML;charset=UTF-8">
<title>例 11-6 背景图片位置样式 background-position 示例</title>
<style type="text/css">
div{margin:5px;width:100px;height:100px;border:1px solid red;background-
image:url(images/10.jpg);background-repeat:no-repeat;float:left;}
#a{background-position:center;}
#b{background-position:top;}
```

```
#c{background-position:left;}
#d{background-position:right;}
#e{background-position:bottom;}
#f{background-position:80 30;}
#g{background-position:top right;}
</style>
</head>
<body>
<div>背景图片默认位置</div>
<div id="a">背景图片居中</div>
<div id="b">背景图片顶部居中</div>
<div id="c">背景图片左部居中</div>
<div id="d">背景图片右部居中</div>
<div id="e">背景图片底部居中</div>
<div id="f">背景图片坐标定位</div>
<div id="g">背景图片右上定位</div>
</body>
</html>
```

浏览器中网页显示效果如图 11.6 所示。

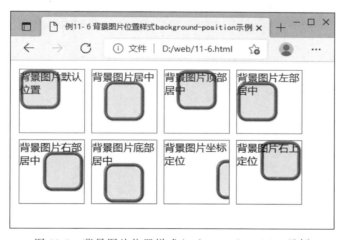

图 11.6　背景图片位置样式 background-position 示例

11.3.5　背景图片大小样式 background-size

background-size 样式用于设置背景图片的大小,其基本语法格式如下。

```
{background-size:大小样式值;}
```

background-size 样式的样式值见表 11.3。

表 11.3 background-size 样式的样式值

样　式　值	说　　　明
数值	可设 1~2 个值,背景图片的宽度和高度值
百分比	可设 1~2 个值,背景图片的宽度和高度缩放比例
cover	若背景图片小于背景区域,则放大;若背景图片大于背景区域,则裁切
contain	背景图片等比例缩放,直到可以容纳在背景区域内

样式值设为数值,表示指定背景图片的宽度和高度值。如果样式值设置为 1 个数值,则是背景图片的宽度值,高度等比例缩放;如果样式值设置为 2 个数值,则分别表示背景图片的宽度和高度值。样式值设为百分比,表示设置背景图片的宽度和高度缩放比例。如果样式值设置为 1 个百分比数值,则是背景图片的宽度缩放比例;如果样式值设置为 2 个百分比数值,则分别表示背景图片的宽度和高度缩放比例。

例如,p{background-image: url(image/1.jpg); background-repeat: no-repeat; background-size:cover;}表示 p 段落设置 image 文件夹下的 1.jpg 作为背景图片,图片不重复平铺,只有一张背景图片,若背景图片大于背景区域,则裁切;若背景图片小于背景区域,则放大覆盖。

【例 11-7】 背景图片大小样式 background-size 示例。示例代码(11-7.html)如下。

```html
<html>
<head>
<meta http-equiv="Content-type" Content="text/HTML;charset=UTF-8">
<title>例 11-7 背景图片大小样式 background-size 示例</title>
<style type="text/css">
p{border:1px solid red;
  width:500px;
  height:100px;
  background-repeat:no-repeat;}
#a{background-image:url(images/12.jpg); background-size:cover;}
#b{background-image:url(images/7.jpg); background-size:contain;}
</style>
</head>
<body>
<p id="a">杭州,简称"杭",古称临安、钱塘,是浙江省省会、副省级市、杭州都市圈核心城市,国务院批复确定的中国浙江省省会和全省经济、文化、科教中心、长江三角洲中心城市之一。</p>
<p id="b">杭州地处中国华东地区、钱塘江下游、东南沿海、浙江北部、京杭大运河南端,是环杭州湾大湾区核心城市、沪嘉杭 G60 科创走廊中心城市、国际重要的电子商务中心。</p>
</body>
</html>
```

浏览器中网页显示效果如图 11.7 所示。

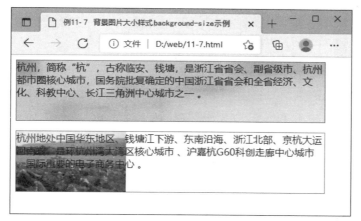

图 11.7　背景图片大小样式 background-size 示例

11.3.6　背景图片定位原点样式 background-origin

背景图片默认的定位原点是从 padding 区域开始的。background-origin 样式用于设置背景图片定位的原点,其基本语法格式如下。

```
{background-origin:背景图片定位原点样式值;}
```

background-origin 样式值见表 11.4。

表 11.4　background-origin 样式值

样　式　值	说　　　明
padding-box	从 padding 区域(含 padding)开始显示背景图像
border-box	从 border 区域(含 border)开始显示背景图像
content-box	从 content 区域开始显示背景图像

【例 11-8】　背景图片定位原点样式 background-origin 示例。示例代码(11-8.html)如下。

```
<html>
<head>
<meta http-equiv="Content-type" Content="text/HTML;charset=UTF-8">
<title>例 11-8 背景图片定位原点样式 background-origin 示例</title>
<style type="text/css">
div{margin:5px;width:80px;height:80px;border:10px dotted red;background-
image:url(images/11.jpg);background-repeat:no-repeat;float:left;
padding:20px;}
#a{background-origin:padding-box;}
#b{background-origin:border-box;}
#c{background-origin:content-box;}
```

```
</style>
</head>
<body>
<div>背景图片默认原点</div>
<div id="a">背景图片 padding 开始</div>
<div id="b">背景图片 border 开始</div>
<div id="c">背景图片 content 开始</div>
</body>
</html>
```

浏览器中网页显示效果如图 11.8 所示。

图 11.8　背景图片定位原点样式 background-origin 示例

11.3.7　背景图片裁剪样式 background-clip

背景图片尺寸比背景区域大的时候,需要对背景图片进行裁剪,默认从 border 向外裁剪。background-clip 样式用于设置背景图片的裁剪位置,其基本语法格式如下。

```
{background-clip:背景图片裁剪样式值;}
```

background-clip 样式值见表 11.5。

表 11.5　background-clip 样式值

样 式 值	说　　明
padding-box	从 padding 区域(不含 padding)开始向外裁剪背景
border-box	从 border 区域(不含 border)开始向外裁剪背景
content-box	从 content 区域开始向外裁剪背景
text	以前景内容的形状(如文字)作为裁剪区域向外裁剪(大多数浏览器不支持)

【例 11-9】　背景图片裁剪样式 background-clip 示例。示例代码(11-9.html)如下。

```
<html>
<head>
```

```
<meta http-equiv="Content-type" Content="text/HTML;charset=UTF-8">
<title>例 11-9 背景图片裁剪样式 background-clip 示例</title>
<style type="text/css">
div{margin:5px;width:80px;height:80px;border:10px dotted red;background-
image:url(images/11.jpg);background-repeat:no-repeat;float:left;
padding:20px;}
#a{background-clip:padding-box;}
#b{background-clip:border-box;}
#c{background-clip:content-box;}
</style>
</head>
<body>
<div>背景图片默认裁剪</div>
<div id="a">背景图片 padding 裁剪</div>
<div id="b">背景图片 border 裁剪</div>
<div id="c">背景图片 content 裁剪</div>
</body>
</html>
```

浏览器中网页显示效果如图 11.9 所示。

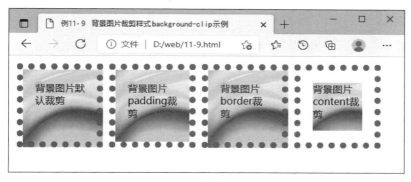

图 11.9   背景图片裁剪样式 background-clip 示例

11.4   背景复合样式 background

background 样式综合了背景颜色和背景图片子样式,其基本语法格式如下。

```
{background:background-color background-image background-repeat  background-
attachment background-position background-size;}
```

子样式的设置顺序可以自由调换,也可以进行选择性设置。没有设置的子样式,系统自
动将其设为默认值。

例如,p{background:url(image/1.jpg) no-repeat fixed center 150px/200px;}设定了 p
段落区域的背景图片为 image 文件夹下的 1.jpg,不重复平铺,固定位置,居中,宽度为

150px,高度为 200px。

【例 11-10】 背景复合样式 background 示例。示例代码(11-10.html)如下。

```html
<html>
<head>
<meta http-equiv="Content-type" Content="text/HTML;charset=UTF-8">
<title>例 11-10 背景复合样式 background 示例</title>
<style type="text/css">
p { border:1px solid red;
    width:500px;
    height:100px;
    background:url(images/7.jpg) no-repeat scroll right top;
  }
</style>
</head>
<body>
<p>杭州地处中国华东地区、钱塘江下游、东南沿海、浙江北部、京杭大运河南端,是环杭州湾大湾区核心城市、沪嘉杭 G60 科创走廊中心城市、国际重要的电子商务中心。</p>
</body>
</html>
```

浏览器中网页显示效果如图 11.10 所示。

图 11.10　背景复合样式 background 示例

11.5　背景渐变样式值

　　背景设置为单一的颜色,页面效果会显得单调;背景设置为图片,会影响网页访问速度。在 CSS 3 中,背景样式设置时新增了背景渐变样式值,可以用多个颜色的逐渐过渡丰富页面显示效果,而不影响网页访问速度。背景渐变样式值是用渐变函数实现的。渐变函数在浏览器客户端执行。

　　背景渐变样式值可用于背景图片样式 background-image 和背景复合样式 background。设置背景渐变的区域,必须具有尺寸,其语法格式如下。

```
{background-image:渐变函数;}
{background:渐变函数;}
```

11.5.1 线性渐变函数 linear-gradient

线性渐变函数 linear-gradient 可以产生多个颜色沿着指定的线性方向逐渐过渡的效果,其语法格式如下。

```
linear-gradient(渐变角度,颜色列表)
```

线性渐变函数的参数说明见表 11.6。

表 11.6 线性渐变函数的参数说明

参　　数	参数值(含义)	说　　明
渐变角度	角度值 to left(从右向左渐变) to right(从左向右渐变) to top(从下向上渐变) to bottom(从上向下渐变)	指定渐变的方向,可以组合两个方位词,如 to top left
颜色列表	颜色值［起止位置］,颜色值［起止位置］……	颜色列表用逗号分隔,至少两个颜色。每个颜色可以设置颜色值和起止位置,用空格间隔。起止位置可选,可以为数值或百分比

【例 11-11】 线性渐变函数示例。示例代码(11-11.html)如下。

```html
<html>
<head>
<title>例 11-11 线性渐变函数示例</title>
<style type="text/css">
p{width:150px;height:80px;float:left;}
#a{background:linear-gradient(to top,#000 5px,#fff);}
#b{background:linear-gradient(50deg,#000 5%,#fff,#f00);}
</style>
</head>
<body>
<p id="a">这是第一个段落</p>
<p id="b">这是第二个段落</p>
</body>
</html>
```

浏览器中网页显示效果如图 11.11 所示。

图 11.11 线性渐变函数示例

11.5.2　重复线性渐变函数 repeating-linear-gradient

重复线性渐变函数 repeating-linear-gradient 用于实现用线性渐变效果重复填充区域的效果,函数参数与线性渐变函数 linear-gradient 的参数一样。

【例 11-12】　重复线性渐变函数示例。示例代码(11-12.html)如下。

```
<html>
<head>
<title>例 11-12 重复线性渐变函数示例</title>
<style type="text/css">
p{width:150px;height:80px;float:left;}
#a{background:repeating-linear-gradient(to top,#000 5%,#fff 5%,#ccc 10%);}
#b{background:repeating-linear-gradient(50deg,#000 5%,#fff 5%,#cc6 15%,#f00
30%);}
</style>
</head>
<body>
<p id="a">这是第一个段落</p>
<p id="b">这是第二个段落</p>
</body>
</html>
```

浏览器中网页显示效果如图 11.12 所示。

图 11.12　重复线性渐变函数示例

11.5.3　径向渐变函数 radial-gradient

径向渐变函数 radial-gradient 用于创建渐变色从中心点沿着半径方向圆形渐变的效果,其语法格式如下。

```
radial-gradient(圆类型 渐变半径 at 圆心位置,颜色列表)
```

径向渐变函数的参数说明见表 11.7。

表 11.7　径向渐变函数的参数说明

参　　数	参数值（含义）	说　　　明
圆类型	circle（圆形） ellipse（椭圆形）	渐变圆的类型
渐变半径	圆形半径值 椭圆半径值	椭圆形半径值分为 x 轴和 y 轴半径。椭圆形半径值可设为长度、百分比、椭圆半径方式。椭圆半径方式包括 closest-side（圆心到最近的边）、closest-corner（圆心到最近的角）、farthest-side（圆心到最远的边）、farthest-corner（圆心到最远的角）
圆心位置	坐标值	坐标值分为水平坐标和垂直坐标。坐标值可以为长度或百分比值，也可以为方位词 top、left、right、bottom、center
颜色列表	颜色值［起止位置］，颜色值［起止位置］……	颜色列表用逗号分隔，至少两个颜色。每个颜色可以设置颜色值和起止位置，用空格间隔。起止位置可选，可以为数值或百分比

【例 11-13】　径向渐变函数示例。示例代码（11-13.html）如下。

```html
<html>
<head>
<title>例 11-13 径向渐变函数示例</title>
<style type="text/css">
p{width:200px;height:200px;float:left;}
#a{border-radius:100%;
background:radial-gradient(circle 8em at bottom,#000 ,#fff ,#ccc);}
#b{background:radial-gradient(ellipse farthest-corner at 10% 50%,#000 15%,
#fff,#cc6,#f00 );}
</style>
</head>
<body>
<p id="a">这是第一个段落</p>
<p id="b">这是第二个段落</p>
</body>
</html>
```

浏览器中网页显示效果如图 11.13 所示。

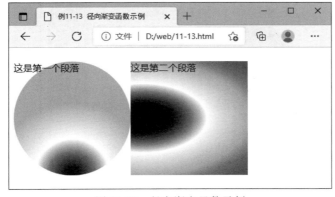

图 11.13　径向渐变函数示例

11.5.4 重复径向渐变函数 repeating-radial-gradient

重复径向渐变函数 repeating-radial-gradient 实现用径向渐变效果重复填充区域的效果,函数参数与径向渐变函数 radial-gradient 的参数一样,其语法格式如下。

```
repeating-radial-gradient(圆类型 渐变半径 at 圆心位置,颜色列表)
```

【例 11-14】 重复径向渐变函数示例。示例代码(11-14.html)如下。

```
<html>
<head>
<title>例 11-14 重复径向渐变函数示例</title>
<style type="text/css">
p{width:200px;height:200px;float:left;}
#a{border-radius:100%;
background:repeating-radial-gradient(circle 8em at bottom,#000 10%,#fff 30%,
#ccc);}
#b{
background:repeating-radial-gradient(ellipse farthest-corner at 10% 50%,#000
20%,#fff 30%,#cc6,#f00 );}
</style>
</head>
<body>
<p id="a">这是第一个段落</p>
<p id="b">这是第二个段落</p>
</body>
</html>
```

浏览器中网页显示效果如图 11.14 所示。

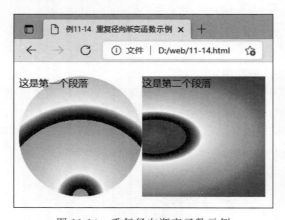

图 11.14　重复径向渐变函数示例

思考和实践

1. 问答题

（1）背景颜色样式和背景图片样式同时设置，哪个效果生效？

（2）背景图片的默认位置是从哪里开始的？用什么样式可以更改背景图片的位置？

（3）背景图片的默认定位原点在哪里？用什么样式可以更改背景图片的原点？

（4）背景图片默认裁剪范围是从哪里开始的？用什么样式可以更改背景图片的裁剪范围？

（5）背景复合样式中，各子样式的样式值顺序是如何规定的？

（6）背景渐变样式函数由什么程序执行？

2. 操作题

用 HTML＋CSS 设计网页，效果如图 11.15 所示。设置表单的背景图像和虚线边框。当鼠标在文本框和密码框中输入时，文本框和密码框的背景颜色为红色。当鼠标移动到表单元素上时，元素前的文字（"用户名"或"密码"）背景色变为黄色。网页涉及的样式有背景图像、边框样式、文本框动态伪类 focus、表格行动态伪类 hover。

图 11.15　操作题效果图

第 12 章　CSS 文本段落样式

本章学习目标

- 掌握文本的字体样式及应用；
- 掌握文本的修饰样式及应用；
- 掌握段落的排版样式及应用。

　　本章首先介绍文本的字体样式及应用，然后介绍文本的修饰样式及应用，最后介绍段落的排版样式及应用。

12.1　文 本 字 形

12.1.1　文本的字体样式 font-family

　　font-family 样式用于设置文本的字体，其基本语法格式如下。

```
{font-family:字体名称列表;}
```

　　font-family 样式中可以用字体名称列表列举多个字体，系统按排列顺序选择支持的字体应用到文本上。列表中的多个字体名称用逗号分隔。每个字体名称可以用双引号括起来，也可以不用双引号括起来。如果字体名称中有空格，则一定要用双引号括起来。如果浏览器不支持所列字体，则采用客户端计算机系统的默认字体。

　　例如，p{font-family："Times New Roman"，黑体，宋体；} 将 p 段落的文本字体优先设置为"Times New Roman"；如果浏览器不支持 Times New Roman 字体，则浏览器会依次用列表中的黑体字体；如果浏览器还不支持黑体，则浏览器会依次用宋体字体；如果所列字体浏览器都不支持，则浏览器会用客户端计算机系统里的默认字体。

　　【例 12-1】　文本的字体样式示例。示例代码(12-1.html)如下。

```
<html>
<head>
<title>例 12-1 文本的字体样式示例</title>
<style type="text/css">
#a{font-family:华文彩云;}
#b{font-family:华文行楷,黑体;}
</style>
</head>
<body>
<p id="a">这是第一个段落,字体华文彩云</p>
<p id="b">这是第二个段落,字体华文行楷</p>
```

```
</body>
</html>
```

浏览器中网页显示效果如图 12.1 所示。

图 12.1　文本的字体样式示例

12.1.2　文本的字号样式 font-size

font-size 样式用于设置文本的字号,其基本语法格式如下。

```
{font-size:字号样式值;}
```

font-size 样式的样式值见表 12.1。

表 12.1　font-size 样式的样式值

样　式　值	说　　明
xx-small	绝对尺寸,最小
x-small	绝对尺寸,较小
small	绝对尺寸,小
medium	绝对尺寸,正常,默认值
large	绝对尺寸,大
x-large	绝对尺寸,较大
xx-large	绝对尺寸,最大
larger	相对尺寸,相对父元素增大
smaller	相对尺寸,相对父元素减小
length	数值或基于父元素的百分比

例如,p{font-size:12px;}设置了 p 段落的文本字号为 12px。

【例 12-2】　文本的字号样式示例。示例代码(12-2.html)如下。

```
<html>
<head>
<title>例 12-2 文本的字号样式示例</title>
<style type="text/css">
```

```
#a{font-size:20px;}
#b{font-size:x-larger;}
#c{font-size:120%;}
</style>
</head>
<body>
<p id="a">这是第一个段落,字号为 20 像素</p>
<p id="b">这是第二个段落,字号相对较大</p>
<p id="c">这是第三个段落,字号基于父对象字号 120%</p>
</body>
</html>
```

浏览器中网页显示效果如图 12.2 所示。

图 12.2　文本的字号样式示例

12.1.3　文本的字型样式 font-style

font-style 样式用于设置文本的风格,其基本语法格式如下。

```
{font-style:normal 或者 italic 或者 oblique;}
```

样式值 normal 是默认值,正常字体;italic 是斜体;oblique 是倾斜体。倾斜体可以对没有斜体字体的特殊文本应用倾斜效果。

例如,p{font-style:italic;} 设置了 p 段落的文本字型为斜体。

【例 12-3】　文本的字型样式示例。示例代码(12-3.html)如下。

```
<html>
<head>
<title>例 12-3 文本的字型样式示例</title>
<style type="text/css">
#a{font-style:normal;}
#b{font-style:italic;}
#c{font-style:oblique;}
</style>
</head>
<body>
```

```
<p id="a">这是第一个段落,正常字体</p>
<p id="b">这是第二个段落,斜体 italic</p>
<p id="c">这是第三个段落,倾斜体 oblique</p>
</body>
</html>
```

浏览器中网页显示效果如图 12.3 所示。

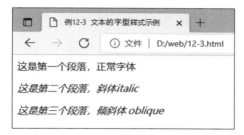

图 12.3　文本的字型样式示例

12.1.4　文本的加粗字体样式 font-weight

font-weight 样式用于设置文本加粗字体,其基本语法格式如下。

```
{font-weight:文本加粗样式值;}
```

font-weight 样式的样式值见表 12.2。

表 12.2　font-weight 样式的样式值

样 式 值	说 明
数值	粗细级别,取值集合为{100,200,300,400,500,600,700,800,900}
normal	正常,相当于 400 级别
bold	粗体,相当于 700 级别
bolder	较粗体
lighter	较细体

例如,p{font-weight:bold;}设置了 p 段落的文本为粗体。

【例 12-4】　文本的加粗字体样式示例。示例代码(12-4.html)如下。

```
<html>
<head>
<title>例 12-4 文本的加粗字体样式示例</title>
<style type="text/css">
#a{font-weight:normal;}
#b{font-weight:bold;}
#c{font-weight:900;}
```

```
</style>
</head>
<body>
<p id="a">这是第一个段落,正常字体,400 级别</p>
<p id="b">这是第二个段落,粗体 bold,700 级别</p>
<p id="c">这是第三个段落,900 级别</p>
</body>
</html>
```

浏览器中网页显示效果如图 12.4 所示。

图 12.4　文本的加粗字体样式示例

12.1.5　文本的变体样式 font-variant

font-variant 样式用于设置英文字体的变体样式,设置是否为小型大写字母,其基本语法格式如下。

```
{font-variant:normal 或者 small-caps;}
```

样式值 normal 表示设置为正常字体,样式值 small-caps 表示设置为小型大写字母。例如,p{font-variant:small-caps;}设置了 p 段落文本中的英文为小型大写字母。

【例 12-5】　文本的变体样式示例。示例代码(12-5.html)如下。

```
<html>
<head>
<title>例 12-5 文本的变体样式示例</title>
<style type="text/css">
#a{font-variant:normal;}
#b{font-variant:small-caps;}
</style>
</head>
<body>
<p id="a">Hello World!</p>
<p id="b">Hello World!</p>
</body>
</html>
```

浏览器中网页显示效果如图 12.5 所示。

图 12.5　文本的变体样式示例

12.1.6　文本的复合样式 font

可以使用复合的 font 样式一次性定义多项子样式,其基本语法格式如下。

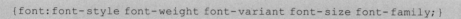

```
{font:font-style font-weight font-variant font-size font-family;}
```

多个子样式之间用空格间隔。其中 font-size 和 font-family 样式必须设置,并且要按顺序设置。其余样式值是可选项,没有顺序规定。

例如,p{font:normal bolder small-caps 20pt "Times New Roman",黑体;}设置了 p 段落文本正常字体、更粗体、英文为小型大写字母、字号为 20pt、字体顺序为“Times New Roman”和黑体。

【例 12-6】　文本的复合样式示例。示例代码(12-6.html)如下。

```
<html>
<head>
<title>例 12-6 文本的复合样式示例</title>
<style type="text/css">
p{font:italic bolder 15pt "幼圆";}
</style>
</head>
<body>
<p>这是一个段落</p>
</body>
</html>
```

浏览器中网页显示效果如图 12.6 所示。

图 12.6　文本的复合样式示例

12.2 文本修饰

12.2.1 文本颜色样式 color

color 样式用于设置文本颜色，其基本语法格式如下。

> {color:颜色值或者 transparent;}

颜色值可以用颜色的英文名称、＃十六进制颜色值、RGB 颜色、RGBA 颜色、HSL 颜色、HSLA 颜色表示。样式值 transparent 设置为透明。

例如，p{color:＃ff0000;}设置了 p 段落文本的颜色为红色。

【例 12-7】 文本颜色样式示例。示例代码(12-7.html)如下。

```html
<html>
<head>
<title>例 12-7 文本颜色样式示例</title>
<style type="text/css">
#a{color:red;}
#b{color:#f00;}
#c{color:rgb(255,0,0);}
#d{color:hsl(10,90%,50%);}
#e{color:rgba(255,0,0,1);}
#f{color:hsla(10,90%,50%,1);}
#g{color:transparent;}
</style>
</head>
<body>
<p id="a">这是第一个段落,颜色 red</p>
<p id="b">这是第二个段落,颜色 color:#f00</p>
<p id="c">这是第三个段落,颜色 color:rgb(255,0,0)</p>
<p id="d">这是第四个段落,颜色 color:hsl(10,90%,50%)</p>
<p id="e">这是第五个段落,颜色 color:rgba(255,0,0,1)</p>
<p id="f">这是第六个段落,颜色 color:hsla(10,90%,50%,1)</p>
<p id="g">这是第七个段落,颜色 color:transparent;</p>
</body>
</html>
```

浏览器中网页显示效果如图 12.7 所示。第 7 个段落为透明,网页上不显示,只有鼠标选中的时候才会在蓝色背景上显示出来。

12.2.2 文本修饰线样式 text-decoration

text-decoration 样式用于设置文本修饰线,其基本语法格式如下。

> {text-decoration:文本修饰线样式值;}

图 12.7　文本颜色样式示例

text-decoration 样式的样式值见表 12.3。

表 12.3　text-decoration 样式的样式值

样　式　值	说　　　明
none	无修饰线样式,默认值
underline	下画线
overline	上画线
line-through	删除线
blink	闪烁效果(部分浏览器支持)

例如,p{text-decoration:underline;}设置了 p 段落文本加下画线。

【例 12-8】　文本修饰线样式示例。示例代码(12-8.html)如下。

```html
<html>
<head>
<title>例 12-8 文本修饰线样式示例</title>
<style type="text/css">
#a{text-decoration:overline;}
#b{text-decoration:line-through;}
#c{text-decoration:underline;}
a{text-decoration:none;}
</style>
</head>
<body>
<p id="a">段落加上画线</p>
<p id="b">段落加删除线</p>
<p id="c">段落加下画线</p>
<a href="#">超链接去掉下画线</a>
```

```
</body>
</html>
```

浏览器中网页显示效果如图 12.8 所示。

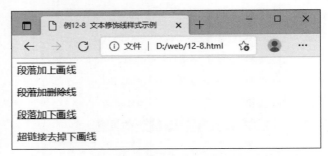

图 12.8　文本修饰线样式示例

12.2.3　文本阴影样式 text-shadow

text-shadow 样式用于设置文本阴影效果,其基本语法格式如下。

```
{text-shadow:阴影水平位移值 阴影垂直位移值 阴影模糊半径 阴影颜色值;}
```

text-shadow 样式值设为 none 或者不设置,文字无阴影效果。如果要设置阴影,则需要
设置阴影水平位移值和阴影垂直位移值,可以取正、负值。阴影模糊半径和阴影颜色值是可
选项。对于同一个对象,可以同时设置多个阴影效果,用逗号分隔多个阴影的参数即可。

例如,p{text-shadow: 0.1em 2px 6px blue;}设置了 p 段落文本的阴影水平位移为
0.1em,阴影垂直位移值为 2px、阴影模糊半径为 6px,阴影颜色为蓝色。

【例 12-9】　文本阴影样式示例。示例代码(12-9.html)如下。

```
<html>
<head>
<title>例 12-9 文本阴影样式示例</title>
<style type="text/css">
p{text-shadow:6px 10px 2px #888;}
h3{text-shadow:6px 10px 4px #333,-2px -10px 2px #f00;}
</style>
</head>
<body>
<p>段落文字加 1 个阴影</p>
<h3>标题文字加 2 个阴影</h3>
</body>
</html>
```

浏览器中网页显示效果如图 12.9 所示。

图 12.9　文本阴影样式示例

12.2.4　文本大小写转换样式 text-transform

text-transform 样式用于设置文本大小写转换,其基本语法格式如下。

{text-transform:文本大小写转换样式值;}

text-transform 样式的样式值见表 12.4。

表 12.4　text-transform 样式的样式值

样　式　值	说　　明
none	不转换
capitalize	第一个字母转换为大写
uppercase	转换为大写
lowercase	转换为小写

例如,p{text-transform:lowercase;}表示 p 段落的英文转换为小写显示。

【例 12-10】　文本大小写转换样式示例。示例代码(12-10.html)如下。

```
<html>
<head>
<title>例 12-10 文本大小写转换样式示例</title>
<style type="text/css">
#a{text-transform:capitalize;}
#b{text-transform:uppercase;}
#c{text-transform:lowercase;}
</style>
</head>
<body>
<p>Hello world</p>
<p id="a">Hello world</p>
<p id="b">Hello world</p>
<p id="c">Hello world</p>
</body>
</html>
```

浏览器中网页显示效果如图 12.10 所示。

图 12.10　文本大小写转换样式示例

12.3　文　本　排　版

12.3.1　文本单词间隔样式 word-spacing

word-spacing 样式用于设置文本用空格间隔的单词之间的间隔距离,其基本语法格式如下。

```
{word-spacing:none 或者长度值,或者百分比;}
```

样式值设置为 none,表示采用默认间隔;设置为长度值或者百分比,可以为正、负值。样式值为负值时,单词间会有重叠。

例如,p{word-spacing:15px;}设置了 p 段落中词的间隔距离为 15px。

【例 12-11】　文本单词间隔样式示例。示例代码(12-11.html)如下。

```
<html>
<head>
<title>例 12-11 文本单词间隔样式示例</title>
<style type="text/css">
#a{word-spacing:none;}
#b{word-spacing:15px;}
#c{word-spacing:-15px;}
</style>
</head>
<body>
<p id="a">Welcome to Hangzhou 欢迎 来 杭州</p>
<p id="b">Welcome to Hangzhou 欢迎 来 杭州</p>
<p id="c">Welcome to Hangzhou 欢迎 来 杭州</p>
</body>
</html>
```

浏览器中网页显示效果如图 12.11 所示。

图 12.11　文本单词间隔样式示例

12.3.2　文本字符间隔样式 letter-spacing

letter-spacing 样式用于设置字符之间的间隔,其基本语法格式如下。

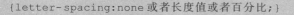

```
{letter-spacing:none 或者长度值或者百分比;}
```

样式值若设置为 none,则表示采用默认间隔;若设置为长度值或者百分比,则可以为正、负值。若为负值,字符间会有重叠。

例如,p{letter-spacing:15px;}设置了 p 段落中字符间隔为 15px。

【例 12-12】　文本字符间隔样式示例。示例代码(12-12.html)如下。

```html
<html>
<head>
<title>例 12- 12 文本字符间隔样式示例</title>
<style type="text/css">
#a{letter-spacing:none;}
#b{letter-spacing:5px;}
#c{letter-spacing:-5px;}
</style>
</head>
<body>
<p id="a">Welcome to Hangzhou 欢迎 来 杭州</p>
<p id="b">Welcome to Hangzhou 欢迎 来 杭州</p>
<p id="c">Welcome to Hangzhou 欢迎 来 杭州</p>
</body>
</html>
```

浏览器中网页显示效果如图 12.12 所示。

12.3.3　文本水平对齐方式样式 text-align

text-align 样式用于设置段落文本的水平对齐方式,其基本语法格式如下。

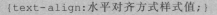

```
{text-align:水平对齐方式样式值;}
```

text-align 样式的样式值见表 12.5。

图 12.12　文本字符间隔样式示例

表 12.5　text-align 样式的样式值

样　式　值	说　　明
left	向行的左边缘对齐
right	向行的右边缘对齐
center	行内居中对齐
justify	行内两端对齐

　　文本内容默认为行内左对齐方式。行内两端对齐方式 justify 对只有一行的文本和段落的最后一行文本不起作用。

　　例如,h1{text-align:center;}设置了 h1 标题文字在一行内居中。

【例 12-13】　文本水平对齐方式样式示例。示例代码(12-13.html)如下。

```
<html>
<head>
<title>例 12-13 文本水平对齐方式样式示例</title>
<style type="text/css">
h3{text-align:center;}
#a{text-align:left;}
#b{text-align:justify;}
#c{text-align:right;}
</style>
</head>
<body>
<h3>text-align</h3>
<p id="a">The text-align CSS property sets the horizontal alignment of the
content inside a block element or table-cell box. This means it works like
vertical-align but in the horizontal direction.</p>
<p id="b">The text-align CSS property sets the horizontal alignment of the
content inside a block element or table-cell box. This means it works like
vertical-align but in the horizontal direction.</p>
<p id="c">The text-align CSS property sets the horizontal alignment of the
content inside a block element or table-cell box. This means it works like
vertical-align but in the horizontal direction.</p>
</body>
</html>
```

浏览器中网页显示效果如图 12.13 所示。

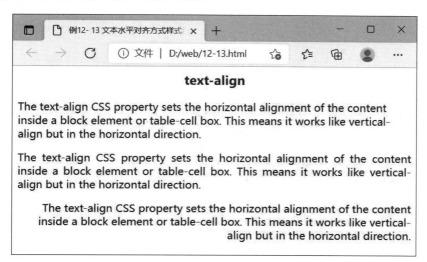

图 12.13　文本水平对齐方式样式示例

12.3.4　文本垂直对齐方式样式 vertical-align

vertical-align 样式用于设置行内元素对于行基线的垂直对齐方式,其基本语法格式如下。

```
{vertical-align:垂直对齐方式样式值;}
```

vertical-align 样式的样式值见表 12.6。

表 12.6　vertical-align 样式的样式值

样　式　值	说　　　明
baseline	默认元素在父元素的基线上
sub	垂直对齐文本的下标
super	垂直对齐文本的上标
top	元素顶端与行中最高元素的顶端对齐
text-top	元素顶端与父元素文字的顶端对齐
middle	元素在父元素的中部
bottom	元素底端与行中最低元素的底端对齐
text-bottom	元素底端与父元素文字的底端对齐
数值	元素由基线算起的偏移量,可以为负数
百分比	元素由基线算起的偏移百分比,可以为负数

例如,img{vertical-align:middle;}设置了图像以父元素的中线对齐。

【例 12-14】 文本垂直对齐方式样式示例。示例代码(12-14.html)如下。

```
<html>
<head>
<title>例 12-14 文本垂直对齐方式样式示例</title>
<style type="text/css">
img{width:50px;height:50px;}
span{font-size:5px;}
#p1{vertical-align:baseline;}
#p2{vertical-align:sub;}
#p3{vertical-align:super;}
#p4{vertical-align:top;}
#p5{vertical-align:text-top;}
#p6{vertical-align:middle;}
#p7{vertical-align:bottom;}
#p8{vertical-align:text-bottom;}
#p9{vertical-align:10px;}
#p10{vertical-align:150%;}
</style>
</head>
<body>
<p>对比文字 1<span id="p1">基线对齐</span></p>
<p>对比文字 2<span id="p2">下标对齐</span></p>
<p>对比文字 3<span id="p3">上标对齐</span></p>
<p>对比文字 4<span id="p4">最高元素的顶端对齐</span><img src="images/11.jpg">
</p>
<p>对比文字 5<span id="p5">文字的顶端对齐</span><img src="images/11.jpg" ></p>
<p>对比文字 6<span id="p6">中部对齐</span><img src="images/11.jpg"></p>
<p>对比文字 7<span id="p7">最低元素的底端对齐</span><img src="images/11.jpg">
</p>
<p>对比文字 8<span id="p8">文字的底端对齐</span><img src="images/11.jpg"></p>
<p>对比文字 9<span id="p9">根据偏移值对齐</span></p>
<p>对比文字 10<span id="p10">根据百分比对齐</span></p>
</body>
</html>
```

浏览器中网页显示效果如图 12.14 所示。

12.3.5 文本的首行缩进样式 text-indent

text-indent 样式用于设置段落文本的首行缩进的效果,其基本语法格式如下。

```
{text-indent:段落文本首行缩进样式值;}
```

段落文本首行缩进样式值可以是数值或百分比,设定首行以给定的长度或百分比缩进,可以为负值。

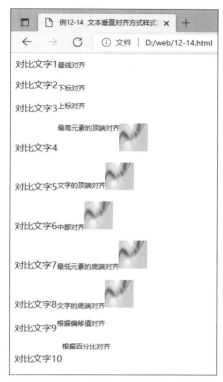

图 12.14　文本垂直对齐方式样式示例

例如,p{text-indent:10mm;}表示段落首行缩进 10mm。

【例 12-15】　文本的首行缩进样式示例。示例代码(12-15.html)如下。

```
<html>
<head>
<title>例 12-15 文本的首行缩进样式示例</title>
<style type="text/css">
#a{text-indent:10mm;}
#b{text-indent:50%;}
</style>
</head>
<body>
<p id="a">杭州,简称"杭",古称临安、钱塘,是浙江省省会、副省级市、杭州都市圈核心城市,国务
院批复确定的中国浙江省省会和全省经济、文化、科教中心、长江三角洲中心城市之一。</p>
<p id="b">杭州地处中国华东地区、钱塘江下游、东南沿海、浙江北部、京杭大运河南端,是环杭州
湾大湾区核心城市、沪嘉杭 G60 科创走廊中心城市、国际重要的电子商务中心。</p>
</body>
</html>
```

浏览器中网页显示效果如图 12.15 所示。

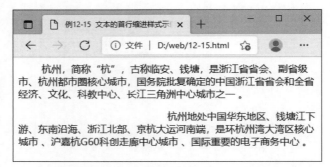

图 12.15　文本的首行缩进样式示例

12.3.6　文本行高样式 line-height

line-height 样式用于设置文本的行高,其基本语法格式如下。

```
{line-height:文本的行高值;}
```

样式值可以设为 normal(正常),也可以设为数值或百分比,可以为负值。百分比是基于字体高度的百分比。

例如,p{line-height:50px;}表示段落中的行高为 50px。

【例 12-16】　文本行高样式示例。示例代码(12-16.html)如下。

```html
<html>
<head>
<title>例 12- 16 文本行高样式示例</title>
<style type="text/css">
#a{line-height:30px;}
#b{line-height:80%;}
</style>
</head>
<body>
<p id="a">杭州,简称"杭",古称临安、钱塘,是浙江省省会、副省级市、杭州都市圈核心城市,国务
院批复确定的中国浙江省省会和全省经济、文化、科教中心、长江三角洲中心城市之一。</p>
<p id="b">杭州地处中国华东地区、钱塘江下游、东南沿海、浙江北部、京杭大运河南端,是环杭州
湾大湾区核心城市、沪嘉杭 G60 科创走廊中心城市、国际重要的电子商务中心。</p>
</body>
</html>
```

浏览器中网页显示效果如图 12.16 所示。

12.3.7　文本控制换行样式 word-wrap

word-wrap 样式用于设置文本控制换行。在一个指定区域内显示一行文本时,如果文本在一行内显示不完,默认会自动换行。对于英文文本,默认按单词换行。设置 word-wrap

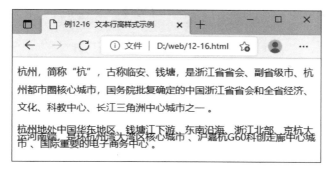

图 12.16　文本行高样式示例

样式可以在单词内部换行,其基本语法格式如下。

```
{word-wrap:normal 或者 break-word;}
```

样式值 normal 为默认换行,break-word 为单词内部换行。

例如,div{word-wrap:break-word;}设置了 div 盒子内的文本在单词内部换行显示。

【例 12-17】　文本控制换行样式示例。示例代码(12-17.html)如下。

```
<html>
<head>
<title>例 12-17 文本控制换行样式示例</title>
<style type="text/css">
p{width:50px;height:80px;border:1px solid;}
#a{word-wrap:normal;}
#b{word-wrap:break-word;}
</style>
</head>
<body>
<p id="a">welcome to Hangzhou</p>
<p id="b">welcome to Hangzhou</p>
</body>
</html>
```

浏览器中网页显示效果如图 12.17 所示。

12.3.8　文本空白换行处理样式 white-space

文本空白换行处理样式 white-space 用于设置文本内的空白和换行符处理方法,其基本语法格式如下。

```
{white-space:空白换行处理样式值;}
```

white-space 样式的样式值见表 12.7。

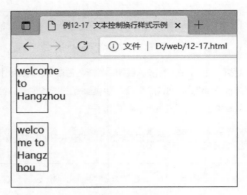

图 12.17　文本控制换行样式示例

表 12.7　white-space 样式的样式值

样　式　值	说　　　明
normal	默认值,忽略多余空格,超出边界自动换行
pre	保留空格和换行符,超出边界不自动换行
nowrap	忽略多余空格,超出边界不自动换行
pre-wrap	保留空格和换行符,超出边界自动换行
pre-line	忽略多余空格,保留换行符,超出边界自动换行

【例 12-18】　文本空白换行处理样式示例。示例代码(12-18.html)如下。

```
<html>
<head>
<title>例 12-18 文本空白换行处理样式示例</title>
<style type="text/css">
p{width:50px;height:80px;border:1px solid;}
#a{white-space:nowrap;}
#b{white-space:pre-wrap;}
</style>
</head>
<body>
<p id="a">    Welcome to

Hangzhou</p>
<p id="b">    Welcome to

Hangzhou</p>
</body>
</html>
```

浏览器中网页显示效果如图 12.18 所示。

图 12.18 文本空白换行处理样式示例

12.3.9 文本溢出样式 text-overflow

文本超出设置区域的边界时,默认自动换行,超出边界部分可见。可以用 white-space:
nowrap 设置不换行,再用 overflow 样式设置超出边界部分隐藏。隐藏的文本效果可以用
样式 text-overflow 定义,其基本语法格式如下。

```
{white-space:nowrap;
overflow:hidden;
text-overflow:clip 或者 ellipsis;}
```

若 text-overflow 样式值设为 clip,则溢出的文本简单裁切。若 text-overflow 样式值设
为 ellipsis,则溢出的文本显示为省略号。

【例 12-19】 文本溢出样式示例。示例代码(12-19.html)如下。

```
<html>
<head>
<title>例 12-19 文本溢出样式示例</title>
<style type="text/css">
p{width:50px;height:80px;border:1px solid;}
#a{white-space:nowrap;overflow:hidden;text-overflow:clip;}
#b{white-space:nowrap;overflow:hidden;text-overflow:ellipsis;}
</style>
</head>
<body>
<p id="a">Welcome to Hangzhou</p>
<p id="b">Welcome to Hangzhou</p>
</body>
</html>
```

浏览器中网页显示效果如图 12.19 所示。

图 12.19 文本溢出样式示例

12.3.10 文本流方向样式 direction

direction 样式用于设定文本流的方向,其基本语法格式如下。

```
{direction:ltr 或者 rtl;}
```

文本流方向样式设为 ltr,表示文本流从左到右;文本流方向样式设为 rtl,表示文本流从右到左。

例如,p{direction:rtl;}表示段落 p 的文本流从右到左。

【例 12-20】 文本流方向样式示例。示例代码(12-20.html)如下。

```
<html>
<head>
<title>例 12-20 文本流方向样式示例</title>
<style type="text/css">
#a{direction:ltr;}
#b{direction:rtl;}
</style>
</head>
<body>
<p id="a">Welcome to Hangzhou</p>
<p id="b">Welcome to Hangzhou</p>
</body>
</html>
```

浏览器中网页显示效果如图 12.20 所示。

12.3.11 文本排列样式 unicode-bidi

unicode-bidi 样式用于设置文本排列效果,其基本语法格式如下。

```
{unicode-bidi:normal 或者 bidi-override 或者 embed;}
```

图 12.20　文本流方向样式示例

unicode-bidi 样式需要结合 direction 样式使用。段落文本排列 unicode-bidi 样式值设为 normal 是默认值,表示正常显示;设为 bidi-override 表示按照 direction 样式严格重新排序;设为 embed 表示按照 direction 样式在指定嵌入级别重新排序。

例如,p{unicode-bidi:normal;}表示段落 p 的文本排列采用默认正常排序方式。

【例 12-21】　文本排列样式示例。示例代码(12-21.html)如下。

```
<html>
<head>
<title>例 12-21 文本排列样式示例</title>
<style type="text/css">
#a{direction:rtl;unicode-bidi:normal;}
#b{direction:rtl;unicode-bidi:bidi-override;}
</style>
</head>
<body>
<p id="a">Welcome to Hangzhou</p>
<p id="b">Welcome to Hangzhou</p>
</body>
</html>
```

浏览器中网页显示效果如图 12.21 所示。

图 12.21　文本排列样式示例

12.3.12　文本书写模式样式 writing-mode

文本书写模式样式 writing-mode 用于定义文本的书写方向,其基本语法格式如下。

```
{writing-mode:文本书写模式样式值;}
```

writing-mode 样式的样式值见表 12.8。

表 12.8 writing-mode 样式的样式值

样 式 值	说 明
horizontal-tb	水平书写,从左向右,从上到下
vertical-rl	垂直书写,从上到下,从右向左
vertical-lr	垂直书写,从上到下,从左向右

【例 12-22】 文本书写模式样式示例。示例代码(12-22.html)如下。

```
<html>
<head>
<title>例 12-22 文本书写模式样式示例</title>
<style type="text/css">
h3{width: 30px; height: 300px; border: 1px solid; float: left; text-align: center;
writing-mode:vertical-rl;}
p{width:150px;height:300px;border:1px solid;float:left;}
#a{writing-mode:vertical-rl;}
#b{writing-mode:vertical-lr;}
</style>
</head>
<body>
<p id="a">杭州,简称"杭",古称临安、钱塘,是浙江省省会、副省级市、杭州都市圈核心城市,国务
院批复确定的中国浙江省省会和全省经济、文化、科教中心、长江三角洲中心城市之一。</p>
<h3>杭州简介</h3>
<p id="b">杭州地处中国华东地区、钱塘江下游、东南沿海、浙江北部、京杭大运河南端,是环杭州
湾大湾区核心城市、沪嘉杭 G60 科创走廊中心城市、国际重要的电子商务中心。</p>
</body>
</html>
```

浏览器中网页显示效果如图 12.22 所示。

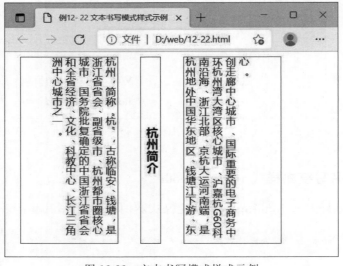

图 12.22 文本书写模式样式示例

思考和实践

1. 问答题

（1）如何设置文本字体样式？如果设置的文本字体样式字体系统中没有,浏览器怎么处理？

（2）文本复合样式 font 中的子样式设置有顺序规定吗？是如何规定的？

（3）文本加粗样式的样式值可以为任意整数吗？

（4）如何去掉超链接自带的下画线？

（5）如何隐藏文本溢出规定区域的部分？

（6）同一个文本,可以设置多个阴影吗？如何设置？

（7）若想保留文本中的多个空格和换行符,有哪几种方式可以实现？

2. 操作题

用 HTML＋CSS 设计网页,效果如图 12.23 所示。网页涉及的样式有背景色、边框颜色、边框圆角、盒子阴影、文字字体、文字颜色、文字字号、文字对齐、盒子定位、盒子边距、盒子填充、盒子宽度、盒子高度。

图 12.23 操作题效果图

第13章 CSS 其他元素样式

本章学习目标

- 掌握图片样式和图文混排方法；
- 掌握表格的样式；
- 掌握超链接的样式；
- 了解鼠标的样式；
- 掌握列表的样式。

本章先介绍图片样式及图文混排方法，然后介绍表格的样式及应用、超链接和鼠标的样式及应用，最后介绍列表的样式及应用。

13.1 图 片 样 式

13.1.1 图片最大宽度样式 max-width

max-width 样式用于设置图片的最大宽度。如果图片尺寸超过设置的大小，则以 max-width 样式设置的宽度显示，图片高度按比例缩放。如果图片尺寸没有超过设置的大小，则以图片原尺寸显示，其基本语法格式如下。

```
{max-width: 最大宽度值;}
```

例如，img{max-width:300px;}设置了 img 标记中的图片最大宽度为 300px。

13.1.2 图片最大高度样式 max-height

max-height 样式用于设置图片的最大高度。如果图片尺寸超过设置的大小，则以 max-height 样式设置的高度显示，图片宽度按比例缩放。如果图片尺寸没有超过设置的大小，则以图片原尺寸显示，其基本语法格式如下。

```
{max-height:最大高度值;}
```

例如，img{max-height:500px;}设置了 img 标记中的图片最大高度为 500px。

【例 13-1】 图片最大宽度示例。示例代码(13-1.html)如下。

```
<html>
<head>
<meta http-equiv="Content-type" Content="text/HTML;charset=UTF-8">
<title>例 13-1 图片最大宽度示例</title>
<style type="text/css">
```

```
img{max-width:200px;
}
</style>
</head>
<body>
<img src="images/1.jpg">
<img src="images/10.jpg">
</body>
</html>
```

浏览器中网页显示效果如图 13.1 所示。

图 13.1　图片最大宽度示例

13.1.3　图文混排

网页上的图片和文字混合排版,可以让图片和文字相得益彰,很好地展示网页效果。图文混排主要是使用浮动样式 float 实现图片和文字的环绕效果,通过内边距 padding 和外边距 margin 设置图片和文字的间隔。另外,结合图片边框和文本样式,可以实现更丰富的效果。

【**例 13-2**】　图文混排示例。示例代码(13-2.html)如下。

```
<html>
<head>
<meta http-equiv="Content-type" Content="text/HTML;charset=UTF-8">
<title>例 13-2 图文混排示例</title>
<style type="text/css">
h2{font-family:黑体;font-size:30px;
    text-align:center;text-shadow:0.1em 2px 2px gray; }
#a{width:750px;
    height:450px;
    border:thick double green;
    border-radius:15px 15px;
    margin:10px;
    background-color:#eee;
```

```
}
.b{width:300px;
    height:300px;
    border:thin inset green;
    border-radius:30px 30px;
    background-color:#ff0;
    float:left; margin:30px;}
p{text-indent:0px;}
p::first-letter{font:normal bolder 36pt 黑体;padding-right:5px;
                border:1px solid red;
                color:red;}
img{width:100px;
    height:150px;
    border:2px dotted blue;
    margin:10px;
    padding:10px 20px;
    background-color:#fff;
}
#img1{float:left;}
#img2{float:right;}
</style>
</head>
<body>
<div id="a">
<h2>杭州景点介绍</h2>
<div class="b">
<img src="images/7.jpg" id="img1">
<p>曲院风荷位于西湖西侧,岳飞庙前面。南宋时,此地有一座官家酿酒的作坊,取金沙涧的溪水造
曲酒,闻名国内。附近的池塘种有菱荷,每当夏日风起,酒香荷香沁人心脾,故称"曲院风荷"。其总
占地面积 12.65 万平方米,总建筑面积 268 000 万平方米。</p>
</div>
<div class="b">
<img src="images/9.jpg" id="img2">
<p>六和塔位于西湖之南,在钱塘江畔月轮峰上。北宋开宝三年(公元 970 年),当时杭州为吴越国
国都,吴越王为镇住钱塘江潮水,派僧人智元禅师建造了六和塔,现在的六和塔塔身重建于南宋。
</p>
</div>
</div>
</body>
</html>
```

浏览器中网页显示效果如图 13.2 所示。

图 13.2 图文混排示例

13.2 表格样式

在传统网页设计中,表格不仅用于清晰地排列数据,还用于网页排版。但是 CSS 出现后,采用盒模型布局进行网页排版更加方便,所以不推荐用表格。传统的表格样式效果,采用标记属性进行设置。CSS 出现后,将表格作为盒模型,利用盒模型进行样式设置更方便,显示效果更丰富。

在 CSS 3 中,表格元素特有的样式是单元格间的边框样式 border-collapse,用于设定单元格的边框样式,其基本语法格式如下。

```
{border-collapse:separate 或者 collapse;}
```

样式值设为 separate,表示单元格间的边框独立,每个单元格有自己的边框;样式值设为 collapse,表示单元格的边框合并为单一的边框。

【例 13-3】 表格样式示例。示例代码(13-3.html)如下。

```
<html>
<head>
<meta http-equiv="Content-type" Content="text/HTML;charset=UTF-8">
<title>例 13-3 表格样式示例</title>
<style type="text/css">
body{margin:10px 30%;}
table{border:2px solid black;
    width:300px;
    text-align:center;
    border-collapse:collapse;
```

```
}
th,td{border:1px solid black;}
.t{background-color:orange;
   font-weight:bolder;}
tr:nth-child(even){background:#eef;}
#b1{font-family:"幼圆";
   font-size:20px;
   padding:20px;
}
</style>
</head>
<body>
<table>
<caption id="b1">年度排行榜</caption>
<tr class="t"><th>姓名</th><th>排名</th><th>总分</th></tr>
<tr><td>张三</td><td>1</td><td>500</td></tr>
<tr><td>李四</td><td>2</td><td>400</td></tr>
<tr><td>王五</td><td>3</td><td>350</td></tr>
<tr><td>赵六</td><td>4</td><td>300</td></tr>
<tr><td>孙七</td><td>5</td><td>200</td></tr>
<tr class="t"><td colspan=2>总计</td><td>1750</td></tr>
</table>
</body>
</html>
```

浏览器中网页显示效果如图 13.3 所示。

图 13.3 表格样式示例

13.3 超链接和鼠标样式

网页中的文本超链接,默认的样式是带下画线的蓝色文字,鼠标移至超链接上时变成手型,单击超链接后变成暗红色文字;图片超链接默认样式是图片带粗边框,鼠标移至图片超链接上时变成手型。可以通过 CSS 设置超链接的样式。在 CSS 样式规则中,通过伪类选择符匹配<a>标记的不同状态,再设置文字、图片的样式。

例如,a:hover{color:red;background-color:yellow;},表示当鼠标移至超链接元素上时,文本颜色变成红色,背景颜色变成黄色。

在网页上进行超链接操作或执行窗口操作时,鼠标样式会发生变化。可以通过设置鼠标样式 cursor,设计网页中鼠标显示的效果。

cursor 样式用于设置鼠标箭头样式,其基本语法格式如下。

```
{cursor:鼠标箭头样式值;}
```

鼠标箭头样式值见表 13.1。

表 13.1　鼠标箭头样式值

样　式　值	说　　明
auto	自动,按照默认状态进行改变
crosshair	精确定位十字
default	默认鼠标指针
hand	手型
move	移动
help	帮助
wait	等待
text	文本
n-resize	箭头上下双向
s-resize	箭头上下双向
w-resize	箭头左右双向
e-resize	箭头左右双向
ne-resize	箭头右上双向
se-resize	箭头右下双向
nw-resize	箭头左上双向
sw-resize	箭头左下双向
pointer	指示
url(url)	自定义鼠标指针

【例 13-4】　超链接和鼠标样式示例。示例代码(13-4.html)如下。

```
<html>
<head>
<meta http-equiv="Content-type" Content="text/HTML;charset=UTF-8">
```

```
<title>例 13-4 超链接和鼠标样式示例</title>
<style type="text/css">
a{font-family:"幼圆";
  font-size:2em;
  text-align:center;
  margin:20px;
  text-decoration:none;}
a:link,a:visited{color:red;
  background-color:silver;
  border-top:1px solid gray;
  border-left:1px solid gray;
  border-bottom:3px solid black;
  border-right:3px solid black;}
a:hover{color:white;
  background-color:pink;
  border-top:3px solid black;
  border-left:3px solid black;
  border-bottom:1px solid gray;
  border-right:1px solid gray;
  cursor:n-resize;}
</style>
</head>
<body>
<a href="#">首页</a>
<a href="#">公司</a>
<a href="#">产品</a>
<a href="#">联系</a>
</body>
</html>
```

浏览器中网页显示效果如图 13.4 所示。

图 13.4　超链接和鼠标样式示例

13.4　列表样式

网页中的有序列表和无序列表,通过 CSS 设置样式,可以美化列表,利用列表制作精美的网页菜单。

13.4.1 列表符号样式 list-style-type

list-style-type 样式用于设置列表的符号类型。不论无序列表还是有序列表,都可以设置相同的样式值,效果也一样,其基本语法格式如下。

```
{list-style-type:列表符号样式值;}
```

列表符号常用样式值见表 13.2。

表 13.2 列表符号常用样式值

样 式 值	说 明
disc	实心圆●
circle	空心圆○
square	实心方块▨
decimal	阿拉伯数字 1,2,3,……
lower-roman	小写罗马数字 ⅰ,ⅱ,ⅲ,……
upper-roman	大写罗马数字 Ⅰ,Ⅱ,Ⅲ,……
lower-alpha	小写英文字母 a,b,c……
upper-alpha	大写英文字母 A,B,C,……
none	不使用任何符号

例如,ul{list-style-type:disc;}表示设置无序列表的项目符号为实心圆。

【例 13-5】 列表符号样式示例。示例代码(13-5.html)如下。

```
<html>
<head>
<meta http-equiv="Content-type" Content="text/HTML;charset=UTF-8">
<title>例 13-5 列表符号样式示例</title>
<style type="text/css">
#list1{list-style-type:disc;}
#list2{list-style-type:circle;}
#list3{list-style-type:square;}
#list4{list-style-type:decimal;}
#list5{list-style-type:lower-roman;}
#list6{list-style-type:upper-roman;}
#list7{list-style-type:lower-alpha;}
#list8{list-style-type:upper-alpha;}
#list9{list-style-type:none;}
</style>
</head>
<body>
<table>
```

```
<tr><td>
<ol id="list1"><li>列表 1</li><li>实心圆</li></ol>
<ol id="list2"><li>列表 2</li><li>空心圆</li></ol>
<ol id="list3"><li>列表 3</li><li>实心方块</li></ol>
</td><td>
<ul id="list4"><li>列表 4</li><li>阿拉伯数字</li></ul>
<ul id="list5"><li>列表 5</li><li>小写罗马数字</li></ul>
<ul id="list6"><li>列表 6</li><li>大写罗马数字</li></ul>
</td><td>
<ul id="list7"><li>列表 7</li><li>小写英文字母</li></ul>
<ul id="list8"><li>列表 8</li><li>大写英文字母</li></ul>
<ul id="list9"><li>列表 9</li><li>不使用任何符号</li></ul>
</td></tr></table>
</body>
</html>
```

浏览器中网页显示效果如图 13.5 所示。

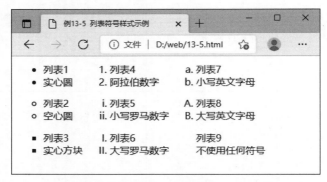

图 13.5　列表符号样式示例

13.4.2　图片列表符号样式 list-style-image

list-style-image 样式设置图片作为列表的符号,其基本语法格式如下。

```
{list-style-image:url(图片文件路径);}
```

样式值设置为 url(图片文件路径),则指定了列表前的符号采用的图片路径和文件名。如果图片文件不存在,则采用 list-style-type 设置的符号,或者默认符号。

例如,ul{list-style-image:url(1.jpg);}表示无序列表的每个项目前,用图片 1.jpg 作符号。

【例 13-6】　图片列表符号样式示例。示例代码(13-6.html)如下。

```
<html>
<head>
```

```
<meta http-equiv="Content-type" Content="text/HTML;charset=UTF-8">
<title>例 13-6 图片列表符号样式示例</title>
<style type="text/css">
ol,ul{list-style-image:url(images/12.jpg);}
#list3{list-style-image:none;}
</style>
</head>
<body>
<ol id="list1">
<li>有序列表</li>
<li>采用图片列表符号</li>
</ol>
<ul id="list2">
<li>无序列表</li>
<li>采用图片列表符号</li>
</ul>
<ol id="list3">
<li>有序列表</li>
<li>取消图片列表符号</li>
</ol>
</body>
</html>
```

浏览器中网页显示效果如图 13.6 所示。

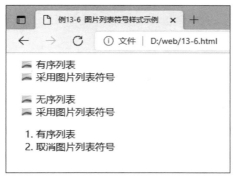

图 13.6　图片列表符号样式示例

13.4.3　列表位置样式 list-style-position

list-style-position 样式用于设置符号和列表项文本的位置关系,其基本语法格式如下。

```
{list-style-position:outside 或者 inside;}
```

样式值设为 outside,表示符号放置在列表项文本外,环绕文本不根据项目符号对齐,这是默认样式值;样式值设为 inside,表示符号放置在列表项文本内,环绕文本根据项目符号对齐。

例如，ul{list-style-position:outside;}设置了无序列表的符号放置在列表项文本外，环绕文本不根据项目符号对齐。

【例 13-7】 列表位置样式示例。示例代码(13-7.html)如下。

```
<html>
<head>
<meta http-equiv="Content-type" Content="text/HTML;charset=UTF-8">
<title>例 13-7 列表位置样式示例</title>
<style type="text/css">
ul{width:150px;}
#list1{list-style-position:outside;}
#list2{list-style-position:inside;}
</style>
</head>
<body>
<table><tr><td>
<ul id="list1">CSS 文本修饰样式
<li>文本颜色样式 color</li>
<li>文本修饰线样式 text-decoration</li>
<li>文本阴影样式 text-shadow</li>
<li>文本大小写转换样式 text-transform</li>
</ul></td><td>
<ul id="list2">CSS 文本修饰样式
<li>文本颜色样式 color</li>
<li>文本修饰线样式 text-decoration</li>
<li>文本阴影样式 text-shadow</li>
<li>文本大小写转换样式 text-transform</li>
</ul></td></tr></table>
</body>
</html>
```

浏览器中网页显示效果如图 13.7 所示。

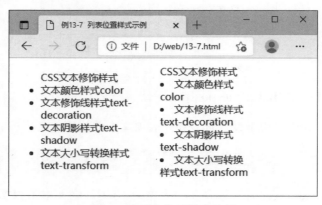

图 13.7　列表位置样式示例

13.4.4 列表复合样式 list-style

list-style 是关于列表的复合样式,可以一次性设置列表的样式,包含多个子样式,其基本语法格式如下。

```
{list-style:list-style-type list-style-image list-style-positio ;}
```

子样式顺序任意,可选择性设置,若不设置则采用默认值。当 list-style-type 和 list-style-image 同时设置时,采用图片作为列表符号。如果图片文件不存在,则采用 list-style-type 设置的符号,或者默认符号。

例如,ul{list-style:square inside;}设置无序列表的符号为实心方块,放置在列表文本内,环绕文本根据项目符号对齐。

【例 13-8】 列表复合样式示例。示例代码(13-8.html)如下。

```
<html>
<head>
<meta http-equiv="Content-type" Content="text/HTML;charset=UTF-8">
<title>例 13-8 列表复合样式示例</title>
<style type="text/css">
ul{width:150px;list-style:inside url(images/12.jpg)upper-alpha;}
</style>
</head>
<body>
<ul>CSS 文本修饰样式
<li>文本颜色样式 color</li>
<li>文本修饰线样式 text-decoration</li>
<li>文本阴影样式 text-shadow</li>
<li>文本大小写转换样式 text-transform</li>
</ul>
</body>
</html>
```

浏览器中网页显示效果如图 13.8 所示。

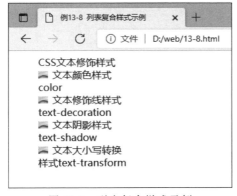

图 13.8 列表复合样式示例

【例 13-9】 列表样式应用示例。示例代码(13-9.html)如下。

```
<html>
<head>
<meta http-equiv="Content-type" Content="text/HTML;charset=UTF-8">
<title>例 13-9 列表样式应用示例</title>
<style>
body{background-color:blue;font-family:"黑体";}
ul {list-style-type:none;
    margin:0px;
    padding:0px;
    width:500px;
    }
ul>li{float:left;}
a{display:block;
  padding:5px 5px 5px 0.5em;
  text-decoration:none;
  border-left:12px solid aqua;
  border-right:12px solid white;}
a:link, a:visited{
                 background-color:silver;
                 color:black;}
a:hover {background-color:black;
         color:white;
        }
ol {clear:both;border:white solid 1px;
    border-radius:15px;
    list-style-type:upper-alpha;
    width:60px; height:100px;
    background-color:yellow;
    display:none;
    }
#b1{position:absolute;left:10px;top:40px;}
#b2{position:absolute;left:110px;top:40px;}
#b3{position:absolute;left:210px;top:40px;}
#b4{position:absolute;left:310px;top:40px;}
#s1:hover #b1{display:block;}
#s2:hover #b2{display:block;}
#s3:hover #b3{display:block;}
#s4:hover #b4{display:block;}
</style>
</head>
<body>
```

```
<ul>
        <li id="s1"><a href="#">网站首页</a>
        <ol id="b1">
                        <li>新闻</li>
                        <li>公告</li>
                        <li>通知</li>
                        <li>日历</li>
        </ol></li>
        <li id="s2"><a href="#">公司简介</a>
        <ol id="b2">
                        <li>董事会</li>
                        <li>组织部</li>
                        <li>财务部</li>
        </ol></li>
        <li id="s3"><a href="#">产品推广</a>
        <ol id="b3">
                        <li>计算机</li>
                        <li>平板</li>
                        <li>手机</li>
                        <li>家电</li>
        </ol></li>
        <li id="s4"><a href="#">服务反馈</a>
        <ol id="b4">
                        <li>邮件</li>
        </ol></li>
</ul>
</body>
</html>
```

在浏览器中,鼠标移至导航栏菜单项上时,对应的子菜单显示;移出菜单项时,子菜单隐藏。图 13.9 所示为鼠标移至导航栏第一个菜单项上时,显示对应的子菜单。

图 13.9　列表样式应用示例

思考和实践

1. 问答题

(1) 图片最大宽度样式 max-width 和宽度样式 width 的区别是什么？

(2) 图文混排时,图片和文字的间隔怎么设置？

(3) 表格的边框、背景如何设置？

(4) 超链接的下画线如何取消？

(5) 无序列表可以设置项目符号为数字编号吗？

(6) 列表符号的两种位置设置有什么区别？

2. 操作题

设计网页,其效果如图 13.10 所示。其中,涉及的样式包括布局、定位、边框、背景、字体、字号、列表符号、图文混排等。

图 13.10　操作题效果图

第 14 章　CSS 动画设计

本章学习目标

- 了解 CSS 的变形效果及应用；
- 了解 CSS 的过渡效果及应用；
- 了解 CSS 的动画效果及应用。

本章首先介绍 CSS 的变形样式,然后介绍 CSS 的变形函数,最后详细介绍 CSS 的动画效果及应用。

14.1　CSS 变形

14.1.1　CSS 变形样式 transform

样式 transform 可以设置元素旋转、缩放、倾斜和移动效果。指定的元素可以是块级元素和内联元素,其语法格式如下。

```
{transform:none 或者变形函数;}
```

样式值设置为 none,元素不变形。变形函数有 2D 变形和 3D 变形的函数,可分别实现 2D 和 3D 变形的效果。可以设置多个变形函数,用空格分隔。

14.1.2　2D 旋转变形函数 rotate()

2D 旋转变形函数 rotate()对指定的元素,在二维空间内进行旋转,其语法格式如下。

```
{transform:rotate(旋转角度);}
```

旋转角度的取值单位可以为 deg(度)、grad(梯度)、rad(弧度)或者 trun(圈)。

【例 14-1】　2D 旋转变形示例。示例代码(14-1.html)如下。

```
<html>
<head>
<meta http-equiv="Content-type" Content="text/HTML;charset=UTF-8">
<title>例 14-1 2D 旋转变形示例</title>
<style type="text/css">
img{width:100px;height:100px;}
.a{transform:rotate(45deg);}
</style>
</head>
```

```
<body>
<img src="images/t1.jpg">
<p>段落文字 1</p>
<img src="images/t1.jpg" class="a">
<p class="a">段落文字 2</p>
</body>
</html>
```

浏览器中网页显示效果如图 14.1 所示。

图 14.1　2D 旋转变形示例

14.1.3　2D 缩放变形函数 scale()

2D 缩放变形函数 scale()对指定的元素,在二维空间内进行缩放,其语法格式如下。

```
{transform:scale(缩放值);}
```

缩放值可以是正数、负数。正数是缩放比例倍数,负数是翻转元素后再缩放的比例。缩放值为 1 个参数,则表示宽度和高度采用同样缩放值。缩放值为 2 个参数,则分别表示宽度缩放值和高度缩放值,用逗号分隔。

【例 14-2】　2D 缩放变形示例。示例代码(14-2.html)如下。

```
<html>
<head>
<meta http-equiv="Content-type" Content="text/HTML;charset=UTF-8">
<title>例 14-2 2D 缩放变形示例</title>
<style type="text/css">
img{width:100px;height:100px;}
.a{transform:scale(1.5,-0.8);}
.b{transform:scale(0.5);}
```

```
</style>
</head>
<body>
<img src="images/t1.jpg"><img src="images/t1.jpg" class="a">
<p>段落文字 1</p>
<p class="b">段落文字 2</p>
</body>
</html>
```

浏览器中网页显示效果如图 14.2 所示。

图 14.2 2D 缩放变形示例

14.1.4 2D 移位变形函数 translate()

2D 移位变形函数 translate()对指定的元素,在二维空间内进行坐标定位,其语法格式如下。

```
{transform:translate(坐标偏移值);}
```

坐标偏移值是水平和垂直方向相对于原位置偏移的距离。坐标偏移值设 1 个参数,表示设置水平偏移值,而垂直偏移值默认为 0。坐标偏移值设 2 个参数,分别表示水平和垂直方向偏移值,用逗号分隔。

【例 14-3】 2D 移位变形示例。示例代码(14-3.html)如下。

```
<html>
<head>
<meta http-equiv="Content-type" Content="text/HTML;charset=UTF-8">
<title>例 14-3 2D 移位变形示例</title>
<style type="text/css">
img{width:100px;height:100px;}
.a{transform:translate(-20px);}
.b{transform:translate(50px,-30px);}
</style>
</head>
```

```
<body>
<img src="images/t1.jpg"><img src="images/t1.jpg" class="a">
<p>段落文字 1</p>
<p class="b">段落文字 2</p>
</body>
</html>
```

浏览器中网页显示效果如图 14.3 所示。

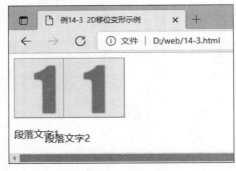

图 14.3　2D 移动变形示例

14.1.5　2D 倾斜变形函数 skew( )

2D 倾斜变形函数 skew( ) 对指定的元素,在二维空间内进行倾斜显示,其语法格式如下。

```
{transform:skew(倾斜值);}
```

倾斜值是相对于坐标轴倾斜的角度。倾斜值设 1 个参数,表示相对于 x 轴的倾斜角度,而相对于 y 轴倾斜角度默认为 0。倾斜值设 2 个参数,分别表示相对于 x 轴的倾斜角度和相对于 y 轴的倾斜角度,用逗号分隔。倾斜和旋转不同。旋转不会改变元素形状,倾斜会改变元素形状。

【例 14-4】　2D 倾斜变形示例。示例代码(14-4.html)如下。

```
<html>
<head>
<meta http-equiv="Content-type" Content="text/HTML;charset=UTF-8">
<title>例 14-4 2D 倾斜变形示例</title>
<style type="text/css">
img{width:100px;height:100px;}
.a{transform:skew(45deg,-10deg);}.
.b{transform:skew(45deg);}
</style>
</head>
<body>
```

```
<img src="images/t1.jpg"><img src="images/t1.jpg" class="a">
<p>段落文字 1</p>
<p class="b">段落文字 2</p>
</body>
</html>
```

浏览器中网页显示效果如图 14.4 所示。

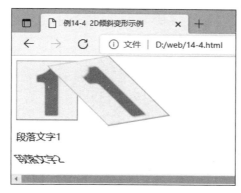

图 14.4　2D 倾斜变形示例

14.1.6　2D 矩阵变形函数 matrix()

2D 矩阵变形函数 matrix() 可以实现多种变形效果。该函数有 6 个参数,经过矩阵计算实现变形效果,实现缩放和平移的参数语法格式如下。

```
matrix(x轴缩放值,0,0,y轴缩放值,x轴移动值,y轴移动值)
```

实现移位和旋转(θ)的参数语法格式如下。

```
matrix(cosθ,-sinθ, sinθ, cosθ, x轴移动值, y轴移动值)
```

【例 14-5】　2D 矩阵变形示例。示例代码(14-5.html)如下。

```
<html>
<head>
<meta http-equiv="Content-type" Content="text/HTML;charset=UTF-8">
<title>例 14-5 2D 矩阵变形示例</title>
<style type="text/css">
img{width:100px;height:100px;}
.a{transform:matrix(2,0,0,1.5,30,30);}
.b{transform:matrix(0.707,-0.707,0.707,0.707,20,-200);}
</style>
</head>
<body>
<img src="images/t1.jpg"><img src="images/t1.jpg" class="a">
```

```
<p>段落文字 1</p>
<p class="b">段落文字 2</p>
</body>
</html>
```

浏览器中网页显示效果如图 14.5 所示。

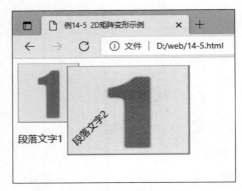

图 14.5　2D 矩阵变形示例

14.1.7　2D 变形原点样式 transform-origin

CSS 变形的原点默认是元素对象的中心点。样式 transform-origin 用于改变 2D 变形的中心点,其语法格式如下。

```
{transform-origin:x坐标 y坐标;}
```

原点 x 坐标和 y 坐标,可以是百分比、数值(em、px)、方位词(left、center、right、top、middle、bottom)等。

【例 14-6】　变形原点样式示例。示例代码(14-6.html)如下。

```
<html>
<head>
<meta http-equiv="Content-type" Content="text/HTML;charset=UTF-8">
<title>例 14-6 变形原点样式示例</title>
<style type="text/css">
img{width:100px;height:100px;}
#a{transform-origin:0 0;transform:translate(80px,10px) rotate(45deg);}
#b{transform-origin:top right;transform:rotate(-10deg) translate(10px,20px);}
</style>
</head>
<body>
<img src="images/t1.jpg" id="a">
<img src="images/t2.jpg" id="b">
</body>
</html>
```

· 198 ·

浏览器中网页显示效果如图 14.6 所示。

图 14.6　变形原点样式示例

14.1.8　3D 旋转变形函数 rotate3d()

3D 旋转变形函数 rotate3d() 对指定的元素，在三维空间内进行旋转。可以分别用
rotateX()、rotateY()、rotateZ() 指定旋转的坐标轴，其语法格式如下。

```
{transform:rotate3d(x坐标,y坐标,z坐标,旋转角度);}      /*指定 x、y、z 坐标点旋转*/
{transform:rotateX(旋转角度);}                          /*沿 x 轴旋转*/
{transform:rotateY(旋转角度);}                          /*沿 y 轴旋转*/
{transform:rotateZ(旋转角度);}                          /*沿 z 轴旋转*/
```

【例 14-7】　3D 旋转变形示例。示例代码(14-7.html)如下。

```
<html>
<head>
<meta http-equiv="Content-type" Content="text/HTML;charset=UTF-8">
<title>例 14-7 3D 旋转变形示例</title>
<style type="text/css">
img{width:100px;height:100px;}
#a{transform:rotateZ(50deg);}
#b{transform:rotate3d(50,50,50,50deg);}
</style>
</head>
<body>
<img src="images/t1.jpg" id="a">
<img src="images/t1.jpg" id="b">
</body>
</html>
```

浏览器中网页显示效果如图 14.7 所示。

14.1.9　3D 缩放变形函数 scale3d()

3D 缩放变形函数 scale3d() 对指定的元素，在三维空间内进行缩放。可以分别用

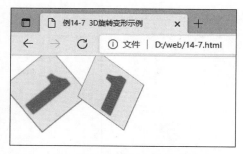

图 14.7　3D 旋转变形示例

scaleX( )、scaleY( )、scaleZ( )指定缩放的坐标轴,其语法格式如下。

```
{transform:scale3d(x轴缩放值,y轴缩放值,z轴缩放值);} /* 指定 x、y、z 轴缩放值 */
{transform:scaleX(缩放值);}                        /* 沿 x 轴缩放 */
{transform:scaleY(缩放值);}                        /* 沿 y 轴缩放 */
{transform:scaleZ(缩放值);}                        /* 沿 z 轴缩放 */
```

【例 14-8】　3D 缩放变形示例。示例代码(14-8.html)如下。

```
<html>
<head>
<meta http-equiv="Content-type" Content="text/HTML;charset=UTF-8">
<title>例 14-8 3D 缩放变形示例</title>
<style type="text/css">
img{width:100px;height:100px;}
#a{transform:scaleZ(2) scaleX(0.8);}
#b{transform:scale3d(1.5,0.5,3);}
</style>
</head>
<body>
<img src="images/t1.jpg" id="a">
<img src="images/t1.jpg" id="b">
</body>
</html>
```

浏览器中网页显示效果如图 14.8 所示。

图 14.8　3D 缩放变形示例

14.1.10 3D 移位变形函数 translate3d()

3D 移位变形函数 translate3d()对指定的元素,在三维空间内进行移位。可以分别用 translateX()、translateY()、translateZ()指定移位的坐标轴,其语法格式如下。

```
{transform:translate3d(x轴移位偏移值,y轴移位偏移值,z轴移位偏移值);}
                                        /*指定 x、y、z 轴移位值*/
{transform:translateX(移位偏移值);}      /*沿 x 轴移位*/
{transform:translateY(移位偏移值);}      /*沿 y 轴移位*/
{transform:translateZ(移位偏移值);}      /*沿 z 轴移位*/
```

【例 14-9】 3D 移位变形示例。示例代码(14-9.html)如下。

```html
<html>
<head>
<meta http-equiv="Content-type" Content="text/HTML;charset=UTF-8">
<title>例 14-9 3D 移位变形示例</title>
<style type="text/css">
img{width:100px;height:100px;}
#a{transform:translateZ(10px) translateY(20px);}
#b{transform:translate3d(-20px,10px,10px);}
</style>
</head>
<body>
<img src="images/t1.jpg" id="a">
<img src="images/t1.jpg" id="b">
</body>
</html>
```

浏览器中网页显示效果如图 14.9 所示。

图 14.9 3D 移位变形示例

14.1.11 3D 透视视图样式 perspective

3D 变形中 z 轴的变形要在 3D 透视视图中才有效果。3D 透视视图样式 perspective 用于设置 3D 元素距视图的距离,单位为像素(px),其语法格式如下。

```
{perspective:距离值;}
```

【例 14-10】 3D 透视视图样式示例。示例代码(14-10.html)如下。

```
<html>
<head>
<meta http-equiv="Content-type" Content="text/HTML;charset=UTF-8">
<title>例 14-10 3D 透视视图样式示例</title>
<style type="text/css">
    .stage {
        width:200px;
        height:200px;
        background:#ccc;
        perspective:1600px;
    }
img{position:absolute;top:30%;left:40%;}
#b{transform:translateZ(500px) scaleZ(10) rotateX(80deg);}
</style>
    </head>
<body>
<div class="stage">
<img src="images/t1.jpg" width="50" height="50" id="a"/>
<img src="images/t1.jpg" width="50" height="150" id="b"/>
</div>
</body>
</html>
```

浏览器中网页显示效果如图 14.10 所示。

图 14.10 3D 透视视图样式示例

14.2 CSS 过渡

过渡是元素的样式值从初始值逐渐转换到结束值的效果,例如,呈现背景色淡入淡出、元素滑动、元素旋转过程,一般在鼠标或键盘操作事件触发后创建过渡过程。如果过渡效果设置在事件中,则在事件中显示过渡效果;如果过渡效果设置在事件外,则在事件外显示过渡效果,事件结束则逆向显示过渡效果。

14.2.1 CSS 过渡样式 transition-property

过渡样式 transition-property 用于设置过渡的样式名称,其语法格式如下。

```
{transition-property:none 或者 all 或者样式列表;}
```

样式值为 none,表示没有过渡样式。样式值为 all,表示所有样式。样式列表可以是色彩、大小、位置等相关的样式,用空格分隔。

【例 14-11】 过渡样式示例。示例代码(14-11.html)如下。

```
<html>
<head>
<meta http-equiv="Content-type" Content="text/HTML;charset=UTF-8">
<title>例 14-11 过渡样式示例</title>
<style type="text/css">
p:hover{transition-property:color background-color;color:red;background-
color:blue;}
img:hover{transition-property:transform;transform:rotate(45deg);}
</style>
</head>
<body>
<p>这是一个段落</p>
<img src="images/t1.jpg" width="100">
</body>
</html>
```

在浏览器中,当鼠标悬停在图片元素上时,图片旋转变形发生过渡变化,其效果如图 14.11 所示。鼠标悬停在段落文字元素上时,文字发生背景过渡变化。

图 14.11 过渡样式示例

14.2.2 CSS 过渡时间样式 transition-duration

过渡时间是指样式值过渡转换的时间长度,单位是 s。默认的过渡时间是 0s。如果不设置过渡时间,会直接看到结束样式值的效果。过渡时间样式 transition-duration 用于指定过渡时间长度,可以在过渡时间内看到过渡转换的过程,其语法格式如下。

```
{transition-duration:时间长度;}
```

【例 14-12】 过渡时间示例。示例代码(14-12.html)如下。

```
<html>
<head>
<meta http-equiv="Content-type" Content="text/HTML;charset=UTF-8">
<title>例 14-12 过渡时间示例</title>
<style type="text/css">
img{transition-property:transform;transition-duration:10s;}
img:hover{transform:rotate(45deg);}
</style>
</head>
<body>
<img src="images/t1.jpg" width="100">
</body>
</html>
```

在浏览器中,当鼠标悬停在图片元素上时,触发旋转变形,变形过渡过程 10s。图 14.12 所示为过渡过程第 5s 时的效果。

图 14.12　过渡时间示例

由于过渡设置在悬停事件外,事件结束时会逆向显示过渡效果。当鼠标从图片元素移开时,变形过渡过程逆向,图片元素从 45°逆时针旋转回到初始值。

14.2.3 CSS 过渡延迟时间样式 transition-delay

过渡延迟时间样式 transition-delay 用于设置过渡延迟的时间长度。默认过渡延迟时间为 0s,所以触发事件发生时,过渡转换就开始,其语法格式如下。

```
{transition-delay:延迟时间长度;}
```

延迟时间长度单位为秒(s)或者毫秒(ms)。延迟时间长度可以为正整数或负整数。延迟时间长度为正整数,则表示延迟指定时间后过渡变化才开始。延迟时间长度为负整数,则表示延迟时间长度前的过渡不显示,只显示延迟时间长度之后的过渡转换效果。

【例 14-13】 过渡延迟时间示例。示例代码(14-13.html)如下。

```
<html>
<head>
<meta http-equiv="Content-type" Content="text/HTML;charset=UTF-8">
<title>例 14-13 过渡延迟时间示例</title>
<style type="text/css">
img{transition-property:transform;transition-duration:10s;transition-delay:
-3s;}
img:hover{transform:rotate(45deg);}
</style>
</head>
<body>
<img src="images/t1.jpg" width="100">
</body>
</html>
```

在浏览器中,当鼠标悬停在图片元素上时,图片直接显示已经旋转 3s 的效果,然后显示旋转变形到 45°过渡变化过程,图 14.13 所示为过渡结束时(第 10s)的效果。

图 14.13 过渡延迟时间示例

14.2.4 CSS 过渡效果速度样式 transition-timing-function

过渡效果速度样式 transition-timing-function 用于设置过渡过程中的速度变化,其语法格式如下。

```
{transition-timing-function:过渡效果速度值;}
```

过渡效果速度样式值见表 14.1。

表 14.1　过渡效果速度样式值

样 式 值	说 明
ease	慢速开始,然后变快,然后慢速结束
linear	匀速开始至结束的过渡效果
ease-in	慢速开始
ease-out	慢速结束
ease-in-out	慢速开始和结束
cubic-bezier	特殊的立方贝塞尔曲线效果,定义 4 个 0~1 的参数值

【例 14-14】　过渡效果速度样式示例。示例代码(14-14.html)如下。

```
<html>
<head>
<meta http-equiv="Content-type" Content="text/HTML;charset=UTF-8">
<title>例 14-14 过渡效果速度样式示例</title>
<style type="text/css">
div
{width:100px;
height:100px;
background:blue;
transition-property:width;
transition-duration:2s;
transition-timing-function:linear;
}
div:hover{width:300px;}
</style>
</head>
<body>
<div></div>
</body>
</html>
```

在浏览器中,当鼠标悬停在 div 元素上时,触发宽度从 100px 到 300px 的变形过渡过程。图 14.14 所示为宽度变形过程的效果。

图 14.14　过渡效果速度样式示例

14.2.5 CSS 过渡复合样式 transition

过渡复合样式 transition,可以同时指定过渡变化的样式、时间、延迟时间等子样式,其语法格式如下。

```
{transition:过渡样式值 过渡时间值 过渡效果速度样式值 过渡延迟时间值;}
```

子样式值之间用空格间隔。可以设置多个过渡样式变化,用逗号分隔。

【例 14-15】 过渡复合样式示例。示例代码(14-15.html)如下。

```
<html>
<head>
<meta http-equiv="Content-type" Content="text/HTML;charset=UTF-8">
<title>例 14-15 过渡复合样式示例</title>
<style type="text/css">
div
{width:100px;
height:100px;
background:blue;
transition:width 2s linear,height 3s ease-in-out 1s;
}
div:hover{width:300px;height:500px;}
</style>
</head>
<body>
<div></div>
</body>
</html>
```

在浏览器中,当鼠标悬停在 div 元素上时,触发宽度和高度变形过渡过程。图 14.15 所示为变形过程中的效果。

图 14.15 过渡复合样式示例

14.3　CSS 关键帧动画

关键帧动画是创建帧之间的样式过渡动画效果。关键帧动画和过渡不同的是其可以设置多个帧,不需要事件触发就能运行。设计关键帧动画,需要先定义关键帧动画,再通过设置元素对象的关键帧动画样式 animation,运行指定的关键帧动画。

14.3.1　CSS 定义关键帧动画命令 @keyframes

定义关键帧动画用命令 @keyframes,其语法格式如下。

```
@keyframes 关键帧动画名称{
帧的时间位置{样式:样式值;}
帧的时间位置{样式:样式值;}
......}
```

帧的时间位置,是指帧处于动画时长的百分比位置,可以用 0%～100% 表示,也可以用 from(0%)、to(100%) 表示。一个关键帧中,可以设置多个样式效果。

例如,下面的示例,定义关键帧名称为 jianbian,开始的关键帧背景色为红色,宽度为 10px,高度为 10px。50% 的关键帧处,背景色为绿色,宽度为 50px,高度为 100px。结束的关键帧处,背景色为蓝色,宽度为 10px,高度为 10px。动画运行过程中,元素对象的背景颜色和尺寸同时发生过渡渐变效果。

```
@keyframes jianbian{
0{background-color:red;width:10;height:10}
50%{background-color:green;width:50;height:100;}
100%{background-color:blue;width:10;height:10;}
}
```

14.3.2　CSS 关键帧动画样式 animation

定义了关键帧动画之后,通过设置关键帧动画样式 animation 的样式值运行关键帧动画。样式 animation 包含多个子样式,用来设置动画的细节效果,其语法格式如下。

```
{animation:关键帧动画名称 动画播放时间 动画效果速度 动画延迟时间 动画播放次数 动画播放方向 动画状态 动画时间外状态;}
```

动画效果速度样式值和过渡效果速度样式值一样,见表 14.1。

动画播放次数默认是 1 次。设置为 Infinite 时,动画重复播放。

动画播放方向值为 normal 时,动画每次循环都向前播放;为 alternate 时,动画第偶数次向前播放,第奇数次反向播放。

动画状态有 running(运动)和 paused(暂停)两个样式值。

动画时间外状态表示动画不运行时的状态。设为 none 时,表示不设置动画时间外状

态;设为 forwards 时,表示为动画结束时状态;设为 backwards 时,表示为动画开始时状态;
设为 both 时,表示为动画开始和结束时的状态。

【例 14-16】 关键帧动画示例。示例代码(14-16.html)如下。

```
<html>
<head>
<meta http-equiv="Content-type" Content="text/HTML;charset=UTF-8">
<title>例 14-16 关键帧动画示例</title>
<style type="text/css">
@keyframes yd{
from{left:0;top:0;}
25%{left:200;top:0;}
50%{left:200;top:200;}
75%{left:0;top:200;}
100%{opacity:0.1;}
}
div
{position:absolute;
left:0;
top:0;
width:50px;
height:50px;
background:blue;
animation:yd 10s linear forwards;
}
</style>
</head>
<body>
<div></div>
</body>
</html>
```

在浏览器中,网页显示 div 元素的坐标位置和透明度变化的动画。图 14.16 所示为第一
段坐标变化动画结束时的显示效果。

图 14.16　关键帧动画示例

思考和实践

1. 问答题

（1）CSS 中变形只能应用于块级元素吗？

（2）CSS 中变形函数的参数，是否需要按照顺序设置？

（3）CSS 变形的原点默认是元素对象的什么位置？

（4）CSS 过渡不设置过渡时间，会是什么显示效果？

（5）CSS 关键帧动画和过渡动画的区别是什么？

2. 操作题

采用一张由 4 张小图片组成的长图，设计网页上图片左右轮动切换的动画效果，其效果如图 14.17 所示。

图 14.17　操作题效果图

第三部分　JavaScript 技术篇

第 15 章　JavaScript 技术基础

本章学习目标

- 了解 JavaScript 的特点；
- 掌握 JavaScript 的使用方式；
- 掌握常用的 JavaScript 输入输出方法；
- 掌握 JavaScript 的数据类型、变量、常量、运算符和表达式。

本章首先介绍 JavaScript 的概念，然后介绍 JavaScript 的使用方式，最后介绍 JavaScript 的数据类型、变量、常量、运算符和表达式。

15.1　JavaScript 简介

JavaScript 是一种轻量级直译式脚本语言，可以嵌入在 HTML 页面中，被浏览器解释执行，实现网页的动态和交互效果。JavaScript 是目前使用较广泛的客户端脚本编程语言。

JavaScript 与 Java 语言不同。Java 语言是一种真正的面向对象的编程语言，需要事先进行编译才能传递到客户端。Java 语言比 JavaScript 语法严格，功能也更强大。

JavaScript 代码可以采用任何文本编辑器编写。常用的 JavaScript 代码编写工具有 Notepad、Notepad＋＋、Adobe Dreamweaver、EditPlus 等。纯文本编辑器 Notepad、Notepad＋＋适用于编写少量脚本，借助浏览器的调试窗口进行调试（按快捷键 F12 调出调试窗口）；Adobe Dreamweaver、EditPlus 等专业编辑工具适用于编写大量脚本，提供代码自动生成、智能感知、调试等功能，其效率较高。本书对开发工具不作特定要求。

具有 JavaScript 代码的网页，如果不涉及和服务器交互，则只需浏览器软件，便可以运行查看效果。

15.2　JavaScript 的使用方式

JavaScript 程序可以嵌入在 HTML 标记中、网页页面中，也可以保存为外部的脚本文件，在 HTML 文件中调用执行。

1. 脚本内嵌到标记的属性事件中

在 HTML 标记中，有些具有事件处理的属性，如 onClick、onLoad 事件，可以在事件处理中编写 JavaScript 代码，其具体语法格式如下。

```
<html标记　事件="Javascript 语句或函数">
```

例如，下面的语句，在<button>标记中，设置了 onclick 事件属性，关联了 alert('ok')语句。鼠标单击按钮的时候，会弹出提示框，提示框显示文字"ok"。

```
<button onclick="alert('ok')">
```

【例 15-1】 标记属性事件运行 JavaScript 示例。示例代码(15-1.html)如下。

```
<html>
<head><title>例 15- 1 标记属性事件运行 JavaScript 代码示例</title></head>
<body>
<input type="button" onClick="alert('按钮的单击事件触发')" value="单击按钮">
</body>
</html>
```

单击【单击按钮】按钮,弹出对话框,显示指定的文本。浏览器中网页运行效果如图 15.1
所示。

图 15.1　标记属性事件运行 JavaScript 示例

2. 脚本内嵌到页面中

在 HTML 文件中放置 JavaScript 代码,在页面载入时,就同时载入脚本代码。这种方
式需要用<script>标记进行脚本语言声明,其具体语法格式如下。

```
<script type="text/JavaScript" language="JavaScript">
JavaScript 语句
……
</script>
```

<script>标记中的 type 和 language 属性可以省略不写。内嵌 JavaScript 代码可以位
于 HTML 网页文件的任何位置。同一个 HTML 网页文件中,也允许在不同位置放入多段
JavaScript 脚本代码。HTML 内容和程序脚本分离的形式便于网页的维护,建议尽可能地
将内嵌的 JavaScript 程序、函数写在<head>……</head>头部区域。

例如,下面的语句,在网页中声明了 JavaScript 代码,当浏览器运行时,会弹出提示框,
显示"ok"。

```
<script>
  alert('ok')
</script>
```

【例 15-2】 JavaScript 脚本内嵌到页面示例。示例代码(15-2.html)如下。

```
<html>
<head>
<meta http-equiv="Content-type" Content="text/HTML;charset=UTF-8"/>
<title>例 15-2 JavaScript 脚本内嵌到页面示例</title>
<script>
alert("页面加载时执行代码");
</script>
</head>
<body>
</body>
</html>
```

网页运行效果如图 15.2 所示。

图 15.2　JavaScript 脚本内嵌到页面示例

3. 脚本保存为外部文件

将 JavaScript 代码单独保存为外部脚本文件,扩展名为.js。在 HTML 文件中,对外部脚本文件进行引用,其具体语法格式如下。

```
<script type="text/JavaScript" src="路径/js文件.js"></script>
```

例如,下面的语句引用了外部的 a.js 文件。

```
<script type="text/JavaScript" src="a.js"></script>
```

【例 15-3】 网页引用外部脚本文件示例。示例中网页文件代码(15-3.html)如下。

```
<html>
<head>
<meta http-equiv="Content-type" Content="text/HTML;charset=UTF-8"/>
<title>例 15-3 网页引用外部脚本文件示例</title>
</head>
<body>
<script type="text/javascript" src="15-3-1.js"></script>
```

```
</body>
</html>
```

例 15-3 中,在<script>标记的 src 属性中,引用了外部脚本文件 15-3-1.js。外部脚本文件代码(15-3-1.js)如下。

```
alert("引用外部脚本文件执行代码");
```

浏览器中网页运行效果如图 15.3 所示。

图 15.3　网页引用外部脚本文件示例

4. 脚本定义为函数

可以将 JavaScript 语句写成函数形式,在需要的地方调用。关于函数的具体内容将在后续章节讲解,本节只介绍函数的简单应用形式。

函数的定义格式如下。

```
Function 函数名(参数){
语句
}
```

函数通过函数名称进行调用。

将例 15-1 写成函数的形式,示例代码(15-1-1.html)如下。

```
<html>
<head>
<meta http-equiv="Content-type" Content="text/HTML;charset=UTF-8"/>
<title>例 15-1-1 标记属性事件函数形式</title>
<script>
function tishi(){
alert('按钮的单击事件触发');
}
</script>
</head>
<body>
<input type="button"onClick="tishi()" value="单击按钮">
</body>
</html>
```

网页运行效果和例 15-1 一样,如图 15.1 所示。

15.3 JavaScript 编程基础

15.3.1 JavaScript 语法规则

JavaScript 程序由语句组成。一条语句由一个或多个表达式、关键字或运算符组成。作为一种脚本编程语言,JavaScript 的基础语法规则对大小写是否区分、语句分隔符设定、注释符号、代码块设定作出了说明。

1. 大小写区分

JavaScript 是一种严格区分大小写的语言。JavaScript 代码中,无论变量、函数、关键字等标识符,都必须严格按照要求的大小写进行声明和使用。

2. 语句分隔符

JavaScript 代码中的语句可以使用分号(;)进行分隔。如果语句没有使用分号结束,则 JavaScript 默认将语句后的换行符作为结束标志。这种默认的处理方式,有时会产生错误。建议养成良好的习惯,规范使用分号作为语句之间的分隔符。

3. 注释

JavaScript 中有单行注释和多行注释两种方式。单行注释采用"//"开头,直到一行结束。多行注释采用"/ *"开始,到" * /"结束,可以包含多行注释内容。

4. 代码块

多行语句组成代码块,可以用大括号"{}"括起来。

5. 符号

JavaScript 代码中的符号,如单引号、双引号、括号等,都必须是英文半角形式的符号,否则会出错。

15.3.2 JavaScript 常用输出方法

为了方便讲解代码和查看代码运行效果,先介绍 JavaScript 中的常用输出、输入方法。这些方法涉及的概念、语法及应用,在后面的章节将进行详细解释。

JavaScript 代码的运行结果,可以输出到对话框或者网页文档。常用的输出方法有警告对话框、document.writeln()方法和 document.write()方法。

1. 警告对话框

警告对话框用于显示提示信息警告用户。警告提示框出现后,用户需要单击【确定】按钮才能继续运行后续代码,其语法格式如下。

```
alert(提示内容);
```

提示内容可以是字符串文本或者变量。字符串文本要用引号括起来。
例如,下面的语句,可以在警告提示框中显示"欢迎光临"文本。

```
alert("欢迎光临");
```

2. document.writeln()方法

document.writeln()方法向 HTML 页面写入内容并添加换行符,其语法格式如下。

```
document.writeln(输出内容);
```

例如,下面的语句,会在 HTML 页面写上"欢迎光临"文本,并在后面添加换行符。

```
document.writeln("欢迎光临");
```

JavaScript 添加的换行符,在浏览器中常被处理为空格,所以可以使用<pre>标记保持
JavaScript 代码生成的结果及格式。

【例 15-4】 document.writeln()示例。示例代码(15-4.html)如下。

```
<html>
<head>
<meta http-equiv="Content-type" Content="text/HTML;charset=UTF-8"/>
<title>例 15-4 document.writeln()示例</title>
</head>
<body>
<script>
document.writeln("a");
document.writeln("b");
document.writeln("a<br>");
document.writeln("b");
</script>
<pre>
<script>
document.writeln("a");
document.writeln("b");
</script>
</pre>
</body>
</html>
```

浏览器中网页运行效果如图 15.4 所示。

图 15.4　document.writeln()示例

3. document.write()方法

document.write()方法向 HTML 页面写入内容,其语法格式如下。

```
document.write(输出内容);
```

例如,下面的语句,会在 HTML 页面显示"欢迎光临"文本。

```
document.write("欢迎光临");
```

【例 15-5】 document.write()示例。示例代码(15-5.html)如下。

```
<html>
<head>
<meta http-equiv="Content-type" Content="text/HTML;charset=UTF-8"/>
<title>例 15-5 document.write()示例</title>
</head>
<body>
<script>
document.write("a");
document.write("b");
document.write("a<br>");
document.write("b");
</script>
</body>
</html>
```

浏览器中网页运行效果如图 15.5 所示。

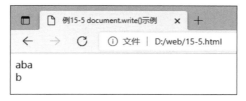

图 15.5　document.write()示例

15.3.3　JavaScript 常用输入方法

在网页上输入数据,可以采用提示对话框,或者表单。页面上输入的数据,都是字符串类型。

1. 提示对话框

提示对话框用于提示用户输入数据。用户输入数据后,如果单击【确定】按钮,则返回输入的数据;如果单击【取消】按钮,则返回 null 值。

其语法格式如下。

```
prompt("提示文本","默认输入数据");
```

例如，下面语句采用提示对话框，提示文字为"请输入你的姓名"，默认为 abc。用户输入的数据赋值给 x 变量。

```
x=prompt("请输入你的姓名","abc");
```

【例 15-6】 提示对话框示例。示例代码（15-6.html）如下。

```
<html>
<head>
<meta http-equiv="Content-type" Content="text/HTML;charset=UTF-8"/>
<title>例 15-6 提示对话框示例</title>
</head>
<body>
<pre>
<script type="text/javascript">
document.write(prompt("请输入数据",""));
</script>
</pre>
</body>
</html>
```

网页在浏览器中运行，先弹出输入提示框。在输入框中输入内容，如字符串"abc"。单击【确定】按钮后，效果如图 15.6 所示。如果单击【取消】按钮，则返回的 null 值显示在页面上。

图 15.6 提示对话框示例

2. 表单输入数据

在网页上用表单输入的数据，可以通过多种方法获得。这里先介绍通过 document 文档对象层次结构方式访问表单元素数据的方法，其语法格式如下。

```
document.表单名.元素名.value
```

采用这种方法，需要先在表单及表单元素标记中定义 name 属性。

例如，下面语句访问表单 form1 中 name 名为 user 的元素的值，赋值给 x 变量。

```
x=document.form1.user.value
```

【例 15-7】 表单输入数据示例。示例代码（15-7.html）如下。

```
<html>
<head>
```

```
<meta http-equiv="Content-type" Content="text/HTML;charset=UTF-8"/>
<title>例 15-7 表单输入数据示例</title>
</head>
<body>
<form name="f1">
<input type="text" name="user">
<input type="button" value="单击" onclick="document.write(document.f1.user.
value)">
</form>
</body>
</html>
```

网页在浏览器中运行,显示表单元素。在单行文本框中输入数据后,例如,输入字符串"aa",单击【单击】按钮,网页显示效果如图 15.7 所示。

图 15.7　表单输入数据示例

15.4　JavaScript 数据与运算符

15.4.1　数据类型

JavaScript 中的数据类型主要有数值型(number)、字符串型(string)、布尔型(boolean)、空值型(null)、未定义类型(undefined)、对象类型(Object)等类型。

JavaScript 是弱类型语言,数据可以不声明类型就使用,在使用或者赋值的时候再确定其数据类型。

1. 数值型(number)

JavaScript 中数值型数据包括整数、浮点数。整数支持十进制、八进制(以 0 开头)、十六进制(以 0x 开头)数字表示形式。八进制或十六进制的数据,JavaScript 处理后转换为十进制形式。浮点数可以采用小数形式或者科学记数法(数值 e 指数)形式。

【例 15-8】　数值型数据示例。示例代码(15-8.html)如下。

```
<html>
<head>
<meta http-equiv="Content-type" Content="text/HTML;charset=UTF-8"/>
<title>例 15-8 数值型数据示例</title>
</head>
<body>
<pre>
```

```
<script type="text/javascript">
document.writeln(10);
document.writeln(010);
document.writeln(0x10);
document.writeln(0.10);
document.writeln(1.2e-1);
</script>
</pre>
</body>
</html>
```

浏览器中网页运行效果如图 15.8 所示。

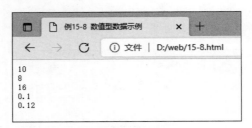

图 15.8　数值型数据示例

在 JavaScript 中,数值型数据中的一些特殊值,用特殊符号表示。正无穷大用 Infinity 表示,负无穷大用-Infinity 表示。数据转换为数值型数据时失败,或者不能正确进行数学运算时,返回的结果用 NaN 表示。

【例 15-9】　数值型数据特殊值示例。示例代码(15-9.html)如下。

```
<html>
<head>
<meta http-equiv="Content-type" Content="text/HTML;charset=UTF-8"/>
<title>例 15-9 数值型数据特殊值示例</title>
</head>
<body>
<pre>
<script type="text/javascript">
document.writeln(0.7+0.1);
document.writeln(3e90000);
document.writeln(-3e9000);
document.writeln(0/0);
</script>
</pre>
</body>
</html>
```

0.7＋0.1 是数值数据 0.7 和 0.1 做加法运算的表达式。使用浮点数运算时,由于计算机内采用二进制进行运算,而结果转换为十进制形式,可能会产生精度损失,得到的结果会产生误差。浏览器中网页运行效果如图 15.9 所示。

图 15.9　数值型数据特殊值示例

2. 字符串型(string)

字符串型数据是用单引号(")或双引号("")括起来的字符的组合。单引号括起来的字符串中可以包含双引号,双引号括起来的字符串可以包含单引号,但是字符串中的引号不能和字符串的开始与结尾引号相同。字符串中每个字符按位置从左到右编号,编号从 0 开始。

【例 15-10】　字符串型数据示例。示例代码(15-10.html)如下。

```html
<html>
<head>
<meta http-equiv="Content-type" Content="text/HTML;charset=UTF-8"/>
<title>例 15-10 字符串型数据示例</title>
</head>
<body>
<pre>
<script type="text/javascript">
document.writeln("Happy New Year!");
document.writeln("Happy 'New' Year!");
document.writeln('Happy "New" Year!');
</script>
</pre>
</body>
</html>
```

网页运行效果如图 15.10 所示。

图 15.10　字符串型数据示例

字符串类型数据中,有一种称为转义字符的特殊字符。当字符串中含有转义字符时,JavaScript 会将转义字符解析为其对应的含义。常用的转义字符及含义见表 15.1。

表 15.1　JavaScript 常用转义字符表

转　义　字　符	说　　明	转　义　字　符	说　　明
\n	回车换行符	\f	换页符
\t	Tab 符	\\	反斜杠\
\b	空格符	\'	单引号'
\r	回车符	\"	双引号"

【例 15-11】　转义字符应用示例。示例代码(15-11.html)如下。

```html
<html>
<head>
<meta http-equiv="Content-type" Content="text/HTML;charset=UTF-8"/>
<title>例 15-11 转义字符应用示例</title>
</head>
<body>
<script type="text/javascript">
alert("Happy New Year!\nHappy \"New\" Year!\rHappy 'New' Year!\'");
document.write("Happy New Year!\nHappy \"New\" Year!\rHappy 'New' Year!\'");
</script>
</body>
</html>
```

浏览器中网页运行,先弹出提示框,显示提示文字。单击【确定】按钮后,网页运行效果
如图 15.11 所示。

图 15.11　转义字符应用示例

转义字符中的换行符\n、回车符\r,如果采用 document.write()方式输出到网页上,在
浏览器中常被处理为空格。可以使用<pre>标记保持 JavaScript 代码生成的结果及格式。

3. 布尔型(boolean)

布尔型用于表示逻辑数值真或假,常用于判断。逻辑真用 true 表示,逻辑假用 false
表示。

【例 15-12】　布尔型数据示例。示例代码(15-12.html)如下。

```html
<html>
<head>
<meta http-equiv="Content-type" Content="text/HTML;charset=UTF-8"/>
<title>例 15-12 布尔型数据示例</title>
```

```
</head>
<body>
<script type="text/javascript">
document.write("3>2 的判断结果是");
document.write(3>2);
document.write("<br>2>3 的判断结果是");
document.write(2>3);
</script>
</body>
</html>
```

网页运行效果如图 15.12 所示。

图 15.12　布尔型数据示例

3. 空值型（null）

空值型表示数据的值是 null,用于定义空的或不存在的引用。

4. 未定义类型（undefined）

未定义类型用于表示声明过的变量从未进行赋值。未定义类型数据输出值为 undefined。

【例 15-13】　空值和未定义数据示例。示例代码(15-13.html)如下。

```
<html>
<head>
<meta http-equiv="Content-type" Content="text/HTML;charset=UTF-8"/>
<title>例 15-13 空值和未定义数据示例</title>
</head>
<body>
<script type="text/javascript">
document.write(null);
document.write("<br>");
var y;
document.write(y);
</script>
</body>
</html>
```

网页运行效果如图 15.13 所示。var y 语句声明了变量 y,但是未赋值,所以输出 y 时,结果为 undefined。

图 15.13　空值和未定义数据示例

5. 对象类型（Object）

对象类型是一种复合的、复杂的数据类型，是属性和方法的集合。属性描述对象的相关数据，方法是对象中可以执行的动作。对象的具体内容将在后面的章节介绍。

15.4.2　常量

常量是给数据存储空间声明的一个标识符，程序中使用该标识符访问数据。程序运行过程中，常量表示的值不能更改。JavaScript 常量通常用 const 声明并赋值。其基本语法格式如下。

```
const 常量名=值;
```

例如，下面语句定义了常量 x，赋值 1。

```
const x=1;
```

【例 15-14】　常量示例。示例代码（15-14.html）如下。

```html
<html>
<head>
<meta http-equiv="Content-type" Content="text/HTML;charset=UTF-8"/>
<title>例 15-14 常量示例</title>
</head>
<body>
<script type="text/javascript">
const PI=3.1415926;
alert("半径为 3 的圆周长为"+2 * PI * 3);
</script>
</body>
</html>
```

"＊"号是乘法运算符，用于对数据做乘法运算。"＋"号前后是数值型数据时，是加法运算符，对连接的数据做加法运算；"＋"号前后有字符串型数据时，是连接运算符，将连接的数据连接成一个字符串。

浏览器中网页运行效果如图 15.14 所示。

15.4.3　变量

变量是给数据存储空间声明的一个标识符，程序中使用该标识符访问数据。程序运行

图 15.14　常量示例

过程中,变量存储的数据值可以改变。在使用变量时,JavaScript 可以自动完成数据类型的转换,也可以进行数据类型的强制转换。

JavaScript 中用关键字 var 声明变量。声明变量的同时可以使用赋值运算符(=)给变量赋值,变量声明的基本语法格式如下。

```
var 变量名;
var 变量名 1,变量名 2...;
var 变量名=值;
```

JavaScript 中变量可以不声明就直接使用。一个关键字 var 可以声明多个变量,用逗号分隔。同一语句声明的多个变量,可以存储不同类型的数据。未赋值的变量,默认值是 undefined。变量使用中数据类型可以改变。

【例 15-15】　变量示例。示例代码(15-15.html)如下。

```html
<html>
<head>
<meta http-equiv="Content-type" Content="text/HTML;charset=UTF-8"/>
<title>例 15-15 变量示例</title>
</head>
<body>
<pre>
<script type="text/javascript">
var x=3;
y=x;
var z1=3.5,z2="hello",z3;
document.writeln(x);
document.writeln(y);
document.writeln(z1);
document.writeln(z2);
document.writeln(z3);
</script>
</pre>
```

```
</body>
</html>
```

浏览器中网页运行效果如图 15.15 所示。

图 15.15　变量示例

15.4.4　运算符和表达式

用运算符可以对一个或多个数据进行某种功能的操作,得到一个结果值。运算符运算的对象是操作数。运算符和操作数的组合,称为表达式。

JavaScript 中的运算符分为赋值运算符、算术运算符、比较运算符、逻辑运算符、位运算符和条件运算符等。

1. 赋值运算符

赋值运算符"＝",是将运算符右边的值赋给左边的变量、数组元素或者对象属性。新赋的值会覆盖原有的值。赋值运算符可以为多个变量连续赋值。用赋值运算符和操作数组合的表达式,称为赋值语句。

【例 15-16】　赋值运算符示例。示例代码(15-16.html)如下。

```
<html>
<head>
<meta http-equiv="Content-type" Content="text/HTML;charset=UTF-8"/>
<title>例 15-16 赋值运算符示例</title>
</head>
<body>
<pre>
<script type="text/javascript">
var x=y=3;
var z=x;
var m=1+2;
document.writeln(x);
document.writeln(y);
document.writeln(z);
document.writeln(m);
</script>
</pre>
</body>
</html>
```

浏览器中网页运行效果如图 15.16 所示。

图 15.16　赋值运算符示例

2. 算术运算符

算术运算符对数值数据进行数学算术运算。算术运算符和操作数的组合是算术表达式,表达式结果是算术运算的结果。算术运算符用法见表 15.2。

表 15.2　算术运算符

运　算　符	说　　明	表达式示例	表达式结果
＋	加法运算符	1＋2	3
－	减法运算符	8－6	2
＊	乘法运算符	3＊2	6
／	除法运算符	6/3	2
％	求余运算符	3％2	1
＋＋	自增运算符(不能用于常数、常量)	x＝3; x＋＋;	4
－－	自减运算符(不能用于常数、常量)	x＝3; x－－;	2

其中,运用"＋"运算符时,若操作数是数值型数据,则做加法运算;若操作数中有字符串,则做字符串的连接操作。

算术运算符的操作数应该是数值型数据。其他类型的数据需要转换为数值型数据才能进行数学运算。完全由数字字符组成的字符串,可以自动转换为数值型数据参加运算。操作数为布尔型数据时,true 自动转换为数字 1,false 自动转换为数字 0。不能自动转换为数值型的数据,需要用强制转换方法转换为数值型数据后,才能用于数学运算;否则运算结果为 NaN。

【例 15-17】　算术运算符示例。示例代码(15-17.html)如下。

```
<html>
<head>
<meta http-equiv="Content-type" Content="text/HTML;charset=UTF-8"/>
<title>例 15-17 算术运算符示例</title>
</head>
<body>
<pre>
```

```
<script type="text/javascript">
var nAddNumber=2+3;
document.writeln("数字 2 加数字 3 结果:"+nAddNumber);
var sAddString="2"+"3";
document.writeln("字符串 2 加 3 结果:"+sAddString);
var nAddString=2+"3";
document.writeln("数字 2 加字符串 3 结果:"+nAddString);
var sAddNumber="2"+3;
document.writeln("字符串 2 加数字 3 结果:"+sAddNumber);
document.writeln();
var nSubNumber=2-3;
document.writeln("数字 2 减数字 3 结果:"+nSubNumber);
var nSubString=2-'3';
document.writeln("数字 2 减数字字符 3 结果:"+nSubString);
var nSubChar=2-'a';
document.writeln("数字 2 减字符 a 结果:"+nSubChar);
var sSubNumber='2'-3;
document.writeln("数字字符 2 减数字 3 结果:"+sSubNumber);
var cSubNumber='a'-3;
document.writeln("字符 a 减数字 3 结果:"+cSubNumber);
document.writeln();
var nMulNumber=2 * 3;
document.writeln("数字 2 乘数字 3 结果:"+nMulNumber);
var nMulString=2 * '3';
document.writeln("数字 2 乘数字字符 3 结果:"+nMulString);
var nMulChar=2 * 'a';
document.writeln("数字 2 乘字符 a 结果:"+nMulChar);
document.writeln();
var nDivNumber=2/3;
document.writeln("数字 2 除数字 3 结果:"+nDivNumber);
var nDivString=2/'3';
document.writeln("数字 2 除数字字符 3 结果:"+nDivString);
var nDivChar=2/'a';
document.writeln("数字 2 除数字字符 a 结果:"+nDivChar);
document.writeln();
var nModNumber=5%3;
document.writeln("数字 5 除数字 3 取余结果:"+nModNumber);
var nModString=5%'3';
document.writeln("数字 5 除数字字符 3 取余结果:"+nModString);
var nModChar=5%'a';
document.writeln("数字 5 除字符 a 取余结果:"+nModChar);
document.writeln();
var x=5;
```

```
document.writeln("x="+x);
y1=x++;
document.writeln("y1=x++:后 x="+x+"   "+"y1="+y1);
var x=5;
y2=++x;
document.writeln("y2=++x:后 x="+x+"   "+"y2="+y2);
var x=5;
y3=x--;
document.writeln("y3=x--:后 x="+x+"   "+"y3="+y3);
var x=5;
y4=--x;
document.writeln("y4=--x:后 x="+x+"   "+"y4="+y4);
</script>
</pre>
</body>
</html>
```

y1＝x＋＋;语句在执行时,先执行赋值运算,将 x 的值赋值给 y1,再执行自增运算,x 自加 1。y2＝＋＋x;语句在执行时,先执行 x 自增运算,x 自加 1,再将 x 的值赋值给 y2。

浏览器中网页运行效果如图 15.17 所示。

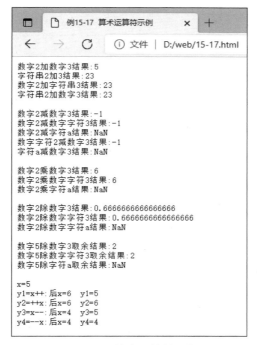

图 15.17　算术运算符示例

赋值运算符和算术运算符结合,可以使用简写格式。简写格式的含义见表 15.3。

表 15.3　赋值运算符和算术运算符组合形式

组 合 形 式	示　　例	说　　明
＋＝	x＋＝y	等价于 x＝x＋y
－＝	x－＝y	等价于 x＝x－y
＊＝	x＊＝y	等价于 x＝x＊y
/＝	x/＝y	等价于 x＝x/y
%＝	x%＝y	等价于 x＝x%y

3. 比较运算符

比较运算符用于比较运算符两端的值,确定两者的大小关系。比较运算符和操作数构成比较表达式。如果比较表达式关系成立,结果为 true;如果比较表达式关系不成立,结果为 false。比较运算符用法见表 15.4。

表 15.4　比较运算符

运　算　符	说　　明	表达式示例	表达式结果
＝＝	等于	3＝＝5	false
!＝	不等于	3!＝5	true
＞	大于	3＞5	false
＞＝	大于或等于	3＞＝5	false
＜	小于	3＜5	true
＜＝	小于或等于	3＜＝5	true
＝＝＝	全等于	3＝＝＝'3'	false
!＝＝	非全等于	3!＝＝'3'	true

数值型数据之间的比较,是按照数学中的大小比较。字符串型数据的比较,是按照从左至右依次比较相同位置字符的编码大小。不同类型的数据比较,需要先进行类型转换,再进行同类型数据值的比较。不同类型的数据比较规则如下。

- 如果字符串和数字比较,则将字符串转换为数值型数据后再进行比较;如果字符串不能正确转换为数值型数据,则结果为 false。
- 如果操作数是布尔值,则 true 转换为 1,false 转换为 0,再用于比较。
- 如果一个操作数是对象,则将对象转换为另一个操作数的类型再进行比较。如果对象和对象比较,则必须引用的是同一个对象才相等,否则不相等。
- null 和 undefined 比较,结果相等。null 和 null 比较,结果相等。undefined 和 undefined 比较,结果相等。NaN 和 NaN 比较,结果不相等。
- 全等于和非全等于运算符在比较时,既对值进行比较,还要对数据类型进行比较。

【例 15-18】　比较运算符示例。示例代码(15-18.html)如下。

```
<html>
<head>
```

```
<meta http-equiv="Content-type" Content="text/HTML;charset=UTF-8"/>
<title>例 15-18 比较运算符示例</title>
</head>
<body>
<pre>
<script type="text/javascript">
var x=3;
var y='2';
var z='ac';
var m=true;
var n='ab';
document.writeln("数字和数字比较:3>5<br>"+(3>5));
document.writeln("数字和数字字符比较:3>'2'<br>"+(x>y));
document.writeln("数字和字符比较:2>'ac'<br>"+(x>z));
document.writeln("数字和布尔值比较:3>true<br>"+(x>m));
document.writeln("字符和字符比较:'ac'>'ab'<br>"+(z>n));
document.writeln("字符和布尔值比较:'ac'>true<br>"+(z>m));
</script>
</pre>
</body>
</html>
```

浏览器中网页运行效果如图 15.18 所示。

图 15.18　比较运算符示例

4. 逻辑运算符

逻辑运算符用于对操作数执行布尔运算。逻辑运算符和操作数组成逻辑表达式,表达式结果为 true 或 false。逻辑运算符用法见表 15.5。

表 15.5　逻辑运算符

运算符	说　明	表达式示例	表达式结果
&&	逻辑与。操作数都是 true 结果为 true;操作数只要有一个为 false,结果为 false	5>3&&5<6	true

运算符	说 明	表达式示例	表达式结果
||	逻辑或。操作数有一个是 true 则结果为 true；操作数都是 false，结果才为 false	$5>3 \|\| 5>6$	true
!	逻辑非。逻辑值取反，true 取反为 false；false 取反为 true	$!(5>3)$	false

逻辑运算符的操作数是布尔型数据。如果运算数不是布尔型数据，则 JavaScript 会自动将操作数转换为布尔值后再做逻辑运算。其他类型数据自动转换为布尔型数据的规则见表 15.6。

表 15.6 其他类型数据自动转换为布尔型数据的规则

类 型	自动转换后布尔值
非空字符串	true
非 0 数字	true
infinity	true
- infinity	true
对象	true
空字符串	false
数字 0	false
NaN	false
null	false
undefined	false

【例 15-19】 逻辑运算符示例。示例代码(15-19.html)如下。

```html
<html>
<head>
<meta http-equiv="Content-type" Content="text/HTML;charset=UTF-8"/>
<title>例 15-19 逻辑运算符示例</title>
</head>
<body>
<pre>
<script type="text/javascript">
var x=3,y=5,z=6,str1="abc";
document.writeln("x>y&&z>y 结果:"+(x>y&&z>y));
document.writeln("x>y||z>y 结果:"+(x>y||z>y));
document.writeln("!(x>y)结果:"+!(x>y));
document.writeln("str1&&z>y 的结果"+(str1&&z>y));
</script>
</pre>
```

```
</body>
</html>
```

浏览器中网页运行效果如图 15.19 所示。

图 15.19　逻辑运算符示例

5. 位运算符

位运算符是对 32 位二进制整型数值按位进行操作。位运算符和操作数组成位运算表达式,表达式结果为位运算的结果。如果操作数不能转换为 32 位二进制整型数字,则运算结果为 NaN。位运算符见表 15.7。

表 15.7　位运算符

运　算　符	说　明	表达式示例	表达式结果
&	按位与	5&15	5
|	按位或	5|15	15
^	按位异或	5^15	10
~	按位非	~5	−6
<<	左移	5<<2	20
>>	右移	4026531841>>1	−134217728
>>>	补 0 右移	4026531841>>>1	2013265920

【例 15-20】　位运算符示例。示例代码(15-20.html)如下。

```
<html>
<head>
<meta http-equiv="Content-type" Content="text/HTML;charset=UTF-8"/>
<title>例 15-20 位运算符示例</title>
</head>
<body>
<pre>
<script type="text/javascript">
var x=5,y=15;
document.writeln(x.toString(2)+" "+y.toString(2));
document.writeln(x&y);
document.writeln(x|y);
```

```
document.writeln(x^y);
document.writeln(~x);
document.writeln(x<<2);
var z=4026531841;
document.writeln(z.toString(2));
document.writeln(z>>1);
document.writeln(z>>>1);
</script>
</pre>
</body>
</html>
```

toString()是 Number 对象中将数值型数据对象转换为字符串的方法。括号内的参数可以是进制基数 2、8、16,转换为相应的进制数据,默认是十进制基数。

计算机中,二进制数据采用补码表示规则。最高位是符号位,1 表示负数,0 表示正数。负数的补码转换为十进制真值时,数值部分要取反加 1 得到二进制真值,再求出十进制真值。例 15-20 中的变量 z 右移 1 位,得到二进制数 11111000000000000000000000000000,因为最高位是 1,是负数,所以二进制真值是 -00010000000000000000000000000000,转换为十进制是 -134217728。变量 z 补 0 右移 1 位,得到二进制数 01111000000000000000000000000000,最高位是 0,是正数,转换为十进制数是 2013265920。

浏览器中网页运行效果如图 15.20 所示。

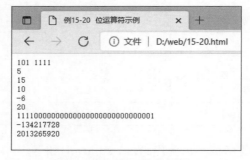

图 15.20　位运算符示例

6. 条件运算符

条件运算符是(?:),有 3 个操作数。如果第 1 个操作数结果是 true,则返回结果为第 2 个操作数;否则为第 3 个操作数,其语法格式如下。

条件表达式?表达式 1:表达式 2

第 1 个操作数是条件表达式。条件表达式可以是常量、变量或者各种表达式转换得到的布尔值。

例如,下面语句判断 3>2 结果是 true,则返回结果 1,赋值给变量 x。

x=3>2? 1:0;

【例 15-21】 条件运算符示例。示例代码(15-21.html)如下。

```
<html>
<head>
<meta http-equiv="Content-type" Content="text/HTML;charset=UTF-8"/>
<title>例 15-21 条件运算符示例</title>
</head>
<body>
<pre>
<script type="text/javascript">
document.writeln(3>2?"判断正确":"判断错误");
</script>
</pre>
</body>
</html>
```

浏览器中网页运行效果如图 15.21 所示。

图 15.21　条件运算符示例

7. 运算符的优先级

运算符组合使用的时候,要考虑运算符执行时的优先级。先执行优先级高的运算符,再执行优先级低的运算符。同级的运算符一般从左到右执行,也有部分运算符优先级相同时,从右向左执行。最好使用括号明确标明运算顺序。运算符优先级见表 15.8。表中优先级编号小的优先级高。

表 15.8　运算符的优先级

优先级	运　算　符	执行顺序(默认从左向右)
1	(),.[]	
2	!,~,+(正号),−(负号),++,−−	从右向左 +(正号),−(负号),++,−−,!,~
3	* ,/,%	
4	+,−	
5	<<,>>,>>>	
6	<,<=,>,>=	
7	==,!=,===,!==	
8	&.	

优先级	运　算　符	执行顺序（默认从左向右）
9	^	
10			
11	&&	
12				
13	?:	从右向左?:
14	$=,+=,-=,*=,/=,\%=,<<=,$ $>>=,>>>=,\&=,\wedge=,!=$	从右向左 $=,*=,/=,+=,-=,\%=,<<=,>>=,$ $\&=,\wedge=,!=$
15	,	

【例 15-22】 运算符优先级示例。示例代码(15-22.html)如下。

```
<html>
<head>
<meta http-equiv="Content-type" Content="text/HTML;charset=UTF-8"/>
<title>例 15-22 运算符优先级示例</title>
</head>
<body>
<pre>
<script type="text/javascript">
var x=10;
var x=3+x*2<<1;
document.writeln(x);
</script>
</pre>
</body>
</html>
```

表达式 x=3+x*2<<1 中，先进行"*"（乘法）运算，结果为 20，再进行"+"（加法）运算，结果为 23，接着进行"<<1"（左移 1 位）运算，结果为 46。最后进行赋值操作。

网页运行效果如图 15.22 所示。

图 15.22　运算符优先级示例

思考和实践

1. 问答题

（1）为什么说 JavaScript 是脚本语言？和 Java 语言的区别是什么？

（2）JavaScript 的使用方式有几种？分别适合于什么类型的网站设计？

（3）开发 JavaScript 的工具有哪些？

（4）JavaScript 的数据类型有哪几种？JavaScript 的数据可以不声明类型直接使用吗？

（5）JavaScript 的变量可以不事先声明直接使用吗？

2. 操作题

设计网页，用 JavaScript 实现：定义两个数值型变量并赋值两个数据，网页中给出数据的大小比较结果。网页运行效果如图 15.23 所示。

图 15.23　操作题效果图

第 16 章 JavaScript 语句和函数

本章学习目标

- 掌握各条件语句的格式和用法；
- 掌握各循环语句的格式和用法；
- 掌握函数定义和调用的格式。

本章首先介绍各条件语句的语法格式和应用示例，然后介绍循环语句的语法格式和应用示例，最后介绍函数定义和调用的格式。

16.1 条件语句

条件语句是先对条件进行判断，然后根据判断结果进行相应的处理。JavaScript 中有多种条件语句。

16.1.1 if 语句

if 语句在条件表达式为 true 时，执行语句中指定的代码，其具体语法格式如下。

```
if(条件表达式){语句}
```

如果条件表达式为 true，则执行 if 语句中指定的语句；如果为 false，则跳过 if 语句，执行 if 语句后面的下一条语句。

例如，下面语句判断变量 x 是否大于 3，如果结果为 true，则给变量 y 赋值 1。

```
if(x>3){y=1;}
```

【例 16-1】 if 语句示例。示例代码（16-1.html）如下。

```html
<html>
<head>
<meta http-equiv="Content-type" Content="text/HTML;charset=UTF-8"/>
<title>例 16-1 if 语句示例</title>
</head>
<body>
<script type="text/javascript">
var x=prompt("请输入成绩:");
if(x>=90){alert("成绩优秀");}
if(x>=80 &&x<90){alert("成绩良好");}
if(x>=70 &&x<80){alert("成绩中等");}
```

```
if(x>=60 &&x<70){alert("成绩及格");}
if(x<60){alert("成绩不及格");}
</script>
</body>
</html>
```

网页在浏览器中运行,先弹出提示框,输入成绩,如 95,单击【确定】按钮,得到判断结果,如图 16.1 所示。

图 16.1 if 语句示例

16.1.2 if-else 语句

if-else 语句根据一个条件表达式的结果,对应执行两个不同的分支代码,其具体语法格式如下。

```
if(条件表达式)
    {语句 1}
else
    {语句 2}
```

如果条件表达式为 true,则执行语句 1;如果条件表达式为 false,则执行语句 2。判断条件较多时,可以使用 if 语句的嵌套,即在语句 1 或者语句 2 中继续使用 if 语句进行其他条件的判断。

例如,下面的语句判断变量 x 是否大于 3,如果结果为 true,则给变量 y 赋值 1,如果结果为 false,则变量 y 赋值 0。

```
if(x>3)
    {y=1;}
else
    {y=0;}
```

【例 16-2】 if-else 语句示例。示例代码(16-2.html)如下。

```
<html>
<head>
```

```
<meta http-equiv="Content-type" Content="text/HTML;charset=UTF-8"/>
<title>例16-2 if-else语句示例</title>
</head>
<body>
<script type="text/javascript">
var x=prompt("请输入成绩:");
if (x>=60){alert("考试通过");}
else{alert("考试不通过");}
</script>
</body>
</html>
```

网页在浏览器中运行,先弹出提示框,输入成绩,如70,单击【确定】按钮后,网页运行效果如图16.2所示。

图16.2 if-else 语句示例

16.1.3 if-else if-else 语句

当有多个分支条件需要判断时,可以用 else if 依次进行多条件判断,执行条件为 true 时对应的代码。所有条件都为 false 时,则执行最后一个 else 后的代码,其具体语法格式如下。

```
if(条件表达式1)
    {语句1};
else if(条件表达式2)
    {语句2}
……
else if(条件表达式n)
    {语句n}
else
    {语句}
```

例如,下面语句判断变量 x 的值是否小于3,结果为 true,则 y 赋值-1;结果为 false,则继续判断 x 是否大于5,结果为 true,则 y 赋值1;如果前两个条件 x 都不符合(大于等于3

并且小于等于 5），则 y 赋值 0。

```
if(x<3)
    {y=-1;}
else if(x>5)
    {y=1;}
else
    {y=0;}
```

【例 16-3】 if-else if-else 语句示例。示例代码(16-3.html)如下。

```
<html>
<head>
<meta http-equiv="Content-type" Content="text/HTML;charset=UTF-8"/>
<title>例 16-3 if-else if-else 语句示例</title>
</head>
<body>
<script type="text/javascript">
var x=prompt("请输入成绩:");
if(x>=90){alert("成绩优秀");}
else if(x>=80 &&x<90){alert("成绩良好");}
else if(x>=70 &&x<80){alert("成绩中等");}
else if(x>=60 &&x<70){alert("成绩及格");}
else{alert("成绩不及格");}
</script>
</body>
</html>
```

网页在浏览器中运行，先弹出提示框，输入成绩，如 75，单击【确定】按钮后，网页运行效果如图 16.3 所示。

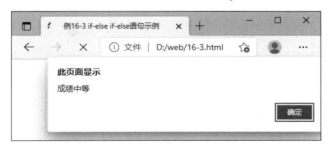

图 16.3　if-else if-else 语句示例

if、if-else、if-else if-else 语句，可以嵌套使用，要注意语句块的正确匹配。

16.1.4　switch 语句

switch 语句用于将表达式的结果与多个值比较，根据比较结果执行对应的语句，其具体语法格式如下。

```
switch(表达式)
{case 值 1:
    {语句 1
    break;}
case 值 2:
    {语句 2;
    break;}

……
default:
    {语句 n;}
}
```

表达式值与每个 case 后的值比较,如果类型和值都匹配,则执行匹配的 case 分支后的所有代码,直到遇到 break 语句为止;如果没有一个 case 的值能匹配,则执行 default 后的语句。

例如,下面语句判断变量 x 值,如果变量 x 等于 1,则执行变量 y 赋值 a 语句;如果变量 x 等于 2,则执行变量 y 赋值 b 语句;如果变量 x 是其他数据,则变量 y 赋值 c。

```
switch(x)
{case 1:
    {y="a";
    break;}
case 2:
    {y="b";
    break;}
default:
    {y="c";}
}
```

【例 16-4】 switch 语句示例。示例代码(16-4.html)如下。

```
<html>
<head>
<meta http-equiv="Content-type" Content="text/HTML;charset=UTF-8"/>
<title>例 16-4 switch 语句示例</title>
</head>
<body>
<script type="text/javascript">
var x=prompt("请输入考试名次:");
switch(x){
case "1":
 alert("你是状元!");
 break;
```

```
case "2":
 alert("你是榜眼!");
 break;
case "3":
 alert("你是探花!");
 break;
default:
alert("没有上榜,继续加油!");}
</script>
</body>
</html>
```

网页在浏览器中运行,先弹出提示框,输入名次,如1,单击【确定】按钮后,网页运行效果如图 16.4 所示。

图 16.4 switch 语句示例

16.2 循 环 语 句

循环语句是指在符合条件的情况下,重复执行指定的代码。JavaScript 中有多种循环语句。

16.2.1 for 语句

for 语句通过设置循环变量,根据循环变量控制循环语句执行的次数,其具体语法格式如下。

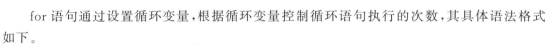
```
for(初始表达式;判断表达式;更新表达式)
{循环体语句
}
```

初始表达式在循环开始前执行,一般用来定义循环变量。判断表达式是循环的条件,当判断表达式结果为 true 时,执行循环体语句;判断表达式结果为 false 时,结束 for 循环语句。循环体语句执行后,再执行更新表达式,接着执行判断表达式,然后重复前面的过程。

例如,变量 y 初始值为 0。下面 for 语句中初始表达式设置变量 i 为 1。然后判断 i 小于

3,结果为 true,则执行 y＝y+1 语句,y 值为 1。接着执行更新表达式 i++,则变量 i 为 2。重复判断表达式,i 小于 3,结果为 true,则执行 y＝y+1 语句,y 值为 2。继续执行更新表达式 i++,则变量 i 为 3。重复判断表达式,i 小于 3 结果为 false,for 语句结束。

```
y=0;
for(i=1;i<3;i++){
y=y+1;
}
```

【例 16-5】 for 语句示例。示例代码(16-5.html)如下。

```
<html>
<head>
<meta http-equiv="Content-type" Content="text/HTML;charset=UTF-8"/>
<title>例 16-5 for 语句示例</title>
</head>
<body>
<pre>
<script type="text/javascript">
for(i=0;i<5;i++){
document.write(i+" ");
for(j=0;j<=i;j++){
document.write(j);}
document.write("<br>");
}
</script>
</pre>
</body>
</html>
```

浏览器中网页运行效果如图 16.5 所示。

图 16.5　for 语句示例

16.2.2　for-in 语句

for-in 语句用于对一个集合的数据属性和方法进行遍历。每获得集合中的一个数据属性,就执行循环体一次。集合可以是数组、对象,其具体语法格式如下。

```
for(变量 in 对象){
循环体语句
}
```

例如,数组 city 中有字符串"a""b""c",下面的 for-in 语句,遍历数组的数据属性(元素下标)赋值给 x,再用数组[下标]访问到每一个数组数据输出到网页。

```
var city=new Array("a","b","c");
for(x in city){
Document.write(city[x]);
}
```

【例 16-6】 for-in 语句示例。示例代码(16-6.html)如下。

```
<html>
<head>
<meta http-equiv="Content-type" Content="text/HTML;charset=UTF-8"/>
<title>例 16-6 for-in 语句示例</title>
</head>
<body>
<pre>
<script type="text/javascript">
for(x in document){
document.writeln("属性名称"+x+"属性值"+document[x]);
}
</script>
</pre>
</body>
</html>
```

Document 是网页的文档对象,document[属性名]可以访问文档对象的某个属性值。例 16-6 通过 for-in 语句遍历 document 对象的属性及属性值。

浏览器中网页运行效果如图 16.6 所示。

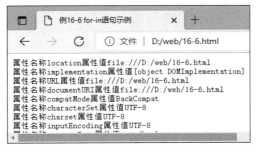

图 16.6　for-in 语句示例

16.2.3 while 语句

while 语句是根据条件表达式结果,控制循环体语句是否执行,其具体语法格式如下。

```
while(条件表达式){
循环体语句
}
```

先判断条件表达式,如果为 true,则执行循环体语句;如果为 false,则结束 while 语句。循环体语句执行后,重复判断条件表达式,再根据结果确定后续是执行循环体语句,还是结束 while 语句。while 语句是前测式循环,条件不成立,则循环体可能一次都不会执行。

例如,下面语句中变量 y 初始值为 0,变量 x 初始值为 1。while 语句判断 x 小于 3,结果为 true,则执行 y=y+1,得到 y 值为 1;执行 x=x+1,得到 x 值为 2。重复判断 x 小于 3,结果为 true,则执行 y=y+1,得到 y 值为 2;执行 x=x+1,得到 x 值为 3。重复判断 x 小于 3,结果为 false,while 语句结束。

```
y=0;x=1;
while(x<3){
y=y+1;
x=x+1;
}
```

【例 16-7】 while 语句示例。示例代码(16-7.html)如下。

```
<html>
<head>
<meta http-equiv="Content-type" Content="text/HTML;charset=UTF-8"/>
<title>例 16-7 while 语句示例</title>
</head>
<body>
<script type="text/javascript">
var mm=prompt("请输入密码");
while(mm!="admin"){
mm=prompt("密码错,请重新输入密码");
}
alert("登录成功");
</script>
</body>
</html>
```

网页在浏览器中运行,先弹出提示框,在提示框中输入密码,如 a,单击【确定】按钮后,如果输入的密码不是程序设定的"admin",则网页显示"重新输入密码"的提示框;如果输入的密码是"admin",则网页显示"登录成功",效果如图 16.7 所示。

图 16.7　while 语句示例

16.2.4　do-while 语句

do-while 语句先执行循环体语句,然后判断条件表达式,如果条件表达式为 true,则重复执行循环体语句;如果条件表达式为 false,则结束 do-while 语句,其具体语法格式如下。

```
do
{循环体语句
}while(条件表达式);
```

do-while 语句是后测式循环,在循环体执行后再进行条件判断,则循环体至少会执行一次。

例如,下面语句中,初始变量 y 赋值 0,变量 x 赋值 1。do-while 语句先执行 y＝y＋1 语句,得到 y 值为 1,执行 x＝x＋1 语句,得到 x 值为 2。然后判断 x 小于 3,结果为 true,则重复执行 y＝y＋1 语句,得到 y 值为 2,执行 x＝x＋1 语句,得到 x 值为 3。继续判断 x 小于 3,结果为 false,do-while 语句结束。

```
y=0;x=1;
do
{y=y+1;
x=x+1;
}while(x<3);
```

【例 16-8】　do-while 语句示例。示例代码(16-8.html)如下。

```
<html>
<head>
<meta http-equiv="Content-type" Content="text/HTML;charset=UTF-8"/>
<title>例 16-8 do-while 语句示例</title>
</head>
<body>
<script type="text/javascript">
do{
mm=prompt("请输入密码");
}while(mm!="admin");
```

```
alert("登录成功");
</script>
</body>
</html>
```

网页在浏览器中运行,先弹出提示框,在提示框中输入密码,单击【确定】按钮后,如果输入的密码不是程序设定的"admin",则网页仍旧显示"输入密码"的提示框;如果输入的密码是"admin",则网页弹出提示框显示"登录成功",运行效果如图16.8所示。

图 16.8   do-while 语句示例

16.2.5   break 和 continue 语句

break 语句用于结束当前语句。如果是循环语句,则结束当前循环,执行循环语句后的语句。

continue 语句用于提前结束本次循环,循环体内还没执行的语句不再执行,重新开始下一次循环。

【例 16-9】   break 和 continue 语句示例。示例代码(16-9.html)如下。

```
<html>
<head>
<meta http-equiv="Content-type" Content="text/HTML;charset=UTF-8"/>
<title>例 16-9 break 和 continue 语句示例</title>
</head>
<body>
<pre>
<script type="text/javascript">
for(i=0;i<5;i++){
if(i==2){continue;}
document.writeln("当前 i 值"+i);
for(k=0;k<5;k++){
if(k==3){break;}
document.write("  当前 k 值"+k+" ");
}
document.write("<br>");
```

```
        }
      </script>
    </pre>
  </body>
</html>
```

浏览器中网页运行效果如图 16.9 所示。

图 16.9　break 和 continue 语句示例

16.3　函　　数

函数是实现特定功能的一段程序,可被直接调用。JavaScript 中提供了大量的系统内
部函数,也允许自定义函数。系统内部函数大多存在于预定义对象中。本节介绍自定义函
数的语法和应用,在后面章节再详细讲解常用的系统内部对象及函数。

16.3.1　函数定义

函数使用关键字 function 创建。函数定义格式如下。

```
function 函数名(参数 1,参数 2……)
{函数体代码语句
return 表达式;
}
```

参数是函数执行前接收的数据。函数可以没有参数,但是要保留括号。函数的功能由
函数体内的语句执行实现。函数可以在执行函数体代码语句后,通过 return 语句返回一个
值。return 语句可以没有,只执行函数体代码语句。return 语句只能用于函数中。

函数中定义的变量,是局部变量,使用范围在函数内。函数外定义的变量,是全局变量,
是在整个 JavaScript 代码中都有效的变量。

16.3.2　函数调用

函数通过使用函数名进行调用。函数调用语句的格式如下。

```
函数名(参数 1,参数 2……)
```

使用函数调用语句时,参数的类型、个数和顺序,要和函数定义时的参数类型、个数、顺序相同。JavaScript 在函数调用时不会进行参数检测,所以如果不一致,则会发生未知错误。

例如,下面语句定义函数 bijiao(),接收两个参数分别赋值给 x 和 y。在函数内部对 x 和 y 进行比较,将大的数赋值给 m。函数返回结果 m。bijiao(4,5)语句调用函数 bijiao(),将数据 4 赋值给 x,将数据 5 赋值给 y,在函数内部比较 x 和 y,因为 x 大于 y 结果为 false,则执行 m=y 语句,得到 m 值为 5。函数返回值为 5,则 document.write()语句输出调用函数的返回值 5 到网页。

```
function bijiao(x,y){
if(x>y){m=x;}else{m=y;}
return m;
}
document.write(bijiao(4,5));
```

【例 16-10】 函数示例。示例代码(16-10.html)如下。

```
<html>
<head>
<meta http-equiv="Content-type" Content="text/HTML;charset=UTF-8"/>
<title>例 16-10 函数示例</title>
</head>
<body>
<pre>
<script type="text/javascript">
wel();
var x=prompt("请输入圆的半径");
document.writeln("圆周长为:"+circle(x));

function wel(){
alert("欢迎使用本网页");
}

function circle(r){
c=2 * 3.14 * r;
return c;
}
</script>
</pre>
</body>
</html>
```

网页在浏览器中运行,先弹出提示框,在提示框中单击【确定】按钮后,出现"请输入圆的半径"的提示框,在输入框中输入半径值,如 3,单击【确认】按钮,效果如图 16.10 所示。

图 16.10　函数示例

思考和实践

1. 问答题

（1）各条件语句之间有什么不同？

（2）各循环语句之间有什么不同？

（3）switch 语句中，各分支为什么要使用 break 语句？

（4）JavaScript 中如何定义和调用一个函数？

（5）函数调用时参数的类型和顺序有什么规定？

2. 操作题

（1）设计网页，用 JavaScript 实现网页上依次显示 h1～h6 的标题文字"hello world"。效果如图 16.11 所示。

图 16.11　操作题(1)效果图

（2）设计网页，用 JavaScript 实现用表单文本框输入两个数据，给出数据比较结果。效果如图 16.12 所示。

图 16.12　操作题(2)效果图

第 17 章 JavaScript 内置对象

本章学习目标

- 了解对象的概念；
- 掌握对象创建和访问的方法；
- 掌握各内置对象的属性和方法。

本章首先介绍对象的概念和对象创建、访问的方法，然后介绍 JavaScript 的内置对象的属性、方法及应用。

17.1 对象的概念

对象是一种复合的数据类型，包括属性和方法两个基本要素。属性实现对象相关信息的存储，一般与变量相关联；方法实现对象的特定操作，一般与函数代码相关联。

JavaScript 支持基于对象的编程。JavaScript 中包括内置对象和宿主对象。内置对象是 ECMAScript 标准中定义的类型。宿主对象是机器环境提供的类型，包括 DOM（Document Object Model，文档对象模型）和 BOM（Browser Object Model，浏览器对象模型）。用户也可以创建自定义对象。

对象是一种抽象的数据类型。一般需要先创建对象的实例，再访问对象实例的属性和方法。JavaScript 中有少数内置对象，不需要创建实例，可以直接访问对象的属性。

17.1.1 创建对象实例

在 JavaScript 中，创建对象实例的方法有 3 种。

1. 创建 Object 对象的实例

Object 是系统内置对象。可以用 new 运算符创建 Object 对象的实例，其语法格式如下。

```
var 对象实例名=New Object();
```

例如，下面语句创建了 Object 对象的对象实例 student。

```
var student=New Object();
```

2. 创建已有对象的实例

JavaScript 中有许多内置对象，用户也可以创建自定义类型的对象，然后用 new 运算符创建这些对象的实例，其语法格式如下。

```
var 对象实例名=new 已有对象名();
```

例如,JavaScript 中有日期对象 Date,下面的语句创建了日期对象 Date 的实例 x。

```
var x=new Date();
```

3. 采用列表赋值创建对象实例

直接采用列表赋值方式创建自定义对象的实例,并设置对象实例的属性、属性值、方法和方法函数,其语法格式如下。

```
var 对象实例名={属性:属性值,
         ......
         方法:函数,
         ......
            }
```

例如,下面的语句创建了对象实例 student,用列表形式定义了对象实例 student 的 3 个属性 name、age、sex 和 1 个方法 show,并且设置了每个属性的属性值和方法对应的函数功能。

```
var student={name:"张三",
         age:"18",
         sex:"male",
         show:function(){document.write("ok");}
            }
```

17.1.2　对象实例的属性

创建对象实例后,可以访问对象实例的属性,包括设置和引用属性值。对象实例的属性,具有属性名、属性下标。访问对象实例的属性可以有 3 种形式,其语法格式如下。

```
对象实例名.属性名
对象实例名[属性下标]
对象实例名["属性名"]
```

例如,下面的语句设置 student 对象实例的 name 属性的属性值为"李四"。

```
student.name= "李四";
```

又如,下面的语句引用 student 对象实例的 3 个属性值,分别赋值给变量 x、y、z。

```
x=student.name;              //将 student 对象实例的 name 属性的属性值赋值给 x
y=student["age"];            //将 student 对象实例的 age 属性的属性值赋值给 y
z=student[2];                //将 student 对象实例的第 2 个属性(sex)的属性值赋值给 z
```

17.1.3　对象实例的方法

创建对象实例后,可以访问对象实例的方法,包括设置方法的函数和运行方法。

1. 设置对象实例的方法

设置对象实例的方法有两种,可以在创建对象实例时设置,也可以在对象实例创建完成后通过赋值设置,其语法格式如下。

```
var 对象实例名={
        ······
            方法:函数,
        ······
                }
```

或者

```
对象实例名.方法名=函数;
```

例如,下面的语句,设置了 student 对象实例的方法 show 的功能函数为 mm()。

```
Function mm(){
document.write("ok");}

student.show=mm;
```

2. 运行对象实例的方法

对象实例的方法实质上是关联了一个函数代码,运行对象实例的方法同调用函数一样,其语法格式如下。

```
对象实例名.方法名(参数);
```

例如,下面的语句,运行 student 对象实例的方法 show。

```
student.show();
```

17.1.4　with 语句

多次访问对象实例的属性和方法时,需要重复引用对象实例名,语句会比较啰嗦。可以用 with 语句,修改语句的作用域,减少大量重复的输入,其语法格式如下。

```
with(对象实例名){
语句块;
}
```

例如,下面的语句,用 with 语句访问 student 对象实例,设置 name 属性的属性值,运行方法 show()。

```
with(student){
name="张三 ";
show();}
```

17.1.5 this 关键字

JavaScript 中,由于对象实例的引用是多层次的,容易造成混乱。可以采用 this 关键字表示当前的对象实例。

例如,下面的语句在定义 student 对象实例时,用 this.age 表示引用当前对象实例 student 的 age 属性。

```
var student={age:"12",
show:function(){return this.age;}
}
```

【例 17-1】 自定义对象示例。示例代码(17-1.html)如下。

```html
<html>
<head>
<meta http-equiv="Content-type" Content="text/HTML;charset=UTF-8"/>
<title>例 17-1 自定义对象示例</title>
</head>
<body>
<pre>
<script type="text/javascript">
var student=new Object();
var student={age:"12",
show:function(){return this.age;}
}
document.writeln(student["age"]);
document.writeln(student.show());
</script>
</pre>
</body>
</html>
```

浏览器中网页显示效果如图 17.1 所示。

图 17.1　自定义对象示例

17.2　Global 对象

Global 对象又称为全局对象,其包含的属性和方法,可以应用于所有 JavaScript 内置对象。

1. Global 对象的常用属性

Global 对象属性中,Infinity 表示正无穷大;-Infinity 表示负无穷大;NaN 表示非数值;undefined 表示未声明或未赋值的变量值。

2. Global 对象的常用方法

Global 对象的常用方法见表 17.1。

表 17.1　Global 对象的常用方法

方　　法	说　　明
isNaN(数据)	判断数据值是否为数字,非数字时返回 true,否则返回 false
Number(对象)	将对象转换为数值类型数据。必须是规范的整数或小数形式,否则返回 NaN
parseInt(字符串对象)	字符串转换为整数数据。从首个字符开始转换,直到不符合整数规范为止。不能转换则返回 NaN
parsetFloat(字符串对象)	字符串转换为浮点数据。从首个字符开始转换,直到不符合浮点数规范为止。不能转换则返回 NaN
String(对象)	对象转换为字符串类型数据

【例 17-2】　Global 方法示例。示例代码(17-2.html)如下。

```html
<html>
<head>
<meta http-equiv="Content-type" Content="text/HTML;charset=UTF-8"/>
<title>例 17-2 Global 方法示例</title>
</head>
<body>
<pre>
<script>
var x="3.12ab";
document.writeln(isNaN(x));
var y=parseInt(x);
var z=parseFloat(x);
document.writeln(y);
document.writeln(z);
document.writeln(isNaN(y));
document.writeln(y+z);
document.writeln(y+String(z));
</script>
</pre>
</body>
</html>
```

浏览器中网页运行效果如图 17.2 所示。

图 17.2　Global 方法示例

【**例 17-3**】　Global 对象方法应用示例—加法器。示例代码(17-3.html)如下。

```html
<html>
<head>
<meta http-equiv="Content-type" Content="text/HTML;charset=UTF-8"/>
<title>例 17-3 Global 对象方法应用示例-加法器</title>
</head>
<body>
<pre>
<script>
var x=prompt("请输入第 1 个加数","");
var y=prompt("请输入第 2 个加数","");
document.write("不转换为数字运算结果为");
document.writeln(x+y);
document.write("转换为数字运算结果为");
document.writeln(parseFloat(x)+parseFloat(y));
</script>
</pre>
</body>
</html>
```

网页在浏览器中运行,先弹出提示框,在提示对话框中输入数据,如 2.34,单击【确定】按钮,网页弹出第 2 个提示框,在第 2 个提示对话框中输入数据,如 3.567,单击【确定】按钮,网页运行效果如图 17.3 所示。

图 17.3　加法器示例

17.3　Number 对象

Number 对象是数值型数据的包装对象。

1. Number 对象的常用属性

访问 Number 对象的属性不需要创建对象实例,直接用对象名 Number 访问。Number 对象常用属性中,MAX_VALUE 表示数值范围允许的最大数;MIN_VALUE 表示数值范围允许的最小数;NEGATIVE_INFINITY 表示负无穷大;POSITIVE_INFINITY 表示正无穷大;NaN 表示非数值。

例如,下面语句获得 Number 对象允许的最大数,赋值给变量 x。

```
x=Number.MAX_VALUE;
```

2. Number 对象的常用方法

访问 Number 对象的方法,需要先创建 Number 对象的实例再访问。Number 对象的常用方法见表 17.2。

表 17.2　Number 对象的常用方法

方　　法	说　　明
toString(指定进制)	把数字转换为字符串,可以指定进制基数 2、8、16,默认为 10
toFixed(小数位数)	把数字四舍五入为指定小数位数的数字

【例 17-4】　Number 对象示例。示例代码(17-4.html)如下。

```
<html>
<head>
<meta http-equiv="Content-type" Content="text/HTML;charset=UTF-8"/>
<title>例 17-4 Number 对象示例</title>
</head>
<body>
<pre>
<script type="text/javascript">
var x=Number.MAX_VALUE;
document.writeln(x);
var y=3.14159;
document.writeln(y.toFixed(2));
var z1=2.3;
var z2=12;
document.writeln(z1.toString()+z2.toString());
var m1="2.3";
var m2="12";
document.writeln(Number(m1)+Number(m2));
var n="2.3a";
```

```
document.writeln(Number(n));
</script>
</pre>
</body>
</html>
```

浏览器中网页运行效果如图 17.4 所示。

图 17.4　Number 对象示例

【例 17-5】　Number 对象方法应用示例-求圆周长（保留 2 位小数）。示例代码（17-5. html）如下。

```
<html>
<head>
<meta http-equiv="Content-type" Content="text/HTML;charset=UTF-8"/>
<title>例 17-5 Number 对象方法应用示例-求圆周长(保留 2 位小数)</title>
</head>
<body>
<pre>
<script type="text/javascript">
var r=prompt("请输入圆的半径");
var c=2 * 3.14 * parseFloat(r);
document.writeln("圆周长为"+c.toFixed(2));
</script>
</pre>
</body>
</html>
```

网页在浏览器中运行，先弹出提示框，在提示对话框中输入数据，如 3，单击【确定】按钮，网页运行效果如图 17.5 所示。

图 17.5　求圆周长应用示例

17.4 Math 对象

Math 对象包括数学运算的属性和方法。

1. Math 对象的常用属性

访问 Math 对象的属性不需要创建对象实例,直接用对象名 Math 访问。Math 对象的属性是数学运算中的一些常量。Math 对象的常用属性见表 17.3。

表 17.3   Math 对象的常用属性

属　　性	说　　明
E	返回算术常量 e(约为 2.718)
LN2	返回 log 以算术常量 e 为底的 2 的对数(约为 0.693)
LN10	返回 log 以算术常量 e 为底的 10 的对数(约为 2.302)
LOG2E	返回 log 以 2 为底的算术常量 e 的对数(约为 1.414)
LOG10E	返回 log 以 10 为底的算术常量 e 的对数(约为 0.434)
PI	返回圆周率 π 的值(约为 3.1415926)
SQRT1_2	返回数字 2 的平方根的倒数(约为 0.707)
SQRT2	返回数字 2 的平方根(约为 1.414)

2. Math 对象的常用方法

访问 Math 对象的方法不需要创建对象实例,直接用对象名 Math 访问。Math 对象的方法是一些数学运算。Math 对象的常用方法见表 17.4。

表 17.4   Math 对象的常用方法

方　　法	说　　明
abs(x)	返回 x 的绝对值
ceil(x)	返回大于等于 x 的最小整数
floor(x)	返回小于等于 x 的最大整数
round(x)	返回 x 四舍五入后的整数值
max(x,y)	返回 x 和 y 中的最大数
min(x,y)	返回 x 和 y 中的最小数
random()	返回 0 到 1 间的随机数
pow(x,y)	返回 x 的 y 次方值
exp(x)	返回 e 的 x 次幂
log(x)	返回 x 的自然对数
sqrt(x)	返回 x 的平方根
sin(x)	返回 x 的正弦值

方　　法	说　　明
cos(x)	返回 x 的余弦值
tan(x)	返回 x 的正切值
asin(x)	返回 x 的反正弦值
acos(x)	返回 x 的反余弦值
atan(x)	返回 x 的反正切值

【例 17-6】 Math 对象的方法应用示例-求圆面积(结果四舍五入取整数)。示例代码(17-6.html)如下。

```html
<html>
<head>
<meta http-equiv="Content-type" Content="text/HTML;charset=UTF-8"/>
<title>例 17-6 Math 对象的方法应用示例-求圆面积取整</title>
</head>
<body>
<pre>
<script type="text/javascript">
var r=prompt("请输入圆的半径");
document.writeln("圆半径为"+r);
var s=Math.PI * parseFloat(r) * parseFloat(r);
document.writeln("圆面积为"+Math.round(s));
</script>
</pre>
</body>
</html>
```

网页在浏览器中运行,先弹出提示框,在提示对话框中输入数据,如 2.3,单击【确定】按钮,网页运行效果如图 17.6 所示。

图 17.6　求圆面积应用示例

【例 17-7】 Math 对象的方法应用示例-加法出题练习。示例代码(17-7.html)如下。

```html
<html>
<head>
```

```
<meta http-equiv="Content-type" Content="text/HTML;charset=UTF-8"/>
<title>例 17-7 Math 对象的方法应用示例-加法出题练习</title>
</head>
<body>
下面是 1 位数的加法题目,刷新可以重新出题:<br>
<script type="text/javascript">
var sj1=Math.ceil(Math.random() * 10);
var sj2=Math.ceil(Math.random() * 10);
da=sj1+sj2;
document.write(sj1+"+"+sj2+"=");
</script>
<form name="f">
请输入你的答案<input type='text' name='jg'><br>
<input type="submit" onclick="document.write('正确答案是'+da+',你的答案是'+
document.f.jg.value)">
</form>
</body>
</html>
```

网页在浏览器中运行,会出现两个 1 位随机数的加法题,如 3＋1。在单行文本框中输入答案,如 7,单击【提交】按钮,网页显示效果如图 17.7 所示。

图 17.7　加法出题练习应用示例

17.5　String 对象

String 对象包括字符串处理的属性和方法。这些属性和方法是字符串对象实例的属性和方法,所以要用字符串对象实例名访问。

1. String 对象的常用属性

length 属性用于获取 String 对象实例中字符的个数。

例如,下面语句定义字符串对象的实例变量 x,通过 length 获得变量 x 的长度,赋值给变量 y。

```
var x="abc";
y=x.length;
```

2. String 对象的常用方法

String 对象中有大量操作字符串的方法。常用的方法见表 17.5。

表 17.5　String 对象常用方法

方　　　法	说　　　明
big()	用大号字体显示字符串
blink()	显示闪动字符串
bold()	使用粗体显示字符串
charAt(位置号)	返回在指定位置的字符
charCodeAt(位置号)	返回在指定位置字符的 Unicode 编码
concat(字符串列表)	连接逗号分隔的字符串列表
fixed()	以打字机文本显示字符串
fontcolor(颜色)	使用指定的颜色(颜色名、RGB 颜色值)显示字符串
fontsize(尺寸值)	使用指定的尺寸(1~7)显示字符串
fromCharCode(Unicode 值列表)	从字符编码列表创建一个字符串
indexOf(字符串,检索起始位置)	检索与字符串匹配的第一个字符串的位置,否则返回－1
italics()	使用斜体显示字符串
lastIndexOf(字符串,检索起始位置)	从后向前搜索字符串
link(链接 URL)	将字符串显示为链接
match(字符串或正则表达式)	找到一个或多个字符串或正则表达式的匹配字符串,返回匹配内容
replace(正则表达式,替换子串)	替换与正则表达式匹配的子串
search(字符串或正则表达式)	检索与字符串或正则表达式相匹配的第一个值的位置,若没找到,则返回－1
slice(起始位置,结束位置)	提取字符串从起始位置到结束位置之前的片断(不含结束位置),并在新的字符串中返回被提取的部分。位置号为负表示倒数位置号
small()	使用小字号显示字符串
split(分割符,分割数目)	根据分割符把字符串分割为字符串数组
strike()	使用删除线来显示字符串
sub()	把字符串显示为下标
substr(起始位置,数目)	从起始索引号提取字符串中指定数目的字符。不允许位置号为负
substring(起始位置,结束位置)	提取字符串从起始位置到结束位置之前的字符串(不含结束位置)。位置号不允许为负
sup()	把字符串显示为上标
toLowerCase()	把字符串转换为小写
toUpperCase()	把字符串转换为大写

【例 17-8】　String 对象方法示例。示例代码(17-8.html)如下。

```
<html>
<head>
```

```
<meta http-equiv="Content-type" Content="text/HTML;charset=UTF-8"/>
<title>例17-8 String对象方法示例</title>
</head>
<body>
<pre>
<script type="text/javascript">
var str1="Hello World!";
var str2="everybody";
document.writeln("Hello World!字符串长度"+str1.length);
msg1=str1.charAt(1);
document.writeln("Hello World!中第1个字符是"+msg1.bold());
msg2=str1.concat(str2);
document.writeln("Hello World!连接第2个字符串结果是"+msg2.italics());
msg3=str1.indexOf("o");
document.writeln("Hello World!中字符o位置是"+msg3);
msg4=str1.lastIndexOf("o");
document.writeln("Hello World!中字符o倒数位置是"+msg4);
msg5=str1.slice(2,-1);
document.writeln("Hello World!中位置2到倒数位置1的字符串是"+msg5.strike());
msg6=str1.substring(2,7);
document.writeln("Hello World!中位置2到7的字符串是"+msg6.sub());
msg7=str1.substr(2,5);
document.writeln("Hello World!中位置2开始的5个字符是"+msg7.sup());
document.writeln("Hello World!全大写是"+str1.toUpperCase());
document.writeln("Hello World!全小写是"+str1.toLowerCase());
</script>
</pre>
</body>
</html>
```

浏览器中网页运行效果如图17.8所示。

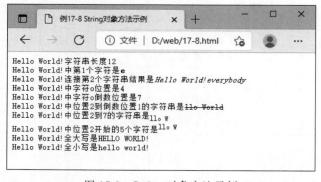

图17.8 String对象方法示例

【例17-9】 String对象方法应用示例-登录欢迎。示例代码(17-9.html)如下。

```
<html>
<head>
<meta http-equiv="Content-type" Content="text/HTML;charset=UTF-8"/>
<title>例 17-9 String 对象方法应用示例-登录欢迎</title>
<script>
function hy(){
var x=document.f.na.value.charAt(0);
var s=document.f.sex.value;
alert(x+s+"你好");
}
</script>
</head>
<body>
<form name="f">
姓名<input type="text" name="na"><br>
性别<input type=radio value="先生" name="sex">男
    <input type=radio value="女士" name="sex">女
<br>
<button onclick="hy()">登录</button>
</form>
</body>
</html>
```

网页在浏览器中运行,显示表单,在文本框中输入数据,如张三,单选框内选择性别,如男,单击【登录】按钮,网页显示效果如图 17.9 所示。

图 17.9　登录欢迎应用示例

17.6　RegExp 对象

RegExp 是正则表达式对象,用于生成描述字符串匹配规则的正则表达式。正则表达式的语法包括匹配模式和搜索模式两部分,正则表达式的语法格式如下。

New RegExp(匹配模式,搜索模式)

或简写为:

1. 匹配模式

常用的匹配模式见表 17.6。

表 17.6　正则表达式的常用匹配模式

匹配模式	说　　明	示　　例
\	后续为特殊字符	\d 表示 0～9 的数字
^	后续字符为最前面的字符	^w 表示匹配以 w 开头的字符串
$	后续字符是结尾的字符	$ r 表示匹配以 r 结尾的字符串
*	匹配 * 前面的字符 0 次或 n 次	Go * 可以匹配"Glass"中的 G
+	匹配＋前面的字符 1 次或 n 次	Go＋可以匹配"Good"中的 Goo
?	匹配? 前面在字符 0 次或 1 次	Go? 可以匹配"Glass"中的 G
(x)	匹配 x 并记录匹配的值	(Go)可以匹配"Good"中的 Go
x|y	匹配 x 或者匹配 y	red|blue 可以匹配"red apple"中的 red
{n}	匹配前面的字符 n 次	s{2}可以匹配"Glass"中的 ss
{n,}	匹配前面的字符至少 n 次	s{1,}可以匹配"Glass"中的 ss
{n,m}	匹配前面的字符大于等于 n 次,小于 m 次	es{1,3}可以匹配"esssst"中的 esss
[xyz]	匹配列出的任意字符,可用-指定范围	[abc]和[a-c]都可以匹配"Glass"中的 a
[^xyz]	匹配除了列出的字符外的字符,可用-指定范围	[^abc]和[^a-c]都可以匹配"bus"中的 us
[\b]	匹配一个空格	
\b	匹配单词分界线	\bn\w 匹配"noonday"中的 no
\B	匹配一个单词的非分界线	\w\Bn 匹配"noonday"中的 on
\cX	X 是一个控制字符,匹配控制字符串	\cM 匹配 Control＋M 或者 Center 回车符
\d	匹配任何数字	\d 匹配 abc2 中的 2
\D	匹配任何非数字	\D 匹配 abc2 中的 a
\f	匹配一个表单符	
\n	匹配一个换行符	
\r	匹配一个回车符	
\s	匹配一个 Unicode 空格符	
\S	匹配一个非 Unicode 空格符	
\v	匹配一个顶头制表符	
\t	匹配一个制表符	
\w	匹配所有数字、字母以及下画线	\w 匹配"abc"中的 a
\W	匹配除数字、字母以及下画线以外的其他字符	\W 匹配"5a_v%"中的 %

匹配模式	说　　　明	示　　　例
\n	n是正整数,表示匹配第 n 个()中的字符	
\ooctal	嵌入八进制的 escape 码	
\xhex	嵌入十六进制的 escape 码	

2. 搜索模式

搜索模式有 g 和 i 两个可选值。g 表示全局搜索,搜索时将匹配所有符合条件部分。i 表示匹配时忽略大小写,不设置则默认为大小写敏感。

3. RegExp 对象的方法

RegExp 对象实例创建完成后,有两种方法用于检索文本。RegExp 对象的方法见表 17.7。

表 17.7　RegExp 对象的方法

方法	说　　　明
exec(文本)	检索文本中符合正则表达式的字符串,返回第一次匹配的内容,否则返回 null 值。每次检索从上次检索位置向后直到全部检索完
test(文本)	检测文本中符合正则表达式的字符串,检测到则返回 true;否则返回 false

【例 17-10】　RegExp 对象示例。示例代码(17-10.html)如下。

```
<html>
<head>
<meta http-equiv="Content-type" Content="text/HTML;charset=UTF-8"/>
<title>例 17-10 RegExp 对象示例</title>
</head>
<body>
<pre>
<script type="text/javascript">
var str="Happy New Year 2020 ,ppp"
document.writeln(str.match(/\d/g));
var y=new RegExp("[p]{1,}","g");
document.writeln(y.exec(str));
document.writeln(y.exec(str));
z=/[p]{1,}/g
document.writeln(z.exec(str));
</script>
</pre>
</body>
</html>
```

例 17-10 中正则表达式/\d/g,表示匹配所有数字。创建 RegExp 对象,匹配模式"[p]

{1,}",搜索模式"g",设置全局匹配字母 p 一次以上的子字符串。/[p]{1,}/g 是简写方式。

浏览器中网页运行效果如图 17.10 所示。

图 17.10　RegExp 对象示例

【例 17-11】 String 对象方法和 RegExp 对象应用示例-关键词标注。示例代码(17-11. html)如下。

```
<html>
<head>
<meta http-equiv="Content-type" Content="text/HTML;charset=UTF-8"/>
<title>例 17-11 String 对象方法和 RegExp 对象应用示例-关键词标注</title>
</head>
<body>
<script>
str="计算机运算速度快:计算机内部是由电路组成的,可以高速准确地完成各种算术运算。当今
计算机系统的运算速度已达到每秒万亿次,微机也可达到每秒亿次以上,使大量复杂的科学计算问
题得以解决。例如:卫星轨道的计算、大型水坝的计算、24 小时天气预报的计算需要几年甚至几十
年,而在现代社会,用计算机只需几分钟就可完成。"
var str2=str.replace(/计算机/g,"<span style='border:1px solid red;'>计算机
</span>")
document.write(str2);
</script>
</form>
</body>
</html>
```

例 17-11 中,用/计算机/g 全局匹配"计算机"字符串,用 str.replace 对字符串对象实例 str 执行替换方法。浏览器中网页运行效果如图 17.11 所示。

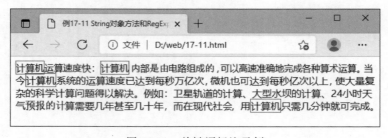

图 17.11　关键词标注示例

17.7　Array 对象

数组对象是用来存储一系列的值,而只需设置一个数组名。数组中的每个值称为数组的元素,在数组中的序号称为元素下标。JavaScript 数组中,每个元素的类型可以不一样。

1. 创建数组对象实例

JavaScript 中创建数组对象实例的方法有多种,其具体语法格式如下。

```
var 数组名=new Array();              //创建空数组
var 数组名=new Array(逗号分隔的数据列表);  //根据数据列表值创建数组
var 数组名=new Array (元素个数);        //创建空数组,数组长度等于元素个数
var 数组名=[数据列表];               //直接根据数据列表创建数组
```

例如,下面语句创建多个数组对象实例。

```
varx=new Array();                 //创建空数组对象实例 x
var y=new Array("a","b","c");     //根据数据列表值创建数组对象实例 y
var z=new Array (5);              //创建空数组对象实例 z,数组长度等于元素个数
var m=["a","b","c"];             //直接根据数据列表创建数组对象实例 m
```

2. 访问数组对象元素

数组元素下标从 0 开始编号。访问数组对象实例中的某个元素,采用数组对象实例名[下标]的形式。访问数组对象实例名表示访问数组对象实例中的所有元素。

【例 17-12】　创建数组示例。示例代码(17-12.html)如下。

```
<html>
<head>
<meta http-equiv="Content-type" Content="text/HTML;charset=UTF-8"/>
<title>例 17-12 创建数组和访问数组</title>
</head>
<body>
<pre>
<script type="text/javascript">
var arrayA=new Array();
var arrayB=new Array("aa","bb","cc");
var arrayC=new Array(3);
var arrayD=["one",2,"three"];
document.write(arrayA+"<br>");
document.write(arrayB[0]+"<br>");
document.write(arrayC+"<br>");
document.write(arrayD+"<br>");
</script>
</pre>
</body>
</html>
```

浏览器中网页运行效果如图 17.12 所示。

图 17.12 创建数组示例

3. 数组对象的属性

length 是数组对象的常用属性,表示数组元素的个数。

4. 数组对象的方法

数组对象的方法实现对数组的操作。数组对象的常用方法见表 17.8。

表 17.8 数组对象的常用方法

方　　法	说　　明
concat(数组列表)	返回多个数组连接后的新数组。数组列表用逗号分隔
join(分隔符)	将数组中的所有元素用分隔符间隔连接成字符串,默认用逗号
pop()	删除数组的最后一个元素,返回删除的元素值。数组长度改变
push(数据列表)	将数据追加到数组的末尾,返回改变的数组长度。元素列表用逗号分隔
shift()	删除数组的第一个元素,返回删除的元素值。数组长度改变
unshift(数据列表)	将数据列表插入到数组开头,返回改变的数组长度。元素列表用逗号分隔
reverse()	反转数组的元素顺序,原始数组改变
sort()	对数组元素排序,原始数组改变。默认按 ASCII 码升序排序
slice(起始位置,结束位置)	取从数组中起始位置到结束位置的元素,返回新数组。可以为负数,表示倒数位置号。不包含结束位置的元素
splice(指定位置,个数,数据列表)	从数组中指定位置处删除指定个数的元素,插入数据列表中的值,返回改变的数组
toString()	数组转换为用逗号分隔的字符串
indexOf(元素值,起始位置)	在数组中从起始位置搜索指定的元素值,返回找到的元素位置;没有找到,则返回-1
lastIndexOf(数据,起始位置)	在数组中从起始位置从后往前搜索指定的数据,返回找到的位置;没有找到,则返回-1
fill(数据,起始位置,结束位置)	用指定的数据值填充数组起始位置到结束位置的元素

【例 17-13】 数组对象的属性和方法示例。示例代码(17-13.html)如下。

```
<html>
<head>
```

```
<meta http-equiv="Content-type" Content="text/HTML;charset=UTF-8"/>
<title>例 17-13 数组对象的属性和方法示例</title>
</head>
<body>
<pre>
<script type="text/javascript">
var arr=new Array("A","B","C");
document.writeln("原始数组:"+arr);
document.writeln("length 数组长度:"+arr.length);
document.writeln("pop 删除最后一个元素:"+arr.pop()+",当前数组为"+arr);
document.writeln("push 在最后追加元素:"+arr.push("d","E")+",当前数组为"+arr);
document.writeln("reverse 数组反转:"+arr.reverse());
document.writeln("sort 数组排序:"+arr.sort());
document.writeln("shift 删除第一个元素:"+arr.shift()+",当前数组为"+arr);
document.writeln("unshift 数组开头插入元素:"+arr.unshift("a")+",当前数组为"+
arr);
document.writeln("slice 截取数组中 1-3 的字符:"+arr.slice(1,3));
document.writeln("toString 数组转字符串:"+arr.toString());
document.writeln("join 数组 * 连接成字符串:"+arr.join("*"));
var x=arr.splice(2,1,"b");
document.writeln("splice(2,1,'b')数组删除后插入:"+x+",当前数组为"+arr);
document.writeln("concat 数组连接:"+arr.concat(x));
</script>
</pre>
</body>
</html>
```

浏览器中网页运行效果如图 17.13 所示。

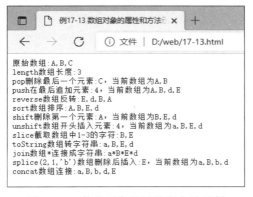

图 17.13　数组对象的属性和方法示例

【例 17-14】　数组应用示例-数据序列处理。示例代码(17-14.html)如下。

```
<html>
```

```
<head>
<meta http-equiv="Content-type" Content="text/HTML;charset=UTF-8"/>
<title>例 17-14 数组应用示例-数据序列处理</title>
<script type="text/javascript">
var shuju=new Array();
var he=0;
var ping=0;
var str="";
function chu(){
var n=document.f1.shu.value;
str=str+" "+n;
he=he+parseInt(n);
shuju.push(parseInt(n));
ping=he/shuju.length;
var msg="输入的数据序列是"+str;
msg=msg+"\n 排序后的数据是"+shuju.sort();
msg=msg+"\n 数据平均值是"+ping;
alert(msg);
}
</script>
</head>
<body>
<form name="f1">
请输入数据序列(每输入一个数据,单击按钮处理)<br>
<input type="text" name="shu">
<input type="button" value="数据处理" onclick="chu()">
</form>
</body>
</html>
```

网页在浏览器中运行,网页中显示表单。在文本框中每次输入一个数据后,单击【数据处理】按钮,可以对已输入数据排序和求平均值。例如,输入数据序列为 3、5、6、9、4、1、2,最后一个数据输入后,网页运行效果如图 17.14 所示。

图 17.14 数据序列处理示例

【例 17-15】 数组应用示例-数字字符串序列处理。示例代码(17-15.html)如下。

```
<html>
<head>
<meta http-equiv="Content-type" Content="text/HTML;charset=UTF-8"/>
<title>例 17-15 数组应用示例-数字字符串序列处理</title>
<script type="text/javascript">
var shuju=new Array();
var he=0;
var ping=0;
var str="";
function chu(){
var n=document.f1.shu.value;
var msg="输入的数据序列是"+n;
shuju=n.split(" ");
msg=msg+"\n 排序后的数据是"+shuju.sort();
for(i=0;i<shuju.length;i++){
he=he+parseInt(shuju[i]);
}
ping=he/shuju.length;
msg=msg+"\n 数据平均值是"+ping;
alert(msg);
}
</script>
</head>
<body>
<form name="f1">
请输入数据序列(以空格间隔)<br>
<input type="text" name="shu">
<input type="button" value="数据处理" onclick="chu()">
</form>
</body>
</html>
```

网页在浏览器中运行,网页中显示表单。在文本框中输入以空格间隔的数据序列,如 3
5 6 9 4 1 2 后,单击【数据处理】按钮,网页运行效果如图 17.15 所示。

图 17.15 数字字符串序列处理示例

17.8 Date 对象

在 JavaScript 中,用时间戳标识某一时刻的时间,记录从格林威治时间 1970 年 01 月 01 日 00 时 00 分 00 秒(UTC/GMT 的午夜)起至该时刻的总秒数。Date 对象处理与时间戳、日期、时间有关的内容。

1. 创建 Date 对象实例

有 4 种方法可以创建 Date 对象实例,其语法格式如下。

```
对象实例名=new Date();
对象实例名=new Date(毫秒数);
对象实例名=new Date(日期时间字符串);
对象实例名=new Date(年,月,日,时,分,秒,毫秒);
```

【例 17-16】 创建 Date 对象示例。示例代码(17-16.html)如下。

```html
<html>
<head>
<meta http-equiv="Content-type" Content="text/HTML;charset=UTF-8"/>
<title>例 17-16 创建 Date 对象实例示例</title>
</head>
<body>
<pre>
<script type="text/javascript">
var d1=new Date();
document.writeln(d1);
var d2=new Date(123456);
document.writeln(d2);
var d3=new Date("May 1,2000 12:01:02");
document.writeln(d3);
var d4=new Date(2020,1,2,3,4,5);
document.writeln(d4);
</script>
</pre>
</body>
</html>
```

浏览器中网页运行效果如图 17.16 所示。

图 17.16 创建 Date 对象实例示例

2. Date 对象的常用方法

Date 对象的常用方法见表 17.9。

表 17.9　Date 对象的常用方法

方　法	说　明
Date()	获取当前日期和时间
getFullYear()	获取 Date 对象的 4 位数年份
getMonth()	获取 Date 对象的月份(0~11),0 是 1 月
getDate()	获取 Date 对象是月里的第几日(1~31)
getDay()	获取 Date 对象是星期几(0~6),0 是星期日
getHours()	获取 Date 对象的小时数(0~23)
getMinutes()	获取 Date 对象的分钟数(0~59)
getSeconds()	获取 Date 对象的秒数(0~59)
getMilliseconds()	获取 Date 对象的毫秒数(0~999)
getTime()	返回距 1970 年 1 月 1 日至今的毫秒数
setFullYear()	设置 Date 对象的 4 位数年份,也可以同时设置月份,第几日
setMonth()	设置 Date 对象的月份(0~11),0 是 1 月
setDate()	设置 Date 对象是月里的第几日(1~31)
setHours()	设置 Date 对象的小时数(0~23),也可以同时设置分钟数,秒数以及毫秒数
setMinutes()	设置 Date 对象的分钟数(0~59),也可以同时设置秒数与毫秒数
setSeconds()	设置 Date 对象的秒数(0~59),也可以同时设置毫秒数
setTime()	以 1970 年 1 月 1 日至今的毫秒数设置 Date 对象
toDateString()	把 Date 对象的日期部分转换为字符串
toTimeString()	把 Date 对象的时间部分转换为字符串
toLocaleDateString()	根据本地时间格式把 Date 对象的日期部分转换为字符串
toLocaleTimeString()	根据本地时间格式把 Date 对象的时间部分转换为字符串
toLocaleString()	根据本地时间格式把 Date 对象的日期和时间转换为字符串

【例 17-17】　Date 对象的方法示例。示例代码(17-17.html)如下。

```
<html>
<head>
<meta http-equiv="Content-type" Content="text/HTML;charset=UTF-8"/>
<title>例 17-17 Date 对象的方法示例</title>
</head>
<body>
<pre>
```

```
<script type="text/javascript">
var d1=new Date();
document.writeln("现在是"+d1);
document.writeln("现在是"+d1.toLocaleString());
y=d1.getFullYear();
mo=d1.getMonth()+1;
r=d1.getDate();
h=d1.getHours();
mi=d1.getMinutes();
s=d1.getSeconds();
w=d1.getDay();
w=(w==0?"日":w);
document.writeln("现在是"+y+"年"+mo+"月"+r+"日"+h+"时"+mi+"分"+s+"秒"+"星期"
+w);
mi=mi+120;
d1.setMinutes(mi);
document.writeln("经过 120 分钟后是 "+d1);
</script>
</pre>
</body>
</html>
```

浏览器中网页运行效果如图 17.17 所示。

图 17.17 Date 对象的方法示例

【例 17-18】 Date 对象的方法应用示例—日历时钟。示例代码(17-18.html)如下。

```
<html>
<head>
<meta http-equiv="Content-type" Content="text/HTML;charset=UTF-8"/>
<meta http-equiv="refresh" Content="1">
<title>例 17-18 Date 对象的方法应用示例—日历时钟</title>
<style>
pre{width:100px;height:300px;
    border:1px solid blue;
    background-color:yellow;
    text-align:center;}
</style>
```

```
</head>
<body>
<pre>
<script type="text/javascript">
var d1=new Date();
y=d1.getFullYear();
mo=d1.getMonth()+1;
r=d1.getDate();
h=d1.getHours();
mi=d1.getMinutes();
s=d1.getSeconds();
w=d1.getDay();
w=(w==0?"日":w);
document.writeln(y+"年"+mo+"月"+r+"日");
document.writeln("星期"+w);
document.writeln(h+":"+mi+":"+s);
</script>
</pre>
</body>
</html>
```

例 17-18 中，<meta>标记的 http-equiv="refresh" 设置了页面刷新，Content="1"设置了页面刷新的间隔时间为 1s，可以实现时钟每秒刷新。

浏览器中网页运行效果如图 17.18 所示。

图 17.18　日历时钟

思考和实践

1. 问答题

（1）如何创建对象实例？

（2）如何设置对象实例的属性？

（3）如何设置对象实例的方法？

（4）如何访问对象实例的属性？

（5）如何访问对象实例的方法？

（6）With 语句的作用是什么？

（7）This 关键字的含义是什么？

2. 操作题

设计网页，用 JavaScript 实现 4 位随机数验证码生成。在单行文本框中输入验证码，单击【提交】按钮后，如果输入的验证码不对，给出错误提示，单击【确定】按钮后，重新生成新验证码；如果输入的验证码正确，给出验证通过的提示。效果如图 17.19 所示。

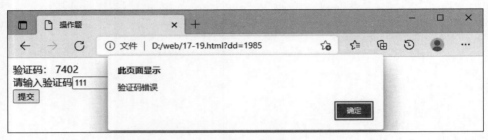

图 17.19　操作题效果图

第 18 章　JavaScript DOM 和 BOM

本章学习目标

- 了解文档对象模型(DOM)的概念;
- 了解浏览器对象模型(BOM)的概念;
- 掌握 DOM 中各对象的常用属性和方法;
- 掌握 BOM 中各对象的常用属性和方法。

本章首先介绍文档对象模型的概念,然后介绍 Document 对象及其集合对象的引用、事件和节点操作方法,最后介绍浏览器对象模型的概念,以及浏览器对象模型中各对象的常用属性、方法及应用。

18.1　文档对象模型

文档对象模型(Document Object Model,DOM)定义了访问和处理 HTML 文档的标准方法,主要功能是访问、检索、修改 HTML 文档的内容和结构。DOM 中,Document 对象是顶层对象,包含了很多集合对象,如 forms、images、links、anchors 等。

Document 对象包含页面中的一些通用属性和方法,可以访问页面中的任意元素。JavaScript 可以通过 Document 对象引用某个元素对象,然后对引用的元素对象进行交互操作,包括获取元素对象的内容、属性,修改元素对象的内容、属性和样式,以及对元素对象应用事件和操作方法等。

元素对象的属性是指 HTML 标记中定义的属性。另外,元素对象还具有 length、text、innerHTML 属性。length 属性表示元素对象个数。text 属性表示元素对象标记中的文本内容。innerHTML 属性表示元素对象标记中的 HTML 标记和文本内容。

元素对象的样式是 CSS 中可以定义的样式项目。注意样式名称要遵照驼峰命名法,即第一个单词全小写,后面的每个单词首字母大写。访问元素对象的样式采用"元素对象.style.样式名"格式。

元素对象的事件是设置元素对象监听用户的操作动作,以激发对应的事件处理。

元素对象的操作方法,包括元素节点的添加、删除等操作。

18.1.1　引用元素对象

Document 对象提供了多种引用 HTML 文档元素对象的方法。这些方法使用前,要确保文档元素对象已经加载完成,否则会有潜在的错误。

1. 通过数组引用元素对象

Document 对象以数组形式管理 HTML 文档中的元素。数组中的每个元素对象可以采用数组名[下标]形式引用。同类元素按照在文档中的先后顺序编号,即元素在数组中的下标编号,其语法格式如下。

document.元素数组[i]	//引用元素对象

常见的元素对象数组见表 18.1。

表 18.1　常见的元素对象数组

元素对象数组	说　　明
forms[]	＜form＞标记数组
forms[].elements[]	forms 数组中的表单元素数组
images[]	＜img＞标记数组
links[]	＜a＞标记数组
anchors[]	所有超链接(锚)数组

【例 18-1】　数组引用元素对象示例。示例代码(18-1.html)如下。

```
<html>
<head>
<meta http-equiv="Content-type" Content="text/HTML;charset=UTF-8"/>
<title>例 18-1 数组引用元素对象示例</title>
<style>
input{background-color:red;}
img{width:200;height:100;}
</style>
</head>
<body>
<form name="ff" action="index.php">
用户名<input type="text">
<input type="submit" value="提交" onclick="prin()">
</form>
<img src="images/1.jpg" >
<img src="images/2.jpg" >
<a href="http://www.baidu.com"><strong>百度</strong></a>
<a href="http://www.sina.com">新浪</a>
<pre>
<script type="text/javascript">
document.writeln("form 标记的个数"+document.forms.length);
document.writeln("form 标记 0 的 name 属性"+document.forms[0].action);
document.writeln("form 的 element 数组中元素 0 的 type 属性"+document.forms[0].
elements[0].type);
document.writeln("img 标记的个数"+document.images.length);
document.writeln("img 标记 0 的 src 属性"+document.images[0].src);
document.writeln("a 标记的个数"+document.links.length);
document.writeln("a 标记 0 的 href 属性"+document.links[0].href);
document.writeln("a 标记 0 的 text 内容"+document.links[0].text);
```

```
document.writeln("a 标记 0 的 HTML 内容"+document.links[0].innerHTML);
document.images[0].src="images/3.jpg";
document.writeln("修改 img 标记 0 的 src 属性"+document.images[0].src);
document.forms[0].elements[0].style.backgroundColor="gray";

function prin(){
document.writeln("form 的 element 数组中元素 0 的 value 属性"+document.forms[0].
elements[0].value);
}
</script>
</pre>
</body>
</html>
```

在浏览器中,网页运行效果如图 18.1 所示。在文本框中输入数据后,单击【提交】按钮,可以获得表单中元素 0 的 value 属性值。

图 18.1　数组引用元素对象示例

2. 通过 name 属性引用元素对象

如果 form 对象、images 对象和 Applets 对象中的 HTML 元素设置了 name 属性,则可以通过 name 属性引用元素对象,其语法格式如下。

```
document.images.元素 name        //引用 images 对象中某个 img 元素
document.表单 name.元素 name      //引用 form 对象中某个表单元素
document.forms[i].元素 name       //引用 form 对象中某个表单元素
```

【例 18-2】　name 属性引用元素对象示例。示例代码(18-2.html)如下。

```
<html>
```

```
<head>
<meta http-equiv="Content-type" Content="text/HTML;charset=UTF-8"/>
<title>例 18-2 name 属性引用元素对象示例</title>
<style>
input{background-color:red;}
img{width:200;height:100;}
</style>
</head>
<body>
<form name="ff" action="index.php">
用户名<input type="text" name="t1" >
<input name="t2" type="submit" value="提交" onclick="prin()">
</form>
<img name="t3" src="images/1.jpg" >
<img name="t4" src="images/2.jpg" >
<pre>
<script type="text/javascript">
document.writeln("ff 表单中 name 为 t1 元素的 type 属性"+document.ff.t1.type);
document.writeln("ff 表单中 name 为 t2 元素的 type 属性"+document.ff.t2.type);
document.writeln("img 元素中 name 为 t3 的 src 属性"+document.images.t3.src);
document.writeln("img 元素中 name 为 t4 的 width 属性"+document.images.t4.width);
document.images.t3.src="images/3.jpg";
document.writeln("修改 img 元素中 name 为 t3 的 src 属性"+document.images.t3.src);
document.ff.t1.style.backgroundColor="gray";

function prin(){
document.writeln("第 0 个表单中 name 为 t1 的元素 value 属性"+document.forms[0].t1.
value);
}
</script>
</pre>
</body>
</html>
```

浏览器中网页运行效果如图 18.2 所示。在文本框中输入数据后，单击【提交】按钮，可以获得表单中 name 为 t1 的元素的 value 属性值。

3. 通过 Document 对象的方法引用元素对象

Document 对象有 3 种方法可以引用网页中的元素对象。这种方式适用于所有元素对象，其语法格式如下。

```
document.getElementById("ID 名称")
document.getElementsByTagName("标记名称")
document.getElementsByClassName("类名称")
```

getElementById()方法根据元素的 ID 名称引用元素对象。一般默认不同的 HTML 元素有

图 18.2　name 属性引用元素对象示例

不同的 ID 名称,因此通过 getElementById()方法引用的是单个元素。getElementsByTagName()方法根据标记名称引用元素对象,以数组形式返回文档中同一种标记的元素对象。getElementsByClassName()方法根据类名称引用元素对象,以数组形式返回文档中同一个类名的元素对象。如果引用的元素对象不存在或者还未加载,则返回 null。

【例 18-3】　方法引用元素对象示例。示例代码(18-3.html)所示。

```
<html>
<head>
<meta http-equiv="Content-type" Content="text/HTML;charset=UTF-8"/>
<title>例 18-3 方法引用元素对象示例</title>
<style>
input{background-color:red;}
img{width:200;height:100;}
</style>
</head>
<body>
<form name="ff" action="index.php">
用户名<input type="text" id="t1" >
<input id="t2" type="submit" value="提交" onclick="prin()">
</form>
<img src="images/1.jpg" >
<img src="images/2.jpg" >
<p class="a">这是一个段落</p>
<div class="a">这是一个 div 的内容</div>
<pre>
<script type="text/javascript">
document.writeln("id 为 t1 的元素的 type 属性"+ document.getElementById("t1").
type);
document.writeln("id 为 t2 的元素的 type 属性"+ document.getElementById("t2").
type);
```

```
document.writeln("标记名为 img 的元素中第 0 个元素的 src 属性"+document.
getElementsByTagName("img")[0].src);
document.writeln("标记名为 img 的元素中第 1 个元素的 width 属性"+document.
getElementsByTagName("img")[1].width);
document.writeln("标记名为 p 的元素中第 0 个元素的 html 内容"+document.
getElementsByTagName("p")[0].innerHTML);
document.getElementsByClassName("a")[0].style.backgroundColor="gray";
document.getElementsByClassName("a")[1].style.fontSize="20px";


function prin(){
document.writeln("id 为 t1 的元素的 value 属性"+document.getElementById("t1").
value);
}
</script>
</pre>
</body>
</html>
```

　　浏览器中网页运行效果如图 18.3 所示。在文本框中输入数据后，单击【提交】按钮，可以获得表单中 id 为 t1 的元素的 value 值。

图 18.3　方法引用元素对象示例

18.1.2　元素对象的事件

　　事件是浏览器响应用户操作的机制，例如，用户操作鼠标单击浏览器网页的按钮，或者在网页表单中输入数据时，浏览器做出相应的处理。监听事件并进行相应的处理，称为事件处理。JavaScript 为浏览器窗口及浏览器中的元素对象定义了多种事件，有些事件是自动触发，有些事件需要用户设定。

　　事件处理方式有 3 种。第 1 种是在 HTML 元素的属性中进行事件处理，第 2 种是在

JavaScript 引用元素对象时设置事件处理属性,第 3 种是用 JavaScript 为元素对象注册事件处理程序。

1. HTML 元素的属性中进行事件处理

在 HTML 元素的属性中增加事件处理的属性,并指定事件激发时要执行的代码,其语法格式如下。

```
<标记 事件处理属性="事件处理代码">……</标记>
```

针对不同的元素,JavaScript 支持不同的事件属性。HTML 元素常用的事件处理属性见表 18.2。

表 18.2　HTML 元素常用的事件处理属性

事件处理属性	说　　明	应　用　元　素
onabort	图像加载过程被中断	图像
onblur	元素失去焦点	框架、表单元素
onchange	域的内容被改变	单行文本框、多行文本域、文件域、下拉菜单
onclick	元素被鼠标左键单击	链接、文档、按钮、单选按钮、复选框
ondbclick	元素被鼠标左键双击	链接、图像区域、文档
onerror	加载框架或图像错误	图像、框架
onfocus	元素获得焦点	框架、表单元素
onkeydown	键盘按键被按下	链接、图像、文档、多行文本域、单行文本框
onkeypress	键盘按键按下并松开	链接、图像、文档、多行文本域、单行文本框
onkeyup	键盘按键被松开	链接、图像、文档、多行文本域、单行文本框
onload	图像或窗口加载完成	图像、框架
onmousedown	鼠标按键按下	链接、文档、按钮、段落、列表
onmousemove	鼠标被移动	链接、文档、按钮、段落、列表
onmouseout	鼠标移出当前元素区域外	链接、图像区域、段落、列表
onmouseover	鼠标移到元素上	链接、图像区域、段落、列表
onmouseup	释放鼠标左键	链接、文档、按钮、段落、列表
onreset	重置按钮被单击	表单
onresize	窗口或框架大小改变	窗口、框架
onselect	文本被选中	单行文本框、多行文本域
onsubmit	提交按钮被单击	表单
onunload	页面退出或刷新	窗口、框架
ondrag	元素正在被拖动	所有标记
ondragend	完成元素的拖动	所有标记

事件处理属性	说　明	应 用 元 素
ondragenter	拖动的元素进入放置目标	所有标记
ondragleave	拖动元素离开放置目标	所有标记
ondragover	拖动元素在放置目标上	所有标记
ondragstart	开始拖动元素	所有标记
ondrop	拖动元素放置在目标区域	所有标记

【例 18-4】　元素事件示例。示例代码(18-4.html)如下。

```
<!DOCTYPE HTML>
<html>
<head>
<meta charset="utf-8">
<title>例 18-4 元素事件示例</title>
<script>
function huantu(){
document.getElementById("tu").src="images/2.jpg";
}
function biank(){
var ys=document.getElementById("xian").value;
document.getElementById("tu").style.borderStyle=ys;
}
var count=0;
function shuchu(){
count++;
document.getElementById("ti").innerHTML="用户名长度"+count;
}
function bianse(){
document.getElementById("na").style.backgroundColor="yellow";
}
function tianxie(){
alert("你填写的用户名是"+document.getElementById("na").value);
}
</script>
</head>
<body onload="document.getElementById('tu').style.borderStyle='solid'">
<img src="images/1.jpg" id="tu" style="width:200px; height:200px;" onclick=
"huantu();">
<br>
图片边框样式<select id="xian" onchange="biank();">
    <option value="solid" selected>实线</option>
    <option value="dotted">虚线</option>
    </select>
```

```
<form onsubmit="tianxie();">
用户名<input type="text" id="na" onfocus="bianse();" onkeypress="shuchu();">
<input type="submit" value="提交">
</form>
<p id="ti">用户名长度 0 </p>
</body>
</html>
```

网页在浏览器中运行,显示图片 1.jpg 和表单。单击图片 1.jpg,图片切换为 2.jpg。在下拉列表中选择不同选项,设置图片元素边框样式。在文本框中输入数据,如"ABC",网页显示数据字符数。单击【提交】按钮,弹出提示框,显示文本框的 value 属性值。网页运行效果如图 18.4 所示。

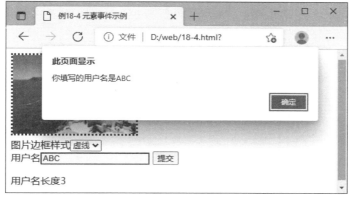

图 18.4　元素事件示例

2. 引用元素对象的事件属性

在 JavaScript 中,对引用的元素设置事件属性,并进行赋值,指定事件激发时要执行的代码,其语法格式如下。

```
元素对象.事件=函数名;                  //注意,赋值的函数没有括号
```

【例 18-5】　引用元素的事件属性示例。示例代码(18-5.html)如下。

```
<!DOCTYPE HTML>
<html>
<head>
<meta charset="utf-8">
<title>例 18-5 引用元素的事件属性示例</title>
</head>
<body>
<img src="images/1.jpg" id="tu" style="width:200px;height:200px;">
<script>
function huantu(){
```

```
document.getElementById("tu").src="images/2.jpg";
}
document.getElementById("tu").onclick=huantu;
</script>
</body>
</html>
```

网页在浏览器中运行,显示图片 1.jpg。单击图片 1.jpg,图片切换为 2.jpg,显示效果如图 18.5 所示。

图 18.5 引用元素的事件属性示例

3. 元素对象注册事件处理程序

可以采用 addEventListener()方法为元素对象注册事件处理程序。这种方法,可以对任何标记对象注册事件处理程序,并且可以对同一对象同一类型事件注册多个处理函数,会在事件触发时依次执行,其语法格式如下。

```
元素对象.addEventListener(事件类型,处理函数,捕捉参数)
```

参数事件类型是 HTML 元素事件属性支持的各种事件类型名称。事件类型的名称前面不要字符串"on"。参数处理函数是事件发生时调用的函数,函数名不带括号。捕捉参数是指事件处理的阶段选择,true 表示在事件传播的第一阶段,false 表示在事件传播的其他阶段。捕捉参数设为 false 是常规处理方式。

【例 18-6】 元素对象注册事件处理程序示例。示例代码(18-6.html)如下。

```
<html>
<head>
<meta charset="utf-8">
<title>例 18-6 元素对象注册事件处理程序示例</title>
</head>
<body>
<p id="d">这是一个段落</p>
<script>
```

```
var myp=document.getElementById("d");
myp.addEventListener("mousedown",chuli,false);
function chuli() {
    myp.style.background="red";
}
</script>
</body>
</html>
```

网页在浏览器中运行,显示段落文字。在段落上有鼠标单击时,段落背景色发生变化,效果如图 18.6 所示。

图 18.6　元素对象注册事件处理程序示例

18.1.3　元素对象节点操作

document 对象将 HTML 文档元素组织构成节点树。可以通过 document 对象的节点操作方法,对文档进行元素的创建、添加、删除操作,其语法格式如下。

```
document.createElement("标记")          //创建元素节点
元素对象.appendChild("节点")            //元素对象中添加节点
元素对象.removeChild("节点")            //元素对象中删除节点
```

【例 18-7】　元素节点操作示例。示例代码(18-7.html)如下。

```
<html>
<head>
<meta charset="utf-8">
<title>例 18-7 元素节点操作示例</title>
<style>
div{border:1px solid ;}
</style>
</head>
<body>
<button id="btn1" onclick="tianjia()">添加元素</button>
<button id="btn2">删除元素</button>
<div id="d">
<p id="p1">这是一个段落</p>
</div>
<script>
```

```
var b2=document.getElementById("btn2");
b2.onclick=shanchu;
i=0;
function tianjia() {
var x=document.createElement("p");
x.innerHTML="新加的段落节点"+i;
x.id="p2";
var y=document.getElementById("d");
y.appendChild(x);
i++;
}
function shanchu() {
var x=document.getElementById("p2");
var y=document.getElementById("d");
y.removeChild(x);
}
</script>
</body>
</html>
```

网页在浏览器中运行,显示两个按钮和一个段落。单击【添加元素】按钮,创建新的段落节点。多次单击【添加元素】按钮,可以添加多个段落节点。单击【删除元素】按钮,删除节点。图 18.7 所示为添加 3 个节点后再删除 1 个节点的效果。

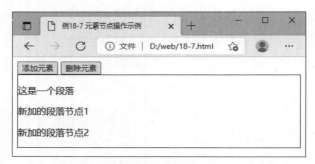

图 18.7　元素节点操作示例

18.2　浏览器对象模型

浏览器对象模型(Browser Object Model,BOM)是浏览器根据系统配置和所装载的页面,为 JavaScript 程序提供访问、控制、修改客户端浏览器的方法,主要包括 Window、Navigator、Screen、Location 对象等。

18.2.1　Window 对象

Window 对象用来描述浏览器窗口的相关信息。Window 对象是客户端的全局对象,是客户端对象的根,其他子对象可以作为 Window 对象的属性引用,访问时不用注明 Window 对象。Window 对象的常用属性见表 18.3。

表 18.3　Window 对象的常用属性

属　　性	说　　明
defaultStatus	默认显示在浏览器窗口状态栏的文本字符串
status	临时指定的显示在浏览器窗口状态栏的文本字符串
innerHeight,innerWidth,outerHeight,outerWidth	浏览器窗口的内、外高度和内、外宽度
document	窗口中显示的 HTML 文件,是对 document 对象的引用
history	浏览器窗口的历史信息,是对 history 对象的引用
location	浏览器窗口 URL 的信息,是对 location 对象的引用
screen	屏幕信息,是对 screen 对象的引用

Window 对象提供对浏览器窗口操作的方法。Window 对象的常用方法见表 18.4。

表 18.4　Window 对象的常用方法

方　　法	说　　明
alert(显示信息)	显示信息对话框,带有一个"确定"(ok)按钮
confirm(显示信息)	显示确定对话框,带有一个"确定"(ok)按钮,一个"取消"(cancel)按钮
prompt(提示信息)	显示输入对话框,带有一个输入文本框和一个"确定"(ok)按钮
close()	关闭窗口
open(窗口显示文档 URL,窗口名称,浏览器特性,历史记录设置)	打开新窗口
setInterval(代码,间隔)	根据设置的时间间隔,周期重复运行指定代码。时间单位为 ms
clearInterval(ID)	停止周期性执行代码。ID 是调用 setInterval()方法时返回的值
setTimeout(代码,延迟时间)	延迟代码的执行
clearTimeout(ID)	取消指定代码的延迟执行。ID 是调用 setTimeout()方法时返回的值

【例 18-8】　Window 对象示例。示例代码(18-8.html)如下。

```
<html>
<head>
<meta charset="utf-8">
<title>例 18-8 Window 对象示例</title>
</head>
<body>
<form>
用户名<input type="text" id="na">
<input type="button" value="提交" onclick="openWindow()">
```

```
<input type="button" value="关闭窗体" onclick="window.close()">
</form>
<button onclick="qi()">启动计数</button>
<button onclick="jie()">停止计数</button>
<p id="s"></p>
<pre>
<script>
document.writeln("当前浏览器宽度"+window.innerWidth);
document.writeln("当前浏览器高度"+window.innerHeight);

function openWindow(){
var name=document.getElementById("na").value;
var w=window.open("","");
w.document.write("你填写的信息是"+name);
}
var i=0;
var x;
function qi(){
x=setInterval(function(){
i=i+1;
document.getElementById("s").innerHTML=i;
},1000);
}
function jie(){
clearInterval(x);
}
</script>
</pre>
</body>
</html>
```

    网页在浏览器中运行,显示表单、按钮、浏览器宽度和高度。单击【启动计数】按钮,页面显示每秒计数值。单击【停止计数】按钮,可以结束计数。在文本框中输入内容,单击【提交】按钮,会打开新窗口,在新窗口中显示表单的数据。单击【关闭窗体】按钮,会关闭浏览器窗口。图 18.8 所示为单击【启动计数】按钮后的效果。

图 18.8　Window 对象示例

18.2.2　Screen 对象

Screen 对象存放有关浏览器屏幕的信息。Screen 对象的常用属性见表 18.5。

表 18.5　Screen 对象的常用属性

属　　　性	说　　　明
availHeight	屏幕高度(除 Windows 任务栏)
availWidth	屏幕宽度(除 Windows 任务栏)
height	显示屏幕高度
width	显示屏幕宽度
colorDepth	调色板比特深度

【例 18-9】　Screen 对象示例。示例代码(18-9.html)如下。

```
<html>
<head>
<meta charset="utf-8">
<title>例 18-9 Screen 对象示例</title>
<style>
div{width:50px;height:50px;background:yellow;position:absolute;}
</style>
</head>
<body>
<p id="t"></p>
<div id="d">
这是一个 DIV
</div>
<script>
width=screen.availWidth;
x=0;
Inte=setInterval(function(){
yd=document.getElementById("d");
ts=document.getElementById("t");
if(x<width){x=x+100;yd.style.left=x;}
else{x=0;yd.style.left=x;}
t.innerHTML="屏幕宽度"+width+"当前横坐标"+x;
},1000);
</script>
</body>
</html>
```

网页在浏览器中运行,每隔 1 000ms,改变 div 元素坐标值,并显示屏幕宽度和 div 元素坐标值。如果坐标值小于屏幕可用宽度,则实现 div 元素向右移动;如果大于屏幕宽度,则

div 元素回到屏幕最左边。图 18.9 所示为 div 元素向右移动的效果。

图 18.9　Screen 对象示例

18.2.3　Event 对象

Event 对象提供事件发生时的详细信息。在 Navigator 和 Internet Explorer 中，Event 对象的属性不同。在 Navigator 中，Event 对象是作为参数传送给事件处理的函数。在 Internet Explorer 中，Event 对象是作为全局对象直接使用。Event 对象的常用属性见表 18.6。

表 18.6　Event 对象的常用属性

属　　　性	说　　　明
button	鼠标按下事件中的按键值。1 表示左键,2 表示右键,4 表示中间键。多键按下为键值的和。Internet Explorer 支持
clientX、clientY	鼠标事件中的鼠标坐标值。Internet Explorer 支持
offsetX、OffsetY	鼠标事件中的鼠标相对于 Web 页面的位置。Internet Explorer 支持
x、y	鼠标事件中的鼠标相对于文档的位置。Internet Explorer 支持
screenX、screenY	鼠标事件中的鼠标相对于屏幕的位置。Navigator 和 Internet Explorer 支持
keyCode	键盘 keydown 和 keyup 事件的键代码,keypress 事件的 Unicode 字符。Internet Explorer 支持
pageX, pageY	鼠标事件中的鼠标相对于 Web 页面的位置。Navigator 支持
layerX、layerY	鼠标事件中的鼠标相对于 Web 页面的位置。Navigator 支持

【例 18-10】 Event 对象属性示例。示例代码(18-10.html)如下。

```
<html>
<head>
<meta charset="utf-8">
<title>例 18-10 Event 对象属性示例</title>
<style>
div{width:50px;height:50px;background:yellow;position:absolute;}
</style>
<script language="JavaScript">
  function p(eventObject)
```

```
{
var d=document.getElementById("ts");
d.innerHTML="鼠标坐标"+eventObject.pageX+","+eventObject.pageY;
var yd=document.getElementById("d");
yd.style.left=eventObject.pageX;
yd.style.top=eventObject.pageY;
}
</script>
</head>
<body onmouseMove="p(event)">
<p id="ts"></p>
<div id="d">这是一个 div</div>
</body>
</html>
```

例 18-10 中，body 元素设置了 onmouseMove 事件属性。在浏览器窗口主体中，移动鼠标激活 onmouseMove 事件，执行 p(event)函数，传递参数 event。在 p(event)函数中，通过 eventObject.pageX 和 eventObject.pageY 的值，设置 div 元素的坐标值，实现 div 元素跟随鼠标移动的效果。

网页在浏览器中运行，移动鼠标会显示鼠标的坐标值，div 元素移动到鼠标所在坐标位置。图 18.10 所示为移动鼠标过程中的效果。

图 18.10　Event 对象属性示例

18.2.4　Location 对象

Location 对象表示浏览器窗口的 URL 信息，可用于获取浏览器当前页面的 URL 信息，也可以设置浏览器重新定向到新的页面。Location 对象的常用属性见表 18.7。

表 18.7　Location 对象的常用属性

属　　性	说　　明
hash	URL 的锚(♯ 号后)部分
host	URL 的主机名和端口
hostname	URL 的主机名
href	完整的 URL

属　　性	说　　明
pathname	返回的 URL 路径名
port	URL 服务器使用的端口号
protocol	URL 协议
search	URL 的查询部分

【例 18-11】　Location 对象属性示例。示例代码(18-11.html)如下。

```
<html>
<head>
<meta charset="utf-8">
<title>例 18-11 Location 对象属性示例</title>
<script>
with(document)
{write("主机端口"+location.host+"<br>");
write("主机名"+location.hostname+"<br>");
write("当前网址"+location.href+"<br>");
}
</script>
</head>
<body>
<button onclick="location.href='http://www.baidu.com'">转向百度</button>
</body>
</html>
```

将 18-11.html 放在服务器主机目录下,通过网络访问该网页,运行效果如图 18.11 所示。单击【转向百度】按钮,会在窗口中重新定向百度网页页面。

图 18.11　Location 对象属性示例

18.2.5　History 对象

History 对象获取当前页面的 URL 或者将浏览器重新定向到新的页面。History 对象的 length 属性,返回浏览器历史记录中 URL 的数量。History 对象的常用方法见表 18.8。

表 18.8   **History** 对象的常用方法

方　　法	说　　明
back()	加载 URL 列表中的前一个 URL
forward()	加载 URL 列表中的下一个 URL
go()	加载 URL 列表中的某一个页面

【例 18-12】   History 对象方法应用示例。示例代码(18-12.html、18-12-1.html)如下。

创建两个框架,上框架中进行网址选择和前进、后退操作,下框架根据操作显示对应的网页。框架页面示例代码(18-12.html)如下。

```
<html>
<head>
<meta charset="utf-8">
<title>例 18-12 History 对象方法应用示例</title>
</head>
<frameset rows="20%,*" border="1">
<frame src="18-12-1.html">
<frame src="">
</frameset>
</html>
```

框架中的操作页面示例代码(18-12-1.html)如下。

```
<html>
<head>
<meta charset="utf-8">
<title>例 18-12 History 对象方法应用示例</title>
</head>
<body>
<form name="fo">
网址选择<select name="dz">
<option value="http://www.baidu.com">百度</option>
<option value="http://www.qq.com">腾讯</option>
</select>
<button onclick="goTo()">转向</button>
<button onclick="history.back()">后退</button>
<button onclick="history.forward()">前进</button>
</form>
<script>
function goTo(){
var Url=window.parent.frames[0].document.fo.dz.value;
window.parent.frames[1].location.href=Url;
}
```

```
    </script>
    </body>
    </html>
```

　　框架网页初始运行，显示下拉列表和按钮。在下拉列表中选择网址后，如选择腾讯，单击"转向"按钮，则跳转到对应的网页，效果如图 18.12 所示。多次进行网址选择和转向操作后，可以单击"前进"或者"后退"按钮，访问历史记录中的网页。

图 18.12　History 对象方法应用示例

18.2.6　Navigator 对象

　　Navigator 对象包含有关浏览器的信息，如浏览器的名称、版本号等。Navigator 对象的常用属性见表 18.9。

表 18.9　Navigator 对象的常用属性

属　　性	说　　明
appCodeName	浏览器代码名
appName	浏览器名称
appVersion	浏览器版本
cookieEnabled	浏览器是否允许使用 cookies，若允许，则返回 true；否则返回 false
javaEnabled	当前浏览器是否启用了 java
language	浏览器使用的首选语言
onLine	浏览器是否处于联网状态
platform	浏览器所在的操作系统
systemLanguage	浏览器所在操作系统的首选语言，仅 Internet Explorer 浏览器支持

　　【例 18-13】　Navigator 对象应用示例。示例代码（18-13.html）如下。

```
    <html>
```

```
<head>
<meta charset="utf-8">
<title>例 18-13 Navigator 对象应用示例</title>
</head>
<body>
<pre>
<script>
with(document){
writeln("浏览器代码名称:"+navigator.appCodeName);
writeln("浏览器名称:"+navigator.appName);
writeln("浏览器版本:"+navigator.appVersion);
writeln("浏览器是否允许使用 cookies:"+navigator.cookieEnabled);
writeln("浏览器所在操作系统:"+navigator.platform);
writeln("浏览器语言:"+navigator.language);
}
</script>
</pre>
</body>
</html>
```

浏览器中网页运行效果如图 18.13 所示。

图 18.13　Navigator 对象应用示例

思考和实践

1. 问答题

(1) DOM 的定义是什么？

(2) BOM 的定义是什么？

(3) 在 DOM 中，引用元素对象有哪几种方法？分别适用什么元素？

(4) 在 DOM 中，最顶层的对象是哪个对象？具有哪些属性？

(5) 在 BOM 中，最顶层的对象是哪个对象？具有哪些常用属性和方法？

2. 操作题

(1) 设计网页，用 JavaScript 实现表单数据验证和获取。

表单中用户名不能为空。若为空，则给出错误提示，并获得焦点重新输入。邮箱地址不能为空,并含有"@"符号。若为空或不含"@"符号,则给出错误提示,并获得焦点重新输入。用户名和邮箱地址均正确,单击【提交】按钮,将表单数据在新窗口中输出。效果如图 18.14 所示。

图 18.14　操作题(1)表单验证和获取数据

(2)设计网页,用 JavaScript 实现 5 张图片每秒随机切换展示一张小图片,鼠标移到小图片上,在下方显示该图片的大图片。鼠标指针移出小图片后,大图片消失,继续随机显示小图片。效果如图 18.15 所示。

图 18.15　操作题(2)图片随机显示

第四部分　jQuery 技术篇

第 19 章 jQuery 技术基础

本章学习目标

- 了解 jQuery 的特点；
- 掌握 jQuery 的使用方式和语法规则；
- 掌握 jQuery 的选择符、过滤器、遍历方法。

本章首先介绍 jQuery 的特点，然后介绍 jQuery 的使用方式和语法规则，最后详细讲解 jQuery 的各种选择符、过滤器、遍历方法。

19.1 jQuery 语法基础

jQuery 是一个 JavaScript 开源函数库，具有简洁、轻量级、可实现快速开发的特点。通过 jQuery，可以用精简的代码实现跨浏览器的 HTML 文档对象操作、事件处理、页面元素动态效果、Ajax 交互等功能。jQuery 的出现，改变了 JavaScript 的烦琐编程模式。目前 jQuery 得到大量应用，主流浏览器基本都支持 jQuery。网页中 jQuery 语句和 JavaScript 语句可以混合使用，使用 jQuery 语句可以精简代码。

19.1.1 jQuery 函数库文件

jQuery 是免费的开源函数库，可以到 jQuery 官网页面 http://jquery.com/download/ 下载。

jQuery 函数库里有两种版本的文件，即扩展名为.js 的完整版文件和扩展名为.min.js 的压缩版文件。两个文件的功能相同。完整版文件称为开发者文件，包含所有函数库和空格符、换行符、注释等内容，文件较大，常用于开发和调试。压缩版文件称为部署文件，是保留了所有 jQuery 函数库的精简版本，文件较小，在部署时使用可以降低网络流量，减少 Web 服务器负载。

jQuery 函数库的版本分为 1.x、2.x 和 3.x 系列。1.x 系列兼容低版本的浏览器，2.x、3.x 系列放弃支持低版本浏览器。3.x 系列的最新版本是 jquery-3.5.1。本书示例代码中使用的是 jquery-3.5.1.min.js 文件。项目设计时，要根据项目需求使用适合的版本。

19.1.2 jQuery 的使用方式

在网页设计中使用 jQuery 函数库，和引用其他 JavaScript 文件一样，只需要在网页的 ＜head＞部分，在＜script＞……＜/script＞中添加 jQuery 文件的引用声明即可，其基本语法格式如下。

```
<script src="路径/jQuery文件.js"></script>
```

jQuery 文件路径有相对路径和绝对路径两种。

1. 相对路径

相对路径是 jQuery 文件和网页文件在同一服务器上，需要在网页文件所在的服务器上存储 jQuery 文件。

例如，jQuery 文件 jquery-3.5.1.min.js 和网页文件在同一目录时，网页文件中的引用声明如下。

```
<script src="jquery-3.5.1.min.js"></script>
```

2. 绝对路径

在一些网络服务器上有 jQuery 库的网络分发文件，可以免费直接引用。采用绝对路径时，给出具有 jQuery 网络分发文件的服务器的完整路径 URL 即可。但要注意，这种引用还是有一定风险的，如果网络服务器不再提供该引用文件，则有可能导致网页功能失效。

引用 jQuery 官网服务器上 jquery-3.5.1.min.js 文件时，引用声明为：

```
<script src="https://code.jquery.com/jquery-3.5.1.min.js"></script>
```

引用微软官网服务器上 jquery-3.5.1.min.js 文件时，引用声明为：

```
<script src="https://ajax.aspnetcdn.com/ajax/jquery/jquery-3.5.1.min.js">
</script>
```

19.1.3　jQuery 的语法规则

其基本语法格式如下。

```
$("元素对象").方法();
```

1. jQuery 符号 $

jQuery 语句以 $ 符号开始。$ 符号是 jQuery 的别称。

在同时使用多个 JavaScript 函数库的 HTML 文档中，jQuery 可能会和其他使用 $ 符号的函数冲突，因此可以使用 jQuery 的 noConflict() 方法自定义 jQuery 的别称符号，noConflict() 方法的基本语法格式如下。

```
新的别称符号=jQuery.noConflict();
```

例如，下面语句自定义 jQuery 的别称符号为 jq，则之后的 jQuery 语句以 jq 开始。

```
jq=jQuery.noConflict();
```

2. 元素对象

元素对象是 jQuery 语句中操作的对象，可以采用选择器、过滤器方式，用于选择文档中的 HTML 元素对象。

例如，$(document)表示选择整个 HTML 文档对象，$("p")表示选择网页中的标记

<p>元素对象。注意,网页中未用 HTML 标记描述的普通文字或符号,不是元素对象,只是 document 对象的内容。

3. 方法

方法是对选择的对象进行的操作。有些方法不需要参数,有些方法需要设置参数。

例如,hide()方法表示隐藏对象,使用时不需要参数。下面的语句表示选择网页上的段落隐藏。

```
$("p").hide();
```

例如,css()方法表示获取或者设置对象的 CSS 样式和样式值。获取样式值时,css()方法有 1 个参数,其基本语法格式如下。

```
$("元素对象").css("样式");
```

例如,下面语句获取段落 p 的文字颜色赋值给变量 x。

```
x=$("p").css("color");
```

设置样式值时,css()方法有 2 个参数,其基本语法格式如下。

```
$("元素对象").css("样式","样式值");
```

例如,下面的语句将段落 p 的文字颜色设置为绿色。

```
$("p").css("color","green");
```

4. document 对象的 ready()方法

为了避免文档在元素加载完成前就执行 jQuery 语句,从而导致潜在的错误,所有的 jQuery 语句需要写在 document 对象的 ready()方法函数中,ready()方法的基本语法格式如下。

```
$(document).ready(
function(){
jQuery语句;
……}
);
```

【例 19-1】 jQuery 第一个示例。示例代码(19-1.html)如下。

```
<html>
<head>
<meta http-equiv="Content-type" Content="text/HTML;charset=UTF-8">
<title>例 19-1 jQuery 第一个示例</title>
<script src="js/jquery-3.5.1.min.js"></script>
```

```
<script>
$(document).ready(
function(){
 $("p").hide();}
);
</script>
</head>
<body>
<p>这里有一个段落</p>
</body>
</html>
```

浏览器中网页显示效果如图 19.1 所示。

图 19.1　jQuery 第一个示例

19.2　jQuery 选择元素对象

　　jQuery 语句中首先要选择元素对象才能进行操作。jQuery 选择元素的方式有选择器、过滤器和遍历方法。

19.2.1　jQuery 基本选择器

1. 全局选择器
　　全局选择器 * 用于选择文档中的所有元素,其基本语法格式如下。

```
$("*").方法();
```

　　例如,下面的语句将页面上的所有内容隐藏起来。

```
$("*").hide();
```

2. 标记选择器
　　标记选择器用于选择指定标记名称的所有元素,其基本语法格式如下。

```
$("标记名称").方法();
```

　　例如,下面的语句将页面上的所有段落标记<p>的内容隐藏起来。

```
$("p").hide();
```

3. ID 选择器

ID 选择器用于选择指定 ID 名称的单个元素,其基本语法格式如下。

```
$("#ID名称").方法();
```

例如,下面的语句选择 ID 名称为 a 的元素隐藏起来。

```
$("#a").hide();
```

4. 类选择器

类选择器用于选择具有同一个类名称的所有元素,其基本语法格式如下。

```
$(".类名称").方法();
```

例如,下面的语句选择类名称为 a 的所有元素隐藏起来。

```
$(".a").hide();
```

【例 19-2】 基础选择器示例。示例代码(19-2.html)如下。

```
<html>
<head>
<meta http-equiv="Content-type" Content="text/HTML;charset=UTF-8">
<title>例 19-2 基础选择器示例</title>
 <style type="text/css">
p{color:red;}
</style>
<script src="js/jquery-3.5.1.min.js"></script>
<script>
$(document).ready(
function(){
var x=$("p").css("color");
alert("段落文字的本来颜色为"+x);
$("*").css("border","1px solid");
$(".a").css("font-style","italic");
$("#b").css("font-size","20px");
}
);
</script>
</head>
<body>
<p class="a">这是第一个段落</p>
<p id="b">这是第二个段落</p>
```

```
<p class="a">这是第三个段落</p>
</body>
</html>
```

网页在浏览器中运行,文档加载完成后,先弹出提示框,显示 p 元素的文字颜色值。单击【确定】按钮后,网页显示效果如图 19.2 所示。

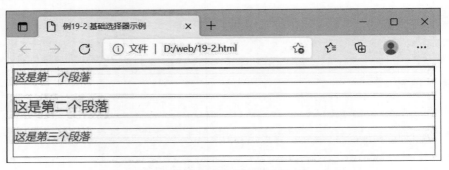

图 19.2　基础选择器示例

19.2.2　jQuery 复合选择器

1. 多重选择器

多重选择器是用逗号(,)分隔多个选择器,用于同时选择多个元素对象。多个选择器可以是基础选择器的任意一种或几种,只要元素对象匹配其中任意一种选择器,则元素对象被选中,其基本语法格式如下。

```
$("选择器 1,选择器 2…").方法();
```

例如,下面语句选择所有段落、类名为 a、ID 名称为 b 的元素对象隐藏起来。

```
$("p,.a,#b").hide();
```

【例 19-3】　多重选择器示例。示例代码(19-3.html)如下。

```
<html>
<head>
<meta http-equiv="Content-type" Content="text/HTML;charset=UTF-8">
<title>例 19-3 多重选择器示例</title>
<script src="js/jquery-3.5.1.min.js"></script>
<script>
$(document).ready(
function(){
$("p,.a,#b").css("border","1px solid");
}
);
</script>
```

```
</head>
<body>
<div class="a">这是一个 DIV 区域</div>
<p id="b">这是第二个段落</p>
<span class="a">这是一个 span 区域</span>
</body>
</html>
```

浏览器中网页显示效果如图 19.3 所示。

图 19.3   多重选择器示例

2. 属性选择器

属性选择器用于选择具有某种属性或属性值特征的所有元素对象。常用的属性选择器见表 19.1。

表 19.1   属性选择器的常用语法格式

选 择 器	说 明
[attr]	具有属性 attr 的元素
[attr=value]	属性 attr 等于 value 的元素
[attr~=value]	具有属性 attr,且属性值是空格分隔的字词列表,字词列表中含有 value 的元素
[attr|=value]	具有属性 attr,且属性值是连字符"-"分隔的字词列表,字词列表由 value 开始的元素
[attr^=value]	属性 attr 的属性值以 value 为前缀的元素
[attr $ =value]	属性 attr 的属性值以 value 为后缀的元素
[attr * =value]	属性 attr 的属性值包含 value 子字符串的元素
[attr!=value]	属性 attr 的属性值不等于 value 子字符串的元素
[attr1=value1] [attr2=value2]	属性 attr1 的属性值等于 value1,并且属性 attr2 的属性值等于 value2 的所有元素

在选择器前加上基本选择器,可以进行更准确的匹配选择。

例如,下面的语句选择<a>标记中 href 属性值以".com"结尾的元素,设置前景色为红色。

```
$("a[href$='.com']").css("color","red");
```

【例 19-4】 属性选择器示例。示例代码(19-4.html)如下。

```
<html>
<head>
<meta http-equiv="Content-type" Content="text/HTML;charset=UTF-8">
<title>例 19-4 属性选择器示例</title>
<script src="js/jquery-3.5.1.min.js"></script>
<script>
$(document).ready(
function(){
$("[width]").css("width","50");
$("[height]").css("height","50");
$("a[href$='.com']").css("font-style","italic");}
);
</script>
</head>
<body>
<img src="images/1.jpg" width=200 height=100>
<img src="images/2.jpg" width=150 height=80><br>
<a href="www.baidu.com">百度</a><br>
<a href="www.chinaedu.edu.cn">教育网</a>
</body>
</html>
```

浏览器中网页显示效果如图 19.4 所示。

图 19.4 属性选择器示例

3. 表单选择器

表单选择器用于匹配表单中的表单元素对象。表单选择器中,一种是根据表单元素的类型进行选择,一种是根据表单元素的状态进行选择。常用的表单选择器见表 19.2。

表 19.2 常用的表单选择器

选 择 器	说 明
:input	选择所有<input>元素
:text	选择所有 type="text"的<input>元素

选　择　器	说　　　明
:password	选择所有 type="password"的＜input＞元素
:radio	选择所有 type="radio"的＜input＞元素
:checkbox	选择所有 type="checkbox"的＜input＞元素
:submit	选择所有 type="submit"的＜input＞元素
:reset	选择所有 type="reset"的＜input＞元素
:button	选择所有 type="button"的＜input＞元素
:image	选择所有 type="image"的＜input＞元素
:file	选择所有 type="file"的＜input＞元素
:enabled	选择所有状态为可用的＜input＞或者＜button＞元素
:disabled	选择所有状态为禁用的＜input＞或者＜button＞元素
:selected	选择所有状态为选中状态的＜option＞元素
:checked	选择所有状态为选中状态的＜radio＞或者＜checkbox＞元素

例如,下面的语句选中表单中 type="password"的密码框,设置边框样式为 1px 的红色实线。

```
$(":password ").css("border","1px solid red");
```

【例 19-5】　表单选择器示例。示例代码(19-5.html)如下。

```
<html>
<head>
<meta http-equiv="Content-type" Content="text/HTML;charset=UTF-8">
<title>例 19-5 表单选择器示例</title>
</style>
<script src="js/jquery-3.5.1.min.js"></script>
<script>
$(document).ready(
function(){
$(":enabled").css("background-color","yellow");
$(":text").css("background-color","red");
$(":password").css("border","1px solid red");
$(":disabled").css("background-color","gray");
}
);
</script>
</head>
<body>
<form>
用户名:<input type="text"><br>
密码:<input type="password"><br>
```

```
<input type="submit" value="提交" disabled="disabled">
<input type="reset" value="重置">
</form>
</body>
</html>
```

浏览器中网页显示效果如图 19.5 所示。

图 19.5　表单选择器示例

4. 层次选择器

层次选择器根据元素在网页中的位置关系进行选择。常用的层次选择器见表 19.3。

表 19.3　常用的层次选择器

选 择 器	说 明
E F	后代选择器,选择 E 元素后代中的所有 F 元素
E＞F	子代选择器,选择 E 元素直接子代中的所有 F 元素
E＋F	后相邻选择器,选择 E 元素之后的邻居 F 元素
E～F	后兄弟选择器,选择 E 元素之后同级的所有 F 元素

例如,下面的语句选择 div 中的后代 span 元素,设置文字颜色为红色。

```
$("div span").css("color","red");
```

【例 19-6】　层次选择器示例。示例代码(19-6.html)如下。

```
<html>
<head>
<meta http-equiv="Content-type" Content="text/HTML;charset=UTF-8">
<title>例 19-6 层次选择器示例</title>
<script src="js/jquery-3.5.1.min.js"></script>
<script>
$(document).ready(
function(){
$("div span").css("color","blue");
$("div>span").css("font-style","italic");
$("div~span").css("color","yellow");
```

```
$("div+h3").css("color","pink");
}
);
</script>
</head>
<body>
<p>这是第一行文字</p>
<h3 id="h">这是第二行文字</h3>
<div>
<p>第<span>三行</span>文字</p>
<span>这是第四行文字</span>
</div>
<h3>第<span>五行</span>文字</h3>
<span>这是第<span>六行</span>文字</span>
</body>
</html>
```

浏览器中网页显示效果如图 19.6 所示。

图 19.6　层次选择器示例

19.2.3　jQuery 过滤器

过滤器是在元素选择时设置的筛选条件,可以单独使用,也可以和选择器配合使用。

1. 基础过滤器

常用的基础过滤器见表 19.4。

表 19.4　常用的基础过滤器

过　滤　器	说　　　明
:first	选择符合条件的第一个元素
:last	选择符合条件的最后一个元素

过　滤　器	说　　明
:even	选择排序序号为偶数的元素（序号从 0 开始）
:odd	选择排序序号为奇数的元素（序号从 0 开始）
:eq(n)	选择排序序号等于 n 的元素（序号从 0 开始）
:gt(n)	选择排序序号大于 n 的元素（序号从 0 开始）
:lt(n)	选择排序序号小于 n 的元素（序号从 0 开始）
:not()	选择所有不符合条件的元素
:header	选择所有<h1>～<h6>标记描述的元素

例如，下面的语句选择了所有 div 元素中排序第一个的 div 元素，设置其内容的文字颜色为红色。

```
$("div:first").css("color","red");
```

【例 19-7】　基础过滤器示例。示例代码（19-7.html）如下。

```
<html>
<head>
<meta http-equiv="Content-type" Content="text/HTML;charset=UTF-8">
<title>例 19-7 基础过滤器示例</title>
<script src="js/jquery-3.5.1.min.js"></script>
<script>
$(document).ready(
function(){
$("p:first").css("border","1px solid");
$("p:eq(2)").css("color","red");
$(":header").css("background-color","yellow");
}
);
</script>
</head>
<body>
<h3>基础过滤器</h3>
<p>第一个段落</p>
<p>第二个段落</p>
<p>第三个段落</p>
<h5>jQuery 技术</h5>
</body>
</html>
```

浏览器中网页显示效果如图 19.7 所示。

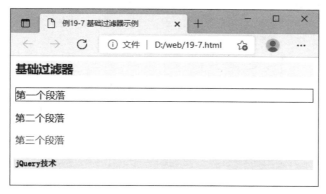

图 19.7　基础过滤器示例

2. 子元素过滤器

常用的子元素过滤器见表 19.5。

表 19.5　常用的子元素过滤器

过 滤 器	说 明
:first-child	选择是其父元素的第一个子节点的元素
:last-child	选择是其父元素的最后一个子节点的元素
:nth-child(n)	选择是其父元素的排序序号为 n 的子节点的元素(序号从 1 开始)
:nth-child(n 的表达式)	计算表达式值作为序号,选择是其父元素的指定排序序号的子节点的元素(序号从 1 开始)
:nth-child(even)	选择是其父元素的排序序号为偶数的子节点的元素(序号从 1 开始)
:nth-child(odd)	选择是其父元素的排序序号为奇数的子节点的元素(序号从 1 开始)
:nth-last-child(n)	选择是其父元素的排序序号为倒数 n 的子节点元素(序号从 1 开始)
:only-child	选择是其父元素的唯一子节点的元素

nth-child(n 的表达式)格式中,n 的表达式是数字与字母 n 的组合。n 的取值从 0 开始,计算出表达式的值作为序号。例如,nth-child(3n+1)中,n 取值 0,1,2,3……,分别对应选择第 1,4,7,10……个子元素。

例如,下面的语句在所有段落 p 元素中,过滤出在其父元素中为第一个子元素的 p 元素,设置文本颜色为红色。

```
$("p:first-child").css("color","red");
```

【例 19-8】　子元素过滤器示例。示例代码(19-8.html)如下。

```
<html>
<head>
<meta http-equiv="Content-type" Content="text/HTML;charset=UTF-8">
<title>例 19-8 子元素过滤器示例</title>
<script src="js/jquery-3.5.1.min.js"></script>
```

```
<script>
$(document).ready(
function(){
$(":first-child").css("border","1px solid");
$("p:first-child").css("color","red");
$("p:nth-child(3)").css("background-color","yellow");
$("li:nth-child(2n+2)").css("background-color","blue");
$("p:only-child").css("font-style","italic");
}
);
</script>
</head>
<body>
水果<ul>
<li>梨</li>
<li>苹果</li>
<li>葡萄</li>
<li>桔子</li>
</ul>
<div>这是 div 中的普通文字
<h6>div 中的标题文字</h6>
<p>div 中的第一个段落</p>
<p>div 中的第二个段落</p>
<p>div 中的第三个段落</p>
</div>
<div><p>div 中的唯一子元素</p></div>
</body>
</html>
```

浏览器中网页显示效果如图 19.8 所示。

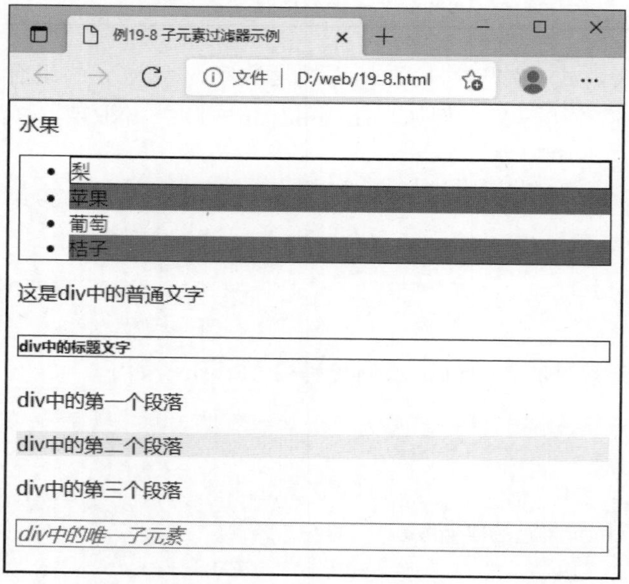

图 19.8　子元素过滤器示例

3. 内容过滤器

内容过滤器可以根据元素包含的子元素或内容进行过滤。常用的内容过滤器见表 19.6。

表 19.6　常用的内容过滤器

过　滤　器	说　　明
:contains("内容")	选择包含指定内容的元素对象
:empty	选择没有子元素或内容的元素对象
:parent	选择拥有子元素或内容的元素对象
:has("选择器")	选择包含指定选择器的元素对象

例如,下面的语句选择内容中含有词语"计算机"的 p 段落元素,设置其文字颜色为红色。

```
$("p:contain('计算机')").css("color","red");
```

【例 19-9】　内容过滤器示例。示例代码(19-9.html)如下。

```
<html>
<head>
<meta http-equiv="Content-type" Content="text/HTML;charset=UTF-8">
<title>例 19-9 内容过滤器示例</title>
<style>
img{width:50;height:50;}
</style>
<script src="js/jquery-3.5.1.min.js"></script>
<script>
$(document).ready(
function(){
$("td:contains('海')").css("color","red");
$("td:empty").css("background-color","#ccf0cc");
$("td:has('img')").css("border","3px dotted red");
}
);
</script>
</head>
<body>
<table border=1>
<caption>景点列表</caption>
<tr><td>海滨城市</td><td><img src="images/1.jpg"></td>
<td>海边城市</td><td><img src="images/2.jpg"></td></tr>
<tr><td>田园风光</td><td><img src="images/3.jpg"></td>
<td>名山大川</td><td></td></tr>
</table>
```

```
</body>
</html>
```

浏览器中网页显示效果如图 19.9 所示。

图 19.9　内容过滤器示例

4. 可见性过滤器

可见性过滤器根据元素当前是否可见的状态进行过滤。常用的可见性过滤器见表 19.7。

表 19.7　常用的可见性过滤器

过　滤　器	说　　明
:hidden	选择处于隐藏状态的所有元素
:visible	选择处于可见状态的所有元素

元素在网页上处于隐藏状态,包括以下几种情况。

- 元素的高度和宽度明确设置为 0;
- 元素的 CSS 中样式 display 的值为 none;
- 表单元素 type 属性值为 hidden;
- 元素的父元素处于隐藏状态,子元素也是隐藏状态;
- 下拉列表中的<option>选项不论是否选中都是隐藏状态。

元素在网页上不显示,但以下几种情况也认为是处于可见状态。

- 元素透明度样式 opacity 为 0,此时元素仍占据原来的位置;
- 元素的属性 visibility 为 hidden,此时元素仍占据原来的位置;
- 元素处于逐渐隐藏的动画效果中,在动画结束之前都是认为可见的;
- 元素处于逐渐显现的动画效果中,从动画开始都是认为可见的。

【例 19-10】　可见性过滤器示例。示例代码(19-10.html)如下。

```
<html>
<head>
<meta http-equiv="Content-type" Content="text/HTML;charset=UTF-8">
<title>例 19-10 可见性过滤器示例</title>
<style>
div{display:none;}
```

```
</style>
<script src="js/jquery-3.5.1.min.js"></script>
<script>
function xs(){
$("div:hidden").css("display","block");
$("button").css("opacity","0");
$("input").css("backgroundColor","gray");
}
$(document).ready(
function(){
$(":visible").css("color","red");
}
);
</script>
</head>
<body>
<div>你已完成注册</div>
用户名<input type="text">
<button onclick="xs()">注册</button>
</body>
</html>
```

　　网页在浏览器中运行,显示单行文本框和【注册】按钮元素,文本颜色为红色。在单行文本框中输入数据,单击【注册】按钮后,页面显示"你已完成注册"文本,【注册】按钮不可见,单行文本框背景色为灰色,效果如图 19.10 所示。

图 19.10　可见性过滤器示例

19.2.4　jQuery 遍历方法

　　jQuery 遍历是指在 HTML 文档树状结构中,从指定的某个元素节点开始,根据指定的层次移动方式,查找到需要的 HTML 元素进行引用。

1. 查找指定元素的直接子元素 children()

children()方法用于查找指定元素 1 的第一层子元素 2,其基本语法格式如下。

```
$("元素 1").children("元素 2");
```

　　元素 2 是可选参数,不设置该参数则选择所有第一层子元素,设置该参数则根据参数进一步筛选匹配的子元素 2。

例如,下面语句选择每个 p 段落元素的第一层子元素中的 span 元素,设置文字颜色为红色。

```
$("p").children("span").css("color","red");
```

2. 查找指定元素的后代子元素 find()

find()方法用于查找每个元素 1 的所有后代子元素中匹配的元素 2,其基本语法格式如下。

```
$("元素1").find("元素2");
```

元素 2 是必填参数,进一步筛选匹配的后代子元素 2。

例如,下面语句选择每个 P 段落中含有的所有后代 span 元素,设置文字颜色为红色。

```
$("p").find("span").css("color","red");
```

【例 19-11】 后代遍历示例。示例代码(19-11.html)如下。

```html
<html>
<head>
<meta http-equiv="Content-type" Content="text/HTML;charset=UTF-8">
<title>例 19-11 后代遍历示例</title>
<style>
div{width:300px;}
ul{list-style:none;}
div,ul,li{
border:1px solid gray;
padding:10px;
margin:10px;
background-color:white;}
</style>
<script src="js/jquery-3.5.1.min.js"></script>
<script>
$(document).ready(function(){
$("#btn1").click(function(){$("div").children().css("backgroundColor",
"pink");})
$("#btn2").click(function(){$("div").find("*").css("backgroundColor",
"blue");})
$("ul").click(function(){$(this).find("li").css("backgroundColor",
"yellow");})
});
</script>
</head>
<body>
    曾祖父 body
```

```
<div>
    祖父元素 div
    <ul>
        父元素 ul(可单击)
        <li>元素 li</li>
        <li>元素 li</li>
    </ul>
    <ul>
        父元素 ul(可单击)
        <li>元素 li</li>
        <li>元素 li</li>
    </ul>
</div>
查找 div 的子元素和后代<button id="btn1">children 子元素</button>
<button id="btn2">find 后代</button>
</body>
</html>
```

　　网页在浏览器中运行,显示 div 元素、无序列表 ul 元素、li 子元素、button 按钮元素。单击各按钮,选择对应的元素设置背景色。图 19.11 所示为单击【children 子元素】按钮后的效果。

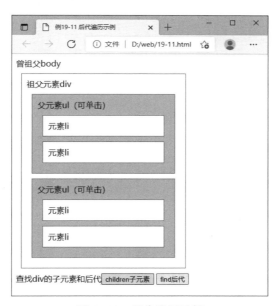

图 19.11　后代遍历示例

3. 查找指定元素的同胞元素 siblings()

siblings()方法用于查找每个元素 1 前后的所有同胞元素 2,其基本语法格式如下。

```
$("元素 1").siblings ("元素 2");
```

元素 2 是可选参数,不设置该参数则选择所有同胞元素,设置该参数则根据参数进一步筛选匹配的同胞元素。

例如,下面语句选择每个 p 段落元素前后的所有同胞 span 元素,设置文字颜色为红色。

```
$("p").siblings("span").css("color","red");
```

4. 查找指定元素的下一个同胞元素 next()

next()方法用于查找每个元素 1 后的下一个同胞元素 2,其基本语法格式如下。

```
$("元素 1").next("元素 2");
```

元素 2 是可选参数,不设置该参数则选择下一个同胞元素,设置该参数则根据参数进一步筛选匹配的下一个同胞元素。

例如,下面语句选择每个 p 段落元素的下一个同胞元素 span,设置文字颜色为红色。

```
$("p").next("span").css("color","red");
```

5. 查找指定元素后的所有同胞元素 nextAll()

nextAll()方法用于查找元素 1 后的所有同胞元素 2,其基本语法格式如下。

```
$("元素 1").nextAll("元素 2");
```

元素 2 是可选参数,不设置该参数则选择后面的所有同胞元素,设置该参数则根据参数进一步筛选匹配的同胞元素。

例如,下面语句选择每个 p 段落元素后面的所有同胞元素 span,设置文字颜色为红色。

```
$("p").nextAll("span").css("color","red");
```

6. 查找指定元素后的同胞元素直到指定选择器元素为止 nextUntil()

nextUntil()方法用于从元素 1 开始往后直到遇到同胞元素 2(不包括元素 2)之间,查找同胞元素 3,其基本语法格式如下。

```
$("元素 1").nextUntil("元素 2","元素 3");
```

元素 2 和元素 3 是可选参数,不设置该参数则选择后面的所有同胞元素,设置该参数则根据参数进一步筛选匹配的同胞元素。

例如,下面语句选择从每个 p 段落元素到其同胞 span 元素(不含 span 元素)之间,类名为 a 的所有同胞元素,设置文字颜色为红色。

```
$("p").nextUntil("span",".a").css("color","red");
```

7. 查找指定元素的前一个同胞元素 prev()

prev()方法用于查找元素 1 的前一个同胞元素 2,其基本语法格式如下。

```
$("元素 1").prev("元素 2");
```

元素 2 是可选参数,不设置该参数则选择前一个同胞元素,设置该参数则根据参数进一步筛选匹配的前一个同胞元素。

例如,下面语句选择每个 p 段落元素的前一个同胞元素 span,设置文字颜色为红色。

```
$("p").prev("span").css("color","red");
```

8. 查找指定元素前的所有同胞元素 prevAll()

prevAll()方法用于查找元素 1 前的所有元素 2,其基本语法格式如下。

```
$("元素 1").prevAll("元素 2");
```

元素 2 是可选参数,不设置该参数则选择前面的所有同胞元素,设置该参数则根据参数进一步筛选前面匹配的同胞元素。

例如,下面语句选择每个 p 段落前面的所有同胞元素 span,设置文字颜色为红色。

```
$("p").prevAll("span").css("color","red");
```

9. 查找指定元素前的同胞元素直到指定选择器元素为止 prevUntil()

prevUntil()方法用于从元素 1 开始往前到元素 2(不包括元素 2)为止的同胞元素中,匹配元素 3 的同胞元素,其基本语法格式如下。

```
$("元素 1").prevUntil("元素 2","元素 3");
```

元素 2 和元素 3 是可选参数,不设置该参数则选择前面的所有同胞元素,设置该参数则根据参数进一步筛选匹配的同胞元素。

例如,下面语句选择每个 p 段落元素到 span 元素(不含 span 元素)之间的同胞元素中,选择类名为 a 的同胞元素,设置文字颜色为红色。

```
$("p").prevUntil("span",".a").css("color","red");
```

【例 19-12】 同胞遍历示例。示例代码(19-12.html)如下。

```
<!DOCTYPE html>
<html>
<head>
<meta charset="utf-8">
<title>例 19-12同胞遍历示例</title>
<script src="js/jquery-3.5.1.min.js"></script>
<style>
div{width:300px;}
ul{list-style:none;}
div,ul,li{
border:1px solid gray;
margin:3px;
```

```
background-color:white;}
li:nth-child(5){border:1px solid red;
background-color:red;}
</style>
</head>
<body>
<button id="btn01">sibling()</button>
<button id="btn02">prev()</button>
<button id="btn03">prevUntil("li:eq(1)")</button>
<button id="btn04">prevAll()</button>
<button id="btn05">next()</button>
<button id="btn06">nextUntil("li:eq(8)")</button>
<button id="btn07">nextAll()</button>
<div>祖父元素 div
    <ul>父元素 ul
        <li>第 0 个元素 li</li>
        <li>第 1 个元素 li</li>
        <li>第 2 个元素 li</li>
        <li>第 3 个元素 li</li>
        <li>第 4 个元素 li</li>
        <li>第 5 个元素 li</li>
        <li>第 6 个元素 li</li>
        <li>第 7 个元素 li</li>
        <li>第 8 个元素 li</li>
    </ul>
</div>
<script>
$(document).ready(function(){
    $("#btn01").click(function(){
        $("li:eq(4)").siblings().css("background-color","yellow");
            });
    $("#btn02").click(function(){
        $("li:eq(4)").siblings().css("background-color","white");
        $("li:eq(4)").prev().css("background-color","pink");
            });
    $("#btn03").click(function(){
    $("li:eq(4)").siblings().css("background-color","white");
    $("li:eq(4)").prevUntil("li:eq(1)").css("background-color","pink");
            });
    $("#btn04").click(function(){
    $("li:eq(4)").siblings().css("background-color","white");
    $("li:eq(4)").prevAll().css("background-color","pink");
```

```
            });
    $("#btn05").click(function(){
        $("li:eq(4)").siblings().css("background-color","white");
        $("li:eq(4)").next().css("background-color","pink");
            });
    $("#btn06").click(function(){
        $("li:eq(4)").siblings().css("background-color","white");
        $("li:eq(4)").nextUntil("li:eq(8)").css("background-color","pink");
            });
    $("#btn07").click(function(){
        $("li:eq(4)").siblings().css("background-color","white");
        $("li:eq(4)").nextAll().css("background-color","pink");
            });
        });
    </script>
    </body>
</html>
```

网页在浏览器中运行,显示 button 按钮元素、div 元素、ul 无序列表元素。单击各按钮,选择对应的元素设置背景色。图 19.12 所示为单击【prev()】按钮后的效果。

图 19.12　同胞遍历示例

10. 查找指定元素的直接父元素 parent()

parent()方法用于查找指定元素的直接父元素,其基本语法格式如下。

```
$("元素 1").parent("元素 2");
```

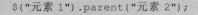

元素 2 是可选参数,不设置该参数则选择所有父元素,设置该参数则根据参数进一步筛选匹配的父元素。

例如,下面语句选择每个 p 段落元素的父元素 span,设置选中的父元素文字颜色为红色。

```
$("p").parent("span").css("color","red");
```

11. 查找指定元素的所有祖先元素 parents()

parents()方法用于查找指定元素的所有祖先元素,其基本语法格式如下。

```
$("元素 1").parents("元素 2");
```

元素 2 是可选参数,不设置该参数则选择所有祖先元素,设置该参数则根据参数进一步筛选匹配的祖先元素。

例如,下面语句选择每个 p 段落元素的祖先元素是 div 元素的,设置选中的祖先元素文字颜色为红色。

```
$("p").parents("div").css("color","red");
```

12. 查找指定元素的所有祖先元素直到指定选择器元素为止 parentsUntil()

parentsUntil()方法用于查找元素 1 的祖先元素直到元素 2(不含元素 2)之间的祖先元素 3,其基本语法格式如下。

```
$("元素 1").parentsUntil("元素 2","元素 3");
```

元素 2 和元素 3 是可选参数,不设置该参数则选择所有祖先元素,设置该参数则根据参数进一步筛选匹配的祖先元素。

例如,下面语句选择每个 p 段落元素的所有祖先元素直到遇到 div 元素为止(不含 div 元素),匹配其中的 span 元素,设置文字颜色为红色。

```
$("p").parentsUntil("div","span").css("color","red");
```

【例 19-13】 祖先遍历示例。示例代码(19-13.html)如下。

```
<html>
<head>
<meta http-equiv="Content-type" Content="text/HTML;charset=UTF-8">
<title>例 19-13 祖先遍历示例</title>
<style>
div{width:300px;}
ul{list-style:none;}
div,ul,li{
border:1px solid gray;
padding:10px;
margin:10px;
background-color:white;
}
```

```
</style>
<script src="js/jquery-3.5.1.min.js"></script>
<script>
$(document).ready(
function(){
$("#btn1").click(function(){$("li").parent().css("backgroundColor","pink");})
$("#btn2").click(function(){$("li").parentsUntil("body").
css("backgroundColor","yellow");})
$("#btn3").click(function(){$("li").parents().css("backgroundColor",
"blue");})
});
</script>
</head>
<body>
    曾祖父 body
        <div> 祖父元素 div
            <ul>
                父元素 ul
                <li>元素 li</li>
            </ul>
        </div>
查找 li 的祖先元素<button id="btn1">parent()</button>
<button id="btn2">parentsUntil("body")</button>
<button id="btn3">parents()</button>
</body>
</html>
```

网页在浏览器中运行,显示 button 按钮元素、div 元素、ul 无序列表元素。单击各按钮,选择对应的元素设置背景色。图 19.13 所示为单击【parent()】按钮后的效果。

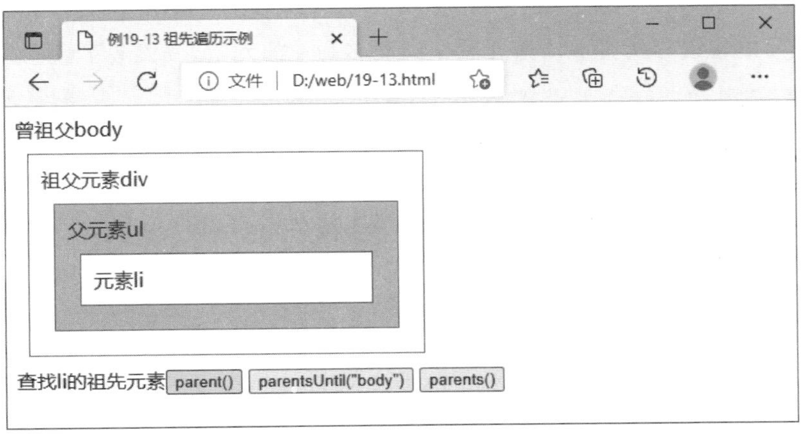

图 19.13　祖先遍历示例

13. 查找选择元素中的第一个元素 first()

first()用于查找指定元素中的第一个元素,其基本语法格式如下。

```
$("元素").first();
```

例如,下面语句选择所有 p 段落元素中的第一个元素,设置文字颜色为红色。

```
$("p").first().css("color","red");
```

14. 查找选择元素中的最后一个元素 last()

last()用于查找指定元素中的最后一个元素,其基本语法格式如下。

```
$("元素").last();
```

例如,下面语句选择所有 p 段落元素中的最后一个元素,设置文字颜色为红色。

```
$("p").last().css("color","red");
```

15. 查找选择元素中的第 n 个元素 eq(n)

eq(n)用于查找指定元素中的第 n 个元素,编号从 0 开始,其基本语法格式如下。

```
$("元素").eq(n);
```

例如,下面语句选择所有 p 段落元素中的第 2 个元素,设置文字颜色为红色。

```
$("p").eq(2).css("color","red");
```

16. 过滤选择元素中的某种元素 filter()

filter()用于过滤指定元素 1 中的元素 2,其基本语法格式如下。

```
$("元素 1").filter(元素 2);
```

例如,下面语句选择所有 p 段落元素中的类名为 a 的元素,设置文字颜色为红色。

```
$("p").filter(".a").css("color","red");
```

17. 排除选择元素中的指定元素 not()

not()选择排除了元素 2 的所有元素 1,其基本语法格式如下。

```
$("元素 1").not("元素 2");
```

例如,下面语句选择所有 p 段落元素中类名不是 a 的 p 元素,设置文字颜色为红色。

```
$("p").not(".a").css("color","red");
```

18. 选择元素中的每一个元素 each()

each()用于选择指定元素中的每一个元素,其基本语法格式如下。

```
$("元素").each();
```

例如,下面语句选择所有 p 段落元素中的每一个元素,设置文字颜色为红色。

```
$("p").each().css("color","red");
```

【例 19-14】 过滤遍历示例。示例代码(19-14.html)如下。

```
<html>
<head>
<meta http-equiv="Content-type" Content="text/HTML;charset=UTF-8">
<title>例 19-14 过滤遍历示例</title>
<script src="js/jquery-3.5.1.min.js"></script>
<script>
$(document).ready(
function(){
$("li").first().css("color","red");
$("li").last().css("color","blue");
$("li").filter(".a").css("border","solid yellow");
$("li").not(".a").css("backgroundColor","pink");
$("li").each(function(){$(this).css("fontStyle","italic");})
});
</script>
</head>
<body>
<ul>
<li class="a">aa</li>
<li class="b">bb</li>
<li class="a">cc</li>
<li class="b">dd</li>
</ul>
</body>
</html>
```

浏览器中网页运行效果如图 19.14 所示。

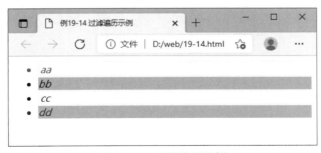

图 19.14 过滤遍历示例

思考和实践

1. 问答题

（1）在网页中如何添加 jQuery 文件引用声明？

（2）jQuery 语句中包含哪几个要素？分别是什么含义？

（3）为了避免文档在元素加载完成前就执行 jQuery 语句而导致潜在的错误，必须使用什么方法？

（4）jQuery 选择器和过滤器的作用是什么？

（5）jQuery 的遍历方法是基于什么结构查找元素的？

2. 操作题

设计网页，用 jQuery 实现表格中第一行字体加粗，背景色为红色；表格中奇数行背景色为灰色；内容为空的单元格，背景色为黑色。效果如图 19.15 所示。

图 19.15　操作题效果图

第 20 章 jQuery 操作方法及应用

本章学习目标

- 掌握 jQuery 操作元素对象的方法及应用;
- 掌握 jQuery 的特效方法及应用。

本章首先介绍 jQuery 操作元素对象,获取和设置元素信息的方法,然后介绍元素的事件方法和操作文档结构的方法,最后介绍 jQuery 的特效方法及应用。

20.1 获取元素对象信息

获取元素信息包括获取元素的文本内容、标记内容、表单值、属性值、样式值等。获取元素信息的方法见表 20.1。

表 20.1 获取元素信息的方法

方 法	说 明
.text()	获取选择的所有元素对象的文本内容
.html()	获取选择的第一个元素对象的 HTML 标记及包含的内容
.val()	获取选择的第一个表单元素对象的 value 值
.attr("属性")	获取选择的第一个元素对象的指定属性的属性值
.css("样式")	获取选择的第一个元素对象的指定样式的样式值
.width()	获取选择的第一个元素的宽度(不包括边框粗细、内边距、外边距)
.height()	获取选择的第一个元素的高度(不包括边框粗细、内边距、外边距)
.innerWidth()	获取选择的第一个元素的宽度(包括内边距)
.innerHeight()	获取选择的第一个元素的高度(包括内边距)
.outerWidth()	获取选择的第一个元素的宽度(包括边框粗细、内边距)
.outerHeight()	获取选择的第一个元素的高度(包括边框粗细、内边距)

例如,下面的语句将所有段落的文本内容获取后赋值给变量 t。

```
t=$("p").text();
```

【例 20-1】 获取元素信息方法示例。示例代码(20-1.html)如下。

```
<html>
<head>
<meta http-equiv="Content-type" Content="text/HTML;charset=UTF-8">
```

```html
<title>例 20-1 获取元素信息方法示例</title>
<style>
p{color:red;}
div{border:1px solid;width:200px;height:200px;padding:10px;margin:10px;}
</style>
<script src="js/jquery-3.5.1.min.js"></script>
<script>
function hq(){
var t=$("p").text();
var h=$("p").html();
var a=$("p").attr("id");
var c=$("p").css("background-color");
var v1=$("#yz").val();
var v11=$("#yz:checked").val();
var v2=$("#lb").val();
var v22=" ";
$("#lb:checked").each(function(){v22=v22+" "+$(this).val();})
var w1=$("div").width();
var w2=$("div").innerWidth();
msg="段落中文本:"+t+"\n";
msg=msg+"段落中 HTML:"+h+"\n";
msg=msg+"段落 id 属性:"+a+"\n";
msg=msg+"段落背景样式:"+c+"\n";
msg=msg+"单选第 1 项值:"+v1+"选中项值:"+v11+"\n";
msg=msg+"复选第 1 项值:"+v2+"选中项值:"+v22+"\n";
msg=msg+"段落宽度:"+w1+"\n";
msg=msg+"段落宽度:"+w2+"\n";
alert(msg);
}
</script>
</head>
<body>
<div>
<p id="a">新闻<span>订阅</span>服务</p>
<form>
语种<input type="radio" id="yz" value="chinese" name="yz">中文
    <input type="radio" id="yz" value="english" name="yz">英文<br>
类别<input type="checkbox" id="lb" value="yl">娱乐新闻
    <input type="checkbox" id="lb" value="sh">社会新闻<br>
<input type="button" value="提交" onclick="hq()">
</form>
<p id="b">感谢支持</p>
</div>
</body>
</html>
```

网页在浏览器中运行,显示 div 元素、p 元素、span 元素、表单 form 及单选框、复选框元素。在表单中选择数据,例如,选择语种为"英文",类别为"娱乐新闻""社会新闻"。然后单击【提交】按钮,浏览器中网页显示效果如图 20.1 所示。

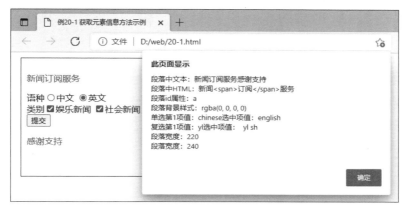

图 20.1　获取元素信息方法示例

20.2　设置元素对象信息

设置元素对象信息包括设置元素的文本内容、HTML 内容、属性值、样式值等。设置元素对象信息的方法见表 20.2。

表 20.2　设置元素对象信息的方法

方　　法	说　　明
.text("新文本内容")	设置选择的所有元素对象的文本内容为指定的新文本内容
.html("新 HTML 内容")	设置选择的所有元素对象的内容为指定的 HTML 标记及内容
.val("新的值")	设置选择的所有表单元素对象的 value 值为指定的新值
.attr("属性","属性值")	设置选择的所有元素对象的指定属性的属性值
.css("样式","样式值")	设置选择的所有元素对象的指定样式的样式值
.width("宽度值")	设置选择的第一个元素的宽度(不包括边框粗细、内边距、外边距)
.height("高度值")	设置选择的第一个元素的高度(不包括边框粗细、内边距、外边距)
.innerWidth("宽度值")	设置选择的第一个元素的宽度(包括内边距)
.innerHeight("高度值")	设置选择的第一个元素的高度(包括内边距)
.outerWidth("宽度值")	设置选择的第一个元素的宽度(包括边框粗细、内边距、外边距)
.outerHeight("高度值")	设置选择的第一个元素的高度(包括边框粗细、内边距、外边距)
.addClass("类名列表")	为选择的所有元素添加类名列表中的类名,类名列表用空格间隔
.removeClass("类名")	删除选择的所有元素的指定类名
.toggleClass("类名列表")	为选择的所有元素添加或删除类名列表中的类名(没有该类名就添加,有该类名就删除),类名列表用空格间隔
.removeAttr("属性")	删除选择的所有元素的指定属性

例如,下面的语句将所有段落的文本内容设置为"abc"。

```
$("p").text("abc");
```

用 css()方法设置元素样式时,可以批量设置,即对选择的元素对象同时进行多个样式设置。批量设置样式的语法格式如下。

```
$("元素").css({样式: "样式值", 样式: "样式值"……});
```

其中,样式名称不需要加引号"",样式值要加""。另外,样式名称中不能有"-",还要改为驼峰标记法格式,即第一个单词小写,后面单词的首字母大写。例如,CSS 中背景颜色样式"background-color",要改为"backgroundColor"。

【例 20-2】 设置元素信息方法示例。示例代码(20-2.html)如下。

```
<html>
<head>
<meta http-equiv="Content-type" Content="text/HTML;charset=UTF-8">
<title>例 20-2 设置元素信息方法示例</title>
<style>
p{color:red;}
.style01{font-style:italic;color:red;}
</style>
<script src="js/jquery-3.5.1.min.js"></script>
<script>
$(document).ready(
function(){
btn1.onclick=function(){
$("#a").text("已自动填写");
$(".b").html("<h6>可以提交数据</h6>");
$("input[type='text'").val("000");
$("#yz2").attr("checked","checked");
$("#lb2").attr("checked","checked");
$("#a").attr("class","b");
$(".b").css({color:"white",backgroundColor:"blue"});
$("input").addClass("style01");
}
});
</script>
</head>
<body>
<p id="a">新闻<span>订阅</span>服务</p>
<form action="20-2-1.html" method="get">
服务电话<input type="text" value="" name="tel">
```

```
门牌号<input type="text" value="" name="menp"><br>
语种<input type="radio" id="yz1" value="chinese" name="yz">中文
    <input type="radio" id="yz2" value="english" name="yz">英文<br>
类别<input type="checkbox" id="lb1" value="yl" name="lb">娱乐新闻
    <input type="checkbox" id="lb2" value="sh" name="lb">社会新闻<br>
<button type="button" id="btn1">自动填写</button>
<button type="submit" id="btn2">提交</button>
<p class="b">感谢支持</p>
<p class="b" id="w">请多关注</p>
</form>
</body>
</html>
```

20-2-1.html 是一个页面为空的网页,只用于接收数据。示例代码(20-2-1.html)如下。

```
<html>
<head>
<meta http-equiv="Content-type" Content="text/HTML;charset=UTF-8">
<title>例 20-2 表单数据传递示例</title>
</head>
<body>
</body>
</html>
```

网页在浏览器中运行,显示 p 元素、form 表单和单行文本框、单选框、复选框、提交按钮元素。单击【自动填写】按钮,会设置表单元素的属性和样式。单击【提交】按钮,数据以 get 方式传输到 20-2-1.html,显示在 20-2-1.html 的 URL 地址栏。图 20.2 所示为单击【自动填写】按钮时的效果。

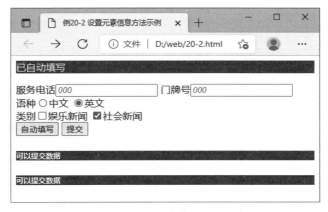

图 20.2　设置元素信息方法示例

20.3　设置元素对象事件

jQuery 可以为选择的元素对象指定事件触发条件，以及事件处理要运行的脚本程序，在事件触发时自动运行指定的代码。

jQuery 事件的基本语法格式如下。

```
$("元素").事件名称(
function(){
事件处理代码;
}
);
```

在 jQuery 事件中，选中的元素对象触发了事件，如果事件代码中需要对这些元素对象进行处理，可以再次选中这些元素对象，也可以用 this 关键字引用当前选中的元素对象。

例如，下面的语句在段落元素对象 p 被鼠标单击事件触发时，将段落元素对象 p 的文字颜色设置为红色。

```
$("p").click(
function(){
$(this).css("color","red");
}
);
```

20.3.1　文档加载就绪事件

文档加载就绪事件 ready() 是文档对象 document 加载就绪时触发，其基本语法格式如下。

```
$("document").ready(
function(){
事件处理代码;
}
);
```

文档加载就绪事件只用于 document 对象，所以可以简写如下。

```
$().ready(
function(){
事件处理代码;
}
);
```

或者

```
$(
function(){
事件处理代码;
}
);
```

20.3.2　键盘事件

键盘事件是对文档对象 document 或者获得焦点的指定元素,设置在键盘按下或松开时触发的处理过程。常用的键盘事件见表 20.3。

表 20.3　常用的键盘事件

事　　件	说　　明
keydown()	键盘按键按下时触发
keypress()	键盘按键按下并快速被释放时触发
keyup()	键盘按键被释放时触发

【例 20-3】　键盘事件示例。示例代码(20-3.html)如下。

```
<html>
<head>
<meta http-equiv="Content-type" Content="text/HTML;charset=UTF-8">
<title>例 20-3 键盘事件示例</title>
<style>
span{color:red;}
</style>
<script src="js/jquery-3.5.1.min.js"></script>
<script>
$(document).ready(function(){
$("input").keydown(function(){
$("#a").text("按键被按下");
});
$("input").keyup(function(){
$("#a").text("按键被释放");
});
var count=0;
$("input").keypress(function(){
count++;
$("#b").text(count);
});
});
</script>
</head>
```

```
<body>
打字测试<input type="text">
<p>按键状态:<span id="a"></span></p>
<p>按键次数:<span id="b"></span></p>
</body>
</html>
```

网页在浏览器中运行,显示单行文本框、p段落元素、span元素。在单行文本框中输入字符,网页上显示按键按下或释放的状态,并统计按键次数,运行效果如图20.3所示。

图 20.3　键盘事件示例

20.3.3　鼠标事件

鼠标事件是对网页文档中的任意HTML元素对象,设置在鼠标操作时触发的处理过程。常用的鼠标事件见表20.4。

表 20.4　常用的鼠标事件

事　　件	说　　明
click()	鼠标单击被选中的元素时触发
dblclick()	鼠标双击被选中的元素时触发
hover()	鼠标悬浮在被选中的元素上时触发
mousedown()	鼠标按键在被选中的元素上按下时触发
mouseenter()	鼠标进入被选中的元素区域时触发
mouseleave()	鼠标离开被选中的元素区域时触发
mousemove()	鼠标处于移动状态时触发
mouseout()	鼠标离开被选中元素或其子元素时触发
mouseover()	鼠标穿过被选中元素或其子元素时触发
mouseup()	鼠标按键被释放时触发

【例20-4】　鼠标事件示例。示例代码(20-4.html)如下。

```
<html>
<head>
```

```
<meta http-equiv="Content-type" Content="text/HTML;charset=UTF-8">
<title>例20-4 鼠标事件示例</title>
<style>
#a{border:1px dotted;border-radius:20px;color:red;width:30px;height:30px;
background-color:yellow;position:relative;}
#b{border:1px solid;width:200;height:200;}
#c{border:1px solid;width:100;height:100;margin:50px;}
</style>
<script src="js/jquery-3.5.1.min.js"></script>
<script>
$(document).ready(function(){
$(document).mousemove(function(event){
$("#a").css("left",event.pageX);
$("#a").css("top",event.pageY-50);
$("#x").text(event.pageX);
$("#y").text(event.pageY);
});
$("#b").mouseover(function(){
$(this).css("background-color","blue");
});
$("#b").mouseout(function(){
$(this).css("background-color","white");
});
$("#c").mouseover(function(){
$(this).css("background-color","red");
});
$("#c").mouseout(function(){
$(this).css("background-color","white");
});
});
</script>
</head>
<body>
小球横坐标:<span id="x"></span>纵坐标:<span id="y"></span>
<div id="a"></div>
<div id="b"><div id="c"></div></div>
</body>
</html>
```

网页在浏览器中运行,显示 span 元素和 3 个 div 元素。在网页上移动鼠标,显示鼠标坐标值,并且小球 div 元素随着鼠标移动。鼠标移入和移出不同的 div 元素范围时,div 元素的背景色发生改变。图 20.4 所示为 div 小球元素移入 div 元素 b、c 后又移出 c 的效果。

图 20.4　鼠标事件示例

20.3.4　表单事件

表单事件是表单元素发生用户交互动作时触发的事件。常用的表单事件见表 20.5。

表 20.5　常用的表单事件

事　　件	说　　明
blur()	表单元素失去焦点时触发
focus()	表单元素获得焦点时触发
change()	表单元素内容发生变化时触发
select()	单行文本框或文本域的内容被选中时触发
submit()	提交表单时触发

【例 20-5】　表单事件示例。示例代码(20-5.html)如下。

```
<!DOCTYPE html>
<html>
<head>
<meta http-equiv="Content-type" Content="text/HTML;charset=UTF-8">
<title>例 20-5 表单事件示例</title>
<script src="js/jquery-3.5.1.min.js"></script>
<script>
$(document).ready(function(){
$("input:text").blur(function(){
$(this).css("background-color","white");
});
$("input:text").focus(function(){
```

```
$(this).css("background-color","yellow");
});
$("input:text").select(function(){
alert("不允许复制本网页文本");
});
$("select").change(function(){
$("#c").val($(this).val());
});
$("form").submit(function(){
var x=$("#a").val();
if(x.length<3){alert("用户名长度要大于等于3");return false;}
});
});
</script>
</head>
<body>
<form action="20-5-1.html" method="get">
用户名:<input type="text" id="a" name="a"><br>
籍贯:<select name="b">
<option value="杭州">杭州</option>
<option value="绍兴">绍兴</option>
</select><br>
家庭地址:<input type="text" id="c" name="c"><br>
<input type="submit" value="提交">
</form>
</body>
</html>
```

20-5-1.html 是空页面,只是用于接收数据。示例代码(20-5-1.html)如下。

```
<!DOCTYPE html>
<html>
<head>
<meta http-equiv="Content-type" Content="text/HTML;charset=UTF-8">
<title>例20-5 表单事件示例</title>
</head>
<body>
  提交成功
</body>
</html>
```

网页在浏览器中运行,显示表单、单行文本框、下拉列表框、【提交】按钮元素。鼠标定位在用户名单行文本框中时,文本框元素的背景色变为黄色。在下拉列表框中选择籍贯,单行文本框失去焦点,单行文本框背景色设置为白色。下拉列表中选好籍贯选项后,id 名为 c 的单行文本框的 value 值变为当前下拉列表选项的值。在单行文本框中拖动鼠标进行文字选择操作,弹出提示框提示"不允许复制本网页文本"。单击【提交】按钮,如果单行文本框输入的字符串长度小于 3,弹出提示框显示"用户名长度要大于等于 3"信息,表单不能提交。如果单行文本框输入的字符串长度大于等于 3,则提交数据到 20-5-1.html,在 20-5-1.html 的地址栏看到传递的数据。图 20.5 所示为选择文本框文本时的效果。

图 20.5　表单事件示例

20.3.5　事件绑定和解除

可以为指定元素或其子元素绑定或者解除事件。绑定事件用 on()方法,解除事件用 off()方法,它们的基本语法格式如下。

```
$("元素").on("事件","子元素","数据",function(){})
$("元素").off("事件","子元素","数据",function(){})
```

事件是必填参数,可以是一个或多个事件,多个事件之间用空格分隔。子元素是可选参数。数据是可选参数,用于传递数据给执行函数。

【例 20-6】　事件绑定和解除示例。示例代码(20-6.html)如下。

```
<!DOCTYPE html>
<html>
<head>
<meta http-equiv="Content-type" Content="text/HTML;charset=UTF-8">
<title>例 20-6 事件绑定和解除示例</title>
<style>
#bt2{display:none;}
</style>
<script src="js/jquery-3.5.1.min.js"></script>
<script>
$(document).ready(function(){
$("#bt1").on("click",function(){
$("input").attr("disabled",false);
$("#bt2").css("display","block");
$("#bt1").css("display","none");
});
```

```
$("#bt2").on("click ",function(){
var x=$("#a").val();
alert("用户名是"+x);
$("#bt2").off("click");
});
});
</script>
</head>
<body>
按开始按钮填表,填写后可以预览数据,只能预览一次。
<button id="bt1">开始</button><br>
用户名:<input type="text" id="a" name="a" disabled="disabled"><br>
<button id="bt2">预览数据</button><br>
</body>
</html>
```

网页在浏览器中运行,显示 button 按钮元素和单行文本框元素。单行文本框设置为禁用。单击【开始】按钮,单行文本框转为可用状态,【预览数据】按钮可见。在单行文本框中输入数据,然后单击【预览数据】按钮,弹出提示框显示数据。单击提示框的【确定】按钮,【预览数据】按钮变为无效。图 20.6 所示为预览数据效果。

图 20.6 事件绑定和解除示例

20.3.6 临时事件

临时事件是指为元素绑定事件,但该事件只执行一次便失效。临时事件用 one()方法实现,其基本语法格式如下。

```
$( "元素").one("事件", "子元素", "数据",function(){})
```

例 20-6 中的【预览数据】按钮的 click()事件只能执行一次,代码也可改为如下语句,执行效果一样。

```
$("#bt2").one("click",function(){
var x=$("#a").val();
```

```
alert("用户名是"+x);
  });
```

20.4 操作文档结构

jQuery 可以在网页文档中添加、删除元素和内容。常用的操作文档结构的方法见表 20.6。

表 20.6 常用的操作文档结构的方法

方　　法	说　　明
.append("内容")	在选择元素内部末尾插入内容,可以是文本、标记、数组等
.prepend("内容")	在选择元素内部开头插入内容,可以是文本、标记、数组等
.after("内容")	在选择元素外部后面插入文本或者标记
.before("内容")	在选择元素外部前面插入文本或者标记
.remove()	删除选择的元素
.empty()	删除元素的子元素和内容

【例 20-7】　操作文档结构示例。示例代码(20-7.html)如下。

```
<html>
<head>
<meta http-equiv="Content-type" Content="text/HTML;charset=UTF-8">
<title>例 20-7 操作文档结构示例</title>
<style>
div{border:1px solid;padding:20px;margin:20px;}
</style>
<script src="js/jquery-3.5.1.min.js"></script>
<script>
$(document).ready(
function(){
$("#bt1").click(function(){
$("#b1").append("<em style='color:red;'>增加的内容 1</em>");
});
$("#bt2").click(function(){
$("#b2").prepend("<em style='color:red;'>增加的内容 2</em>");
});
$("#bt3").click(function(){
$("#b1").before("<em style='color:red;'>增加的内容 3</em>");
});
$("#bt4").click(function(){
$("#b2").after("<em style='color:red;'>增加的内容 4</em>");
```

```
});
$("#bt5").click(function(){
$("#b1").empty();
});
$("#bt6").click(function(){
$("#b1").remove();
});
});
</script>
</head>
<body>
<button id="bt1">元素内末尾添加标记和文本</button>
<button id="bt2">元素内开头添加标记和文本</button>
<button id="bt3">元素前添加标记和文本</button>
<button id="bt4">元素后添加标记和文本</button>
<button id="bt5">清空元素</button>
<button id="bt6">删除元素</button>
<div id="a">
<div id="b1">这是第一个子元素</div>
<div id="b2">这是第二个子元素</div>
</div>
</body>
</html>
```

网页在浏览器中运行,显示 button 按钮元素和 div 元素。单击各按钮,可以改变文档结构。图 20.7 所示为所有按钮按顺序单击一次后的效果。

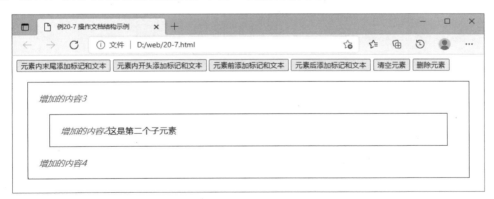

图 20.7　操作文档结构示例

20.5　jQuery 特效

20.5.1　隐藏和显示

1. 隐藏元素 hide()

hide()方法用于隐藏指定元素,其基本语法格式如下。

```
$("元素").hide(持续时间,完成后执行的函数)
```

hide()方法的参数都是可选参数。持续时间可以是 fast、slow 或者具体的时间值(以 ms 为单位)。fast 是 200ms,slow 是 600ms。不设置时间默认是 400ms。以下关于持续时间的设置相同。

2. 显示元素 show()

show()方法用于显示指定元素,其基本语法格式如下。

```
$("元素").show(持续时间,完成后执行的函数)
```

3. 切换显示或隐藏元素 toggle()

toggle()方法用于隐藏已显示的元素,或显示已隐藏的元素,其基本语法格式如下。

```
$("元素").toggle(持续时间,完成后执行的函数)
```

【例 20-8】 显示和隐藏示例。示例代码(20-8.html)如下。

```
<html>
<head>
<meta http-equiv="Content-type" Content="text/HTML;charset=UTF-8">
<title>例 20-8 显示和隐藏示例</title>
<style>
li{margin:20px;}
span,li{display:none;}
</style>
<script src="js/jquery-3.5.1.min.js"></script>
<script>
$(document).ready(function(){
$("ul").click(function(){
$(this).children().toggle();})
$("li").mouseover(function(){
$(this).children("span").show(600);});
$("li").mouseout(function(){
$(this).children("span").hide();});
});
</script>
</head>
<body>
<h3>在目录上单击或者移动鼠标,可以查看详情</h3>
<ul >第 1 章 HTML
    <li>1.1基础概念<span>HTML 的概念是超文本链接语言</span></li>
    <li>1.2设计工具<span>HTML 可以采用纯文本设计软件设计</span></li>
</ul>
<ul>第 2 章 CSS
```

```
        <li>2.1 基础概念<span>CSS 的概念是层叠样式表</span></li>
        <li>2.2 设计工具<span>CSS 可以采用纯文本设计软件设计</span></li>
    </ul>
    </body>
    </html>
```

网页在浏览器中运行,显示 h3 标题元素、ul 无序列表元素、span 元素。单击每章标题文字,会显示或隐藏小节标题文字。鼠标移入或移出小节标题文字,小标题内的 span 元素的内容显示或隐藏。图 20.8 所示为单击第 1 章标题后,将鼠标移到 1.2 节标题上的效果。

图 20.8　显示和隐藏示例

20.5.2　淡入和淡出

1. 淡入方法 fadeIn()

淡入方法 fadeIn()修改指定元素的透明度,直到元素完全显现,其基本语法格式如下。

```
$("元素").fadeIn(持续时间,完成后执行的函数)
```

fadeIn()方法的参数都是可选参数。

2. 淡出方法 fadeOut()

淡出方法 fadeOut()修改指定元素的透明度,直到元素完全隐藏,其基本语法格式如下。

```
$("元素").fadeOut(持续时间,完成后执行的函数)
```

fadeOut()方法的参数都是可选参数。

3. 淡入淡出切换方法 fadeToggle()

淡入淡出切换方法 fadeToggle()修改指定元素的透明度,实现隐藏的元素淡入显示,或者可见的元素淡出隐藏,其基本语法格式如下。

```
$("元素").fadeToggle(持续时间,完成后执行的函数)
```

fadeToggle()方法的参数都是可选参数。

4. 透明度变化方法 fadeTo()

透明度变化方法 fadeTo()修改指定元素的透明度,变化到指定的透明度,其基本语法格式如下。

```
$("元素").fadeTo(持续时间,透明度,完成后执行的函数)
```

fadeTo()方法的参数中,持续时间和透明度是必填参数。透明度取值 0~1,0 为完全透明,1 为不透明。

【例 20-9】 淡入淡出示例。示例代码(20-9.html)如下。

```
<html>
<head>
<meta http-equiv="Content-type" Content="text/HTML;charset=UTF-8">
<title>例 20-9 淡入淡出示例</title>
<style>
div,table,td{border:1px solid;}
td{padding:10px 30px;background-color:red;}
img{width:150px;height:120px;}
div{width:130px;height:100px;display:none;background-color:yellow;}
#aa{position:absolute;left:float;left:10px;top:150px;}
#bb{position:absolute;left:float;left:230px;top:150px;}
#cc{position:absolute;left:float;left:450px;top:150px;}
</style>
<script src="js/jquery-3.5.1.min.js"></script>
<script>
$(document).ready(function(){
$("#a").mouseover(function(){
$(this).fadeTo(200,0.5);$("#aa").fadeIn();});
$("#a").mouseout(function(){
$(this).fadeTo("fast",1);$("#aa").fadeOut();});
$("#b").mouseover(function(){
$(this).fadeTo(200,0.5);$("#bb").fadeIn();});
$("#b").mouseout(function(){
$(this).fadeTo("fast",1);$("#bb").fadeOut();});
$("#c").mouseover(function(){
$(this).fadeTo(200,0.5);$("#cc").fadeIn();});
$("#c").mouseout(function(){
$(this).fadeTo("fast",1);$("#cc").fadeOut();});
});
</script>
</head>
<body>
```

```
<table><tr><td> <img src="images/1.jpg" id="a"></td><td><img src="images/
2.jpg" id="b"></td><td><img src="images/3.jpg" id="c"></td></tr></table>
<div id="aa">威尼斯(Venice)是意大利东北部著名的旅游与工业城市,也是威尼托地区的首府
</div>
<div id="bb">圣托里尼岛建有一群靠山别墅,十分密集,别墅建筑也极具特色</div>
<div id="cc"> 安徽宏村的田园风光、山水景致</div>
</body>
</html>
```

网页在浏览器中运行,显示 3 张图片。鼠标移动到任意图像上时,对应的 div 元素注释标签淡入显示;鼠标从图像上移开时,注释标签淡出隐藏。图 20.9 所示为鼠标移到第一张图片上时显示注释标签的效果。

图 20.9　淡入淡出示例

20.5.3　滑动

1. 向下滑动 slideDown()
向下滑动方法 slideDown()设置元素从上往下滑动显示,其基本语法格式如下。

```
$("元素").slideDown(持续时间,完成后执行的函数)
```

slideDown()方法的参数都是可选参数。

2. 向上滑动 slideUp()
向上滑动方法 slideUp()设置元素从下往上滑动隐藏,其基本语法格式如下。

```
$("元素").slideUp(持续时间,完成后执行的函数)
```

slideUp()方法的参数都是可选参数。

3. 上下滑动切换 slideToggle()
上下滑动切换方法 slideToggle()设置元素不可见时从上往下滑动显示,可见时从下往

上滑动隐藏,其基本语法格式如下。

```
$("元素").slideToggle(持续时间,完成后执行的函数)
```

slideToggle()方法的参数都是可选参数。

【例20-10】 滑动示例。示例代码(20-10.html)如下。

```html
<html>
<head>
<meta http-equiv="Content-type" Content="text/HTML;charset=UTF-8">
<title>例20-10 滑动示例</title>
<style>
 div{border:1px solid;padding:20px 50px;
     display:none;width:300px;
     position:absolute;left:300px;
     top:10px;}
ul{width:200px;}
</style>
<script src="js/jquery-3.5.1.min.js"></script>
<script>
$(document).ready(function(){
$("li").mouseover(function(){$(this).css("background-color","yellow");})
$("li").mouseout(function(){$(this).css("background-color","white");})
$("li").click(function(){
$("div").slideUp();
var x=$(this).attr("id");
if(x=="a1"){$("div").text("jQuery是一个JavaScript开源函数库,具有简洁、轻量级、可
实现快速开发的特点。通过jQuery,可以用精简的代码实现跨浏览器的HTML文档对象操作、事件
处理、页面元素动态效果、Ajax交互等功能。");}
if(x=="a2"){$("div").text("jQuery选择器与过滤器是选择HTML元素对象的选择方式。
jQuery选择器和过滤器的部分语法规则来自于CSS选择符规则。");}
if(x=="a3"){$("div").text("jQuery可以为选择的元素对象指定事件触发条件,以及事件处
理要运行的脚本程序,在事件触发时自动运行指定的代码。");}
$("div").slideDown(5000);});
});
</script>
</head>
<body>
<h3>目录</h3>
<ul>
<li id="a1">5.1 jQuery基础</li>
<li id="a2">5.2 jQuery选择器</li>
<li id="a3">5.3 jQuery事件</li>
</ul>
<div></div>
```

```
</body>
</html>
```

网页在浏览器中运行,显示目录中的小节标题。鼠标移动到小节标题上时,背景色变为黄色;鼠标移出小节标题时,背景色变为白色。鼠标在小节标题上单击,右侧对应的 div 元素从上往下滑动显示,其余 div 元素从下往上收起隐藏。图 20.10 所示为单击第一个小节标题的效果。

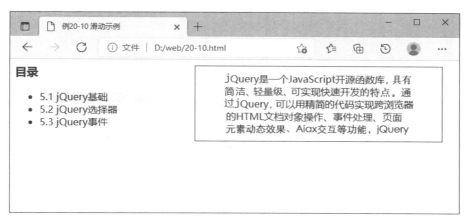

图 20.10 滑动示例

20.5.4　动画

1. 动画方法 animate()

动画方法 animate()通过指定元素结束时的 CSS 样式值,自动实现从初始样式值到结束样式值变化的动画效果,其基本语法格式如下。

```
$("元素").animate({样式: "样式值"},持续时间,完成后执行的函数)
```

样式和样式值是必填参数,持续时间和完成后执行的函数是可选参数。允许设置多个样式和样式值,用逗号分隔。样式名称中有"-"的,需要改为驼峰标记法。

animate()方法可以实现绝大部分 CSS 样式变化的动画效果,如宽度、高度、透明度、位置等。设置位置变化动画的时候,元素的 position 样式值必须设定为 absolute、relative 或者 fixed 才有效。jQuery 核心库中没有颜色变化的动画效果,如果要实现颜色变化的动画效果,则需要下载相关的插件。

样式值可以是一个确定值,也可以是相对值,用"＋="或者"－="相对于当前值计算得到。

同一个 animate()方法的多个样式变化动画同时发生,多个连续的 animate()方法依次执行。

2. 停止动画 stop()

停止动画方法 stop()用于停止指定元素在进行中的或者后续的 animate()动画操作,

其基本语法格式如下。

$("元素").stop(是否停止后续所有动画,是否完成当前动画);

是否停止后续所有动画和是否完成当前动画两个参数都是可选参数,默认值是 false。

【例 20-11】 动画示例。示例代码(20-11.html)如下。

```html
<html>
<head>
<meta http-equiv="Content-type" Content="text/HTML;charset=UTF-8">
<title>例 20-11 动画示例</title>
<style>
#a {border:1px solid;
    width:50px;height:50px;
    border-radius:25px;
    background-color:yellow;
    position:fixed;
    left:100px;
    top:45px;
    }
#b{width:300px;position:absolute;
    left:100px;
    top:100px;
    background-color:green;}
</style>
<script src="js/jquery-3.5.1.min.js"></script>
<script>
$(document).ready(function(){
$("#bt1").click(function(){
$("#a").animate({left:"400px"},3000);
$("#a").animate({top:"+=100px",left:"+=100px"},3000);
$("#a").animate({width:"20px",height:"20px",opacity:"0"},3000);})
$("#bt2").click(function(){$("#a").stop();});
$("#bt3").click(function(){$("#a").stop(true,false);});
$("#bt4").click(function(){$("#a").stop(true,true);});
});
</script>
</head>
<body>
<button id="bt1">开始动画</button>
<button id="bt2">不清除后续,不完成当前</button>
<button id="bt3">清除后续,不完成当前</button>
<button id="bt4">清除后续,完成当前</button>
<div id="a"></div>
<div id="b"><hr></div>
```

```
</body>
</html>
```

网页在浏览器中运行,显示 1 个 div 小球元素和多个按钮。单击各个按钮,可以控制小球的动画效果。图 20.11 所示为小球经过水平向右移动、向右下移动和透明度变化动画后的效果。

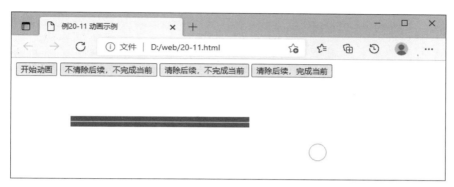

图 20.11　动画示例

20.6　方 法 链 接

对同一元素依次执行多种操作时,可以使用方法链接,只需要选择一次元素,然后依次将新动作追加到上一动作后面,其基本语法格式如下。

```
$("元素").方法 1().方法 2().方法 3()……;
```

或者

```
$("元素").方法 1()
.方法 2()
.方法 3()
……;
```

【例 20-12】　方法链接示例。示例代码(20-12.html)如下。

```
<html>
<head>
<meta http-equiv="Content-type" Content="text/HTML;charset=UTF-8">
<title>例 20-12 方法链接示例</title>
<style>
#a{border:1px solid;
    width:50px;height:50px;
    border-radius:25px;
    background-color:yellow;
```

```
        position:fixed;
        left:100px;
        top:45px;
        }
    #b{width:300px;position:absolute;
        left:100px;
        top:100px;
        background-color:green;}
    </style>
    <script src="js/jquery-3.5.1.min.js"></script>
    <script>
    $(document).ready(function(){
    $("#bt1").click(function(){
    $("#a").animate({left:"400px"},500)
    .fadeTo("slow",0.1);
    })
    });
    </script>
    </head>
    <body>
    <button id="bt1">开始动画</button>
    <div id="a"></div>
    <div id="b"><hr></div>
    </body>
    </html>
```

网页在浏览器中运行,显示 1 个 div 小球元素和 1 个按钮元素。单击【开始动画】按钮,小球完成水平右移,再改变透明度到 0.1 的动画。图 20.12 所示为动画结束时的效果。

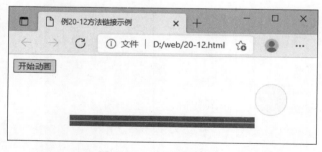

图 20.12　方法链接示例

思考和实践

1. 问答题

（1）jQuery 获取元素文本内容的方法有哪些？

（2）jQuery 设置元素宽度、高度的方法有哪些？

（3）jQuery 在文档中增加文本和增加元素的区别是什么？

2. 操作题

（1）用 JavaScript 和 jQuery 设计网页，实现多张图片自动或手动轮播，效果如图 20.13 所示。

① 每隔 3s 轮流显示多张图片中的一张。

② 单击"左箭头"按钮，显示前一张图片，单击"右箭头"按钮，显示后一张图片。

③ 图片显示的动画效果为淡入淡出。

图 20.13　操作题(1)效果

（2）用 JavaScript 和 jQuery 设计打地鼠游戏网页，效果如图 20.14 所示。

① 定时地在不同地洞位置显示地鼠，并显示已出现地鼠数量。

② 单击地鼠时，地鼠消失，抓获数加 1，显示已抓获数量。

图 20.14　操作题(2)效果

第 21 章　AJAX 技术

本章学习目标

- 了解 AJAX 技术概念；
- 掌握 JavaScript AJAX 和服务器数据交互技术；
- 掌握 jQuery AJAX 和服务器数据交互技术。

本章首先介绍 AJAX 技术的基本概念，然后介绍 JavaScript AJAX、jQuery AJAX 和服务器数据交互技术应用示例。

21.1　AJAX 基础

AJAX(Asynchronous JavaScript and XML，异步 JavaScript 和 XML)，是一种使用客户端脚本与服务器异步交互数据的网页开发技术。使用 AJAX 技术，可以实现不重新加载整个网页的前提下直接更新当前网页中的局部内容。JavaScript 和 jQuery 都能使用 AJAX 方式和服务器进行数据交互。

在传统的 Web 交互过程中，用户使用浏览器向服务器发出请求，服务器接到请求后执行请求的操作，并将执行结果返回给客户端浏览器。在服务器返回所有结果前，客户端处于等待状态。例如，用户填写注册表单后，提交所有表单数据到服务器。服务器接收数据后进行数据库操作，如查询用户名是否已注册、写入数据库等操作，然后返回注册后的网页，如提示注册成功或错误。用户必须将所有数据填写完毕才能提交，提交后需要等待服务器响应。

在使用 AJAX 技术的页面，用户以异步方式发送请求，不会影响当前浏览器中页面的线程，可以继续网页上的下一步操作，用户不会处于等待状态。例如，用户填写注册表单中的用户名后，用户名以异步方式发送到服务器进行操作，同时用户可以进行其他数据的填写过程。

AJAX 技术缩短了用户的等待时间，改善了用户的操作体验，能够降低服务器的负担。但是客户端 JavaScript 代码处理数据能力弱，安全性不够，更多的数据处理还是需要借助服务器上的后端动态网页设计语言完成。

21.2　AJAX 的应用

21.2.1　AJAX 使用环境

使用 AJAX 技术的页面，需要和服务器进行数据交互。所以在网页开发时，除了客户端的浏览器软件以外，还需要具有服务器和服务器软件环境。

服务器软件环境有 IIS、Apache 等。本书示例中，采用的服务器环境配置为 Apache，服务器端数据处理采用 PHP 语言。

　　本书推荐使用 PHP 集成开发环境软件包 AppServ。AppServ 程序包一次性安装,无须配置即可使用,大大简化了读者进行运行环境安装和配置的步骤。读者可以到 AppServ 官方网站(https://www.appserv.org/en/download/)下载集成软件包安装程序,当前 AppServ 的最新版本是 appserv-x64-9.3.0,适用于 64 位操作系统。

　　下载 appserv-x64-9.3.0.exe 安装程序后,双击进行安装。本书示例中,AppServ 安装路径为 d:\AppServ,HTTP 端口采用默认的 80 端口。

　　在浏览器地址栏,输入 http://localhost 或者 http://127.0.0.1,会访问 AppServ 服务器目录下的 www 目录,运行 index.php,也就是 AppServ 的测试页,如图 21.1 所示。

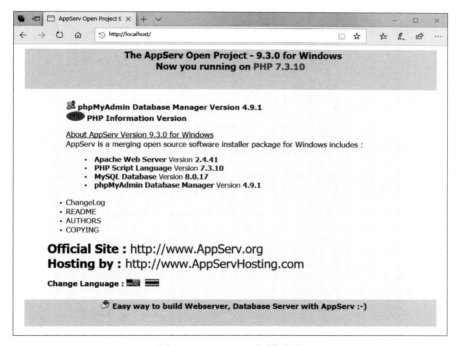

图 21.1　AppServ 的测试页

　　至此,服务器环境安装成功。运行后面的示例时,需要把网页文件放到 www 目录下,通过"http://localhost/网页文件名"方式进行访问执行。

21.2.2　JavaScript 的 AJAX 应用

　　JavaScript 中 AJAX 技术的核心是 XMLHttpRequest 对象,该对象的功能是和服务器进行异步接收或者发送数据。

1. 创建 XMLHttpRequest 对象实例

　　使用 XMLHttpRequest 对象之前必须创建 XMLHttpRequest 对象的实例。由于 IE 6 浏览器使用 ActiveXObject 方式引入 XMLHttpRequest 对象,而其他浏览器中 XMLHttpRequest 对象是 window 对象的子对象,所以代码中需要针对不同浏览器创建实例。创建 XMLHttpRequest 对象实例的基本语法格式如下。

```
var 实例名;
if(window.ActiveXObject){
实例名=new ActiveXObject("Microsoft.XMLHTTP");}
else if(window.XMLHttpRequest){
实例名=new XMLHttpRequest();
}
```

例如,下面代码创建了一个名为 xmlHttpReq 的 XMLHttpRequest 对象实例。

```
var xmlHttpReq;
if(window.ActiveXObject){
xmlHttpReq=new ActiveXObject("Microsoft.XMLHTTP");}
else if(window. XMLHttpRequest){
xmlHttpReq=new XMLHttpRequest();
}
```

2. 指定文档 open()方法

使用 XMLHttpRequest 对象实例的 open()方法指定从服务器载入文档的 HTTP 请求类型、文件名、是否使用异步方式,其基本语法格式如下。

```
实例名.open("http 请求类型","请求文件 URL 地址",是否采用异步方式);
```

http 请求类型为 GET 或者 POST。是否采用异步方式,默认是 True 时,表示使用异步方式。

3. 发送数据 send()方法

发送数据 send()方法将 open()方法指定的请求发送出去,该方法只有 null 一个参数,其基本语法格式如下。

```
实例名.send(null);
```

4. 监听服务器完成请求状态

XMLHttpRequest 对象实例的 onreadystatechange 事件可以监听服务器完成请求状态,其基本语法格式如下。

```
实例名.onreadystatechange=监听结束回调函数;
```

onreadystatechange 事件返回 readystate 属性和 status 属性。readystate 属性有 5 种值,当数值为 4 时表示服务器已经处理完毕。status 属性表示请求是否成功,如果值为 200 则表明请求成功。回调函数需要在 readystate 为 4 和 status 为 200 时,才能访问服务器返回的数据。

5. 服务器返回数据属性

XMLHttpRequest 对象实例的 responseText 属性可以获取服务器返回的数据。

【例 21-1】 JavaScript AJAX 示例。示例代码(21-1.html)如下。

```html
<html>
<head>
<meta http-equiv="Content-type" Content="text/HTML;charset=UTF-8">
<title>例 21-1 JavaScript AJAX 示例</title>
<script>
var xmlHttpReq;
if (window.ActiveXObject)
{xmlHttpReq=new ActiveXObject("Microsoft.XMLHTTP");}
else if(window.XMLHttpRequest)
{xmlHttpReq=new XMLHttpRequest();}
xmlHttpReq.open("get","21-1-1.html");
xmlHttpReq.send(null);
xmlHttpReq.onreadystatechange=function(){
if(xmlHttpReq.readyState == 4 && xmlHttpReq.status == 200){
document.getElementById("target").innerHTML = xmlHttpReq.responseText;
    }
  }
</script>
</head>
<body>
<div id="target">aa</div>
</body>
</html>
```

示例代码(21-1-1.html)如下。

```html
<h3>这是 21-1-1.html 中的文字</h3>
```

例 21-1 中,网页文件 21-1.html 和 21-1-1.html 都放在服务器 www 目录下。在客户端浏览器中浏览 21-1.html 时,AJAX 从 21-1-1.html 获取数据返回给 21-1.html,在浏览器中 21-1.html 网页显示效果如图 21.2 所示。

图 21.2　JavaScript AJAX 示例

【例 21-2】 JavaScript AJAX 数据处理示例。示例代码(21-2.html)如下。

```html
<html>
<head>
```

```
<meta http-equiv="Content-type" Content="text/HTML;charset=UTF-8">
<title>例 21-2 JavaScript AJAX 数据处理示例</title>
<script>
function songs(){
var xmlHttpReq;
if(window.ActiveXObject)
{xmlHttpReq=new ActiveXObject("Microsoft.XMLHTTP");}
else if(window. XMLHttpRequest)
{xmlHttpReq=new XMLHttpRequest();}

xmlHttpReq.open("get","21-2.php");
xmlHttpReq.send(null);
xmlHttpReq.onreadystatechange=function(){
if(xmlHttpReq.readyState == 4 && xmlHttpReq.status == 200){
document.getElementById("target").innerHTML = xmlHttpReq.responseText;
        }
    }
}
</script>
</head>
<body>
用户名:<input type="text" name="user" onblur="songs()"><br>
密码:<input type="password"><br>
<div id="target"></div>
</body>
</html>
```

示例代码(21-2.php)如下。

```
<html>
<head>
<meta http-equiv="Content-type" Content="text/HTML;charset=UTF-8">
<title>例 21-2 JavaScript AJAX 数据处理示例</title>
</head>
<body>
<?
$user=$_GET['user'];
echo "欢迎你,$user 先生";
?>
</body>
</html>
```

示例 21-2.php 中,用 $_GET['user']获得 get 方式传输的数据,用 echo 语句输出欢迎字符串,再将结果异步返回 21-2.html。

例 21-2 中,网页文件 21-2.html 和 21-2.php 都放在服务器 www 目录下。在客户端浏

览器中浏览 21-2.html 时,表单数据以 get 方式和 21-2.php 文档交互数据。在浏览器中 21-2
.html 网页显示效果如图 21.3 所示。

图 21.3　JavaScript AJAX 数据处理示例

21.2.3　jQuery 的 AJAX 应用

jQuery 中对 AJAX 进行了封装,提供一些与 AJAX 有关的方法和属性,大大简化了与
服务器进行异步数据交互的步骤。

1. 加载文档 load()方法

load()方法能载入远程 HTML 文档并将其插入到指定的 DOM 元素中,其基本语法格
式如下。

```
load(文档地址,数据,回调函数)
```

【例 21-3】　jQuery AJAX 示例。示例代码(21-3.html)如下。

```html
<html>
<head>
<meta http-equiv="Content-type" Content="text/HTML;charset=UTF-8">
<title>例 21-3 jQuery AJAX 示例</title>
<script src="js/jquery-3.5.1.min.js"></script>
<script>
$(document).ready(function(){
$("#target").load("21-3-1.html");
});
</script>
</head>
<body>
<div id="target">aa</div>
</body>
</html>
```

示例代码(21-3-1.html)如下。

```html
<h3>这是 21-3-1.html 中的文字</h3>
```

例 21-3 中,网页文件 21-3.html 和 21-3-1.html 都放在服务器 www 目录下,jquery-3.5.1.
min.js 文件放在服务器 js 目录中。

在客户端浏览器中浏览 21-3.html 时,用 AJAX 方式从 21-3-1.html 获取数据返回给 21-3.html。在浏览器中 21-3.html 网页显示效果如图 21.4 所示。

图 21.4　jQuery AJAX 示例

2. GET 方式交互数据方法 $ .get()

$.get()方法采用 GET 方式发送数据到服务器指定文档,并载入返回信息,其基本语法格式如下。

```
$.get(文档地址,发送给服务器数据,回调函数,返回数据类型)
```

发送给服务器的数据以"{键:值}"对的形式组成,多对数据间用逗号分隔。回调函数在服务器处理请求成功后执行,参数为返回的数据。返回数据的类型可以为 XML、HTML、JSON 等。

3. POST 方式交互数据方法 $ .post()

$.post()方法采用 POST 方式发送数据到服务器指定文档,并载入返回信息,其基本语法格式如下。

```
$.post(文档地址,发送给服务器数据,回调函数)
```

发送给服务器的数据以"{键:值}"对的形式组成,多对数据间用逗号分隔。回调函数在服务器处理请求成功后执行,参数为返回的数据。返回数据的类型可以为 XML、HTML、JSON 等。

【例 21-4】　jQuery AJAX 数据处理示例。示例代码(21-4.html)如下。

```
<html>
<head>
<meta http-equiv="Content-type" Content="text/HTML;charset=UTF-8">
<title>例 21-4 jQuery AJAX 数据处理示例</title>
<script src="js/jquery-3.5.1.min.js"></script>
<script>
function songs(){
var us=$("#user").val();
$.get("21-4.php",{user:us},function(data){ $("#target").html(data);});
}
</script>
</head>
<body>
用户名:<input type="text" id="user" onblur="songs()"><br>
```

```
密码:<input type="password"><br>
<div id="target"></div>
</body>
</html>
```

示例代码(21-4.php)如下。

```
<html>
<head>
<meta http-equiv="Content-type" Content="text/HTML;charset=UTF-8">
<title>例21-4 jQuery AJAX 数据处理示例</title>
</head>
<body>
<?
$user=$_GET['user'];
echo "欢迎你,$user 先生";
?>
</body>
</html>
```

21-4.php 中用 $_GET[]获得 GET 方式传送的数据变量 user,输出欢迎字符串,返回给 21-4.html。

将 21-4.html 和 21-4.php 放在服务器 www 目录下。浏览器中 21-4.html 网页显示效果如图 21.5 所示。

图 21.5　jQuery AJAX 数据处理示例

思考和实践

1. 问答题

(1) AJAX 是一种什么技术? 有什么优点?

(2) JavaScript 的 AJAX 技术核心是哪些对象、方法和属性?

(3) jQuery 的 AJAX 技术常用的方法有哪些?

2. 操作题

设计一个用户注册页面,使用 AJAX 技术将用户名发送到服务器。在服务器端进行用户名长度判断,如果用户名长度小于 2,则返回"用户名长度小于 2"的提示信息;如果用户名长度大于或等于 2,则返回"xx 欢迎你"的提示信息。效果如图 21.6 所示。

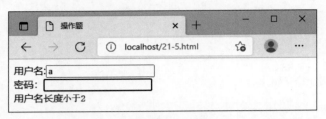

图 21.6　操作题效果图

参 考 文 献

[1]　周文洁. JavaScript 与 jQuery 网页前端开发与设计[M]. 北京：清华大学出版社,2018.

[2]　刘玉红. HTML 5＋CSS 3＋JavaScript 网页设计案例课堂[M]. 北京：清华大学出版社,2015.

[3]　任永功,唐永华,褚芸芸,等. HTML 5＋CSS 3＋JavaScript 网站开发实用技术[M]. 北京：人民邮电出版社,2016.

[4]　贾素玲,王强，张剑,等. JavaScript 程序设计[M]. 北京：清华大学出版社,2007.

[5]　张银鹤,梁文新,李新磊,等. JavaScript 完全学习手册[M].北京：清华大学出版社,2009.

[6]　辛明远,石云. HTML 5＋CSS 3 网页设计案例教程[M]. 北京：清华大学出版社,2020.

[7]　姬莉霞. HTML 5＋CSS 3 网页设计案例教程[M]. 北京：科学出版社,2013.

[8]　朱金华,胡秋芬,刘均,等.网页设计与制作[M]. 北京：机械工业出版社,2018.

图 书 资 源 支 持

感谢您一直以来对清华版图书的支持和爱护。为了配合本书的使用，本书提供配套的资源，有需求的读者请扫描下方的"书圈"微信公众号二维码，在图书专区下载，也可以拨打电话或发送电子邮件咨询。

如果您在使用本书的过程中遇到了什么问题，或者有相关图书出版计划，也请您发邮件告诉我们，以便我们更好地为您服务。

我们的联系方式：

地　　址：北京市海淀区双清路学研大厦 A 座 714

邮　　编：100084

电　　话：010-83470236　　010-83470237

客服邮箱：2301891038@qq.com

QQ：2301891038（请写明您的单位和姓名）

资源下载：关注公众号"书圈"下载配套资源。

资源下载、样书申请

书圈

获取最新书目

观看课程直播